沥青混凝土心墙坝的
实践与经验

何建新　凤不群　刘　亮　杨海华　杨　武　杨志豪　编著

黄河水利出版社
·郑州·

内 容 提 要

本书在水工沥青混凝土工程实践的基础上,总结了心墙沥青混凝土原材料选择、配合比设计、心墙坝结构、施工技术及病险诊断与处理的最新研究成果和经验。全书共分为6章,阐述了心墙沥青混凝土沥青、骨料的选用原则,统计了国内外典型工程沥青混凝土配合比设计参数及材料的物理力学性能,分析了过渡层结构尺度和性能对心墙应力应变性状的影响,提出了适应寒冷地区的组合式心墙结构设计,解决了特殊气候环境下碾压式沥青混凝土心墙坝施工技术难题,发展了沥青混凝土厚层摊铺碾压施工工艺,列举了国内几个典型工程渗漏原因诊断、处理方案及实施效果,为沥青混凝土心墙坝材料与结构设计、施工技术及病害处理提供了参考。

本书面向广大的水利工程技术人员和管理人员,可为沥青混凝土心墙坝的材料、设计、施工与病险处理等方面的技术人员提供参考,也可为水工沥青混凝土材料研究人员提供借鉴。

图书在版编目(CIP)数据

沥青混凝土心墙坝的实践与经验/何建新等编著
. —郑州:黄河水利出版社,2022.12
ISBN 978-7-5509-3481-8

Ⅰ.①沥…　Ⅱ.①何…　Ⅲ.①沥青混凝土心墙–心墙
堆石坝–研究　Ⅳ.①TV641.4

中国版本图书馆 CIP 数据核字(2022)第 245298 号

组稿编辑:岳晓娟　电话:0371-66020903　E-mail:2250150882@qq.com

出　版　社:黄河水利出版社　　　　　　　　　网址:www.yrcp.com
　　　　　　地址:河南省郑州市顺河路黄委会综合楼14层　邮政编码:450003
发行单位:黄河水利出版社
　　　　　　发行部电话:0371-66026940、66020550、66028024、66022620(传真)
　　　　　　E-mail:hhslcbs@126.com
承印单位:河南瑞之光印刷股份有限公司
开本:787 mm×1 092 mm　1/16
印张:15
字数:347 千字　　　　　　　　　　　　　　印数:1—1 000
版次:2022 年 12 月第 1 版　　　　　　　　　印次:2022 年 12 月第 1 次印刷

定价:89.00 元

前　言

　　沥青混凝土作为土石坝的防渗系统在世界范围内得到广泛运用,沥青混凝土心墙坝成为重要的坝型之一。沥青混凝土心墙具有良好的适应变形能力、抗冲蚀能力、抗老化能力及整个心墙无须设置结构缝的特点,可在任何气候条件下和任何海拔使用。理论分析和工程实践均表明沥青混凝土心墙坝的安全性很高,是一种极有发展潜力的坝型。根据2019年中国大坝工程学会统计结果,世界已建沥青心墙坝217座中,中国有119座,其中新疆70余座。百米级以上的高坝全国有15座,新疆就有11座,为全国同类坝型之最。

　　20世纪70年代初,我国以陕西机械学院为主,组建了“水工沥青防渗科研协调组”,针对石砭峪等沥青面板坝工程,开展了沥青防渗的研究,促成了沥青防渗应用的第一个高潮。1997年,新疆农业大学结合吐鲁番地区坎儿其大坝,编写了《沥青混凝土心墙坝的设计与施工》讲义,在技术资料匮乏的条件下,用于指导工程建设,在与西安理工大学协作下,完成了坎儿其大坝的心墙沥青混凝土配合比设计,成功地采用了半机械化的施工工艺,建成了在深厚覆盖层上的第一座沥青混凝土心墙坝。目前,新疆已建设包括阿拉沟、大石门、尼雅水库等一批沥青混凝土心墙高坝,并建成了坝基覆盖层深达190 m的大河沿沥青心墙坝,为数众多的工程建成使新疆成为我国沥青心墙坝最多的省份,新疆沥青心墙坝的建设进入了第二个高潮。

　　尽管沥青混凝土心墙坝的应用取得了很大成就,就其设计和施工的水平仍是依赖经验,经验和判断是结构设计与施工的基础,一些材料设计和施工经验受到公路工程的制约,不能完全适应水利工程的需求。作者针对沥青心墙坝材料、结构、施工工艺及病险诊断处理等诸多方面开展的研究成果,集成于本书。这些研究开拓了人们的思路,对保障工程安全、缩短建设周期、降低工程造价具有建设性的意义。

　　在沥青混凝土心墙坝材料研究方面,分析了天山环保库车石化有限公司生产的90号(A级)道路石油沥青在心墙坝中广泛应用的可行性,拓宽了南疆地区坝工建设中沥青的选用范围,实现了新疆本土沥青材料“北克南库”的应用格局;研究了砾石骨料(也称集料)与沥青胶浆界面强度的变化规律,阐明水泥作为填料对天然砾石骨料与沥青胶浆的界面行为影响机制,揭示了水泥对心墙沥青混凝土长期水稳定性的作用机制,完善了心墙沥青混凝土长期水稳定性的试验方法,为天然砾石骨料在沥青混凝土心墙坝中的应用提供理论依据;研究了大粒径骨料沥青混凝土配合比设计方法,并采用投影寻踪回归建模技术,建立了配合比设计参数与评价指标的计算模型,实现了配合比方案评价指标的精确预测、定量与全局寻优;验证了在适宜的配合比条件下,大粒径骨料的沥青混凝土在振动碾压过程中不会发生离析;探讨了骨料粒径增大后现有规范对大粒径沥青混凝土弯曲试验的适用性,提出了不同骨料最大粒径的水工沥青混凝土的弯曲试验方法;对比了两种沥青混凝土配合比优选方法,对国内外典型工程沥青混凝土配合比进行统计分析,发现相同温度下材料的物理、力学性能指标差异并不明显;采用大型三轴试验研究了沥青混凝土的应力应变特性,提出了沥青混凝土的邓肯-张修正模型,并运用了投影寻踪回归(PPR)无假定建模技术建立了用于描述沥青混凝土本构关系的计算模型。

在沥青混凝土心墙坝结构设计方面,统计了国内外典型工程的心墙结构设计指标,采用有限元计算分析,明确了过渡层的结构尺度和材料性能对心墙应力应变性状的影响。提出了下部碾压-上部浇筑的组合式心墙结构设计,为新疆寒冷地区沥青混凝土心墙坝全年施工提供了新的设计思路。

在沥青混凝土心墙坝的施工技术方面,研究了低温环境下沥青混凝土碾压结合层面的力学性能和渗透性能、沥青混凝土高温碾压的侧胀规律、大风环境下沥青混凝土心墙施工防风技术以及厚层摊铺碾压施工技术研究等。低温环境下沥青混凝土心墙快速施工技术在阿拉沟水库心墙冬季施工中的成功应用,保证了心墙在-20 ℃环境下的施工;高温环境下沥青混凝土心墙连续施工技术在大河沿水库、大石门水库中的成功应用,减少35 ℃以上环境下层间施工等待时间2~3 h,加快了工程施工进度;大风环境下沥青混凝土心墙施工防风技术在新疆"三十里风区"大河沿水库施工中的成功应用,实现了心墙连续施工,提高了经济效益;提出了沥青混凝土厚层摊铺碾压施工工艺,突破了施工规范限制,减少了心墙结合层面,提高了防渗安全性,缩短施工周期。

在沥青混凝土心墙坝病险诊断与处理方面,总结了当前该坝型的渗漏原因和查漏方法,统计了国内外一些工程的渗漏情况和除险加固方法,列举了国内几个典型工程的渗漏原因、诊断方法和处理方案,对沥青混凝土心墙坝的病害处理提供了参考方法。

本书在编写过程中得到新疆农业大学凤家骥教授、葛毅雄教授、唐新军教授的指导,以及卢建南、丁鑫昱、陈朋朋、高鹏展等硕士研究生的帮助,在此一并表示诚挚的感谢!

本书得到了新疆维吾尔自治区自然科学基金(项目编号:2021D01A100、2022D01A199)、新疆水利工程安全与水灾害防治重点实验室、堤坝工程安全及灾害防治兵团重点实验室项目资助。

由于编者水平有限,书中难免存在不足之处,恳请读者批评指正。

作 者
2022 年 9 月

目　录

第 1 章　沥青混凝土原材料的选择

1.1　沥青的选择

1.1.1　沥青的技术指标

《土石坝沥青混凝土面板和心墙设计规范》(DL/T 5411—2009)中指出:我国沥青品种和质量近 20 年有了很大的提高和发展,《公路沥青路面施工技术规范》(JTG F40—2004)中废除了"重交通道路沥青"和"中、轻交通道路沥青"这两个名称,修改后都称为"道路石油沥青",并制定了相应的道路沥青技术要求,这是当前技术水平较高的沥青质量标准,被生产厂家和公路工程建设单位普遍采用,取得了良好的效果。

由于水利水电工程中沥青用量不大,而且目前也没有水工石油沥青的国家标准,因此在水利工程中有采用已有的水工沥青行业标准《水工石油沥青》(SH/T 0799—2007)和企业标准《水工石油沥青》(Q/SH PRD005—2006),也有采用道路沥青标准《沥青路面施工及验收规范》(GB 50092—1996)和《公路沥青路面施工技术规范》(JTG F40—2004)中关于道路石油沥青的技术要求。在《水工碾压式沥青混凝土施工规范》(DL/T 5363—2016)中也分别列出了重交通道路石油沥青、道路石油沥青、水工石油沥青的技术要求。

《水工碾压式沥青混凝土施工规范》(DL/T 5363—2016)中指出:沥青质量指标应符合《土石坝沥青混凝土面板和心墙设计规范》(DL/T 5411—2009)的规定;碾压式水工防渗沥青混凝土宜选用水工沥青,也可选用道路石油沥青或国外沥青。《水工沥青混凝土施工规范》(SL 514—2013)中列出了沥青的技术指标要求,所列指标与《土石坝沥青混凝土面板和心墙设计规范》(SL 501—2010)的规定相同。

《土石坝沥青混凝土面板和心墙设计规范》(SL 501—2010)提出了水工沥青混凝土的沥青技术要求,该标准是依据已建工程经验和参考 JTG F40—2004 标准中提出的"道路石油沥青技术要求"中 A 级道路石油沥青(50 号~100 号)技术指标制定的,该标准取消了《土石坝沥青混凝土面板和心墙设计规范》(SL 501—2010)中对水工沥青的 4 ℃延度的技术要求,这对心墙沥青混凝土是不必要的。这里需要注意的是,延度指标提得太高有可能会影响其他指标。众所周知,A 级道路石油沥青技术要求全面,其高低温综合性能优良,可以用于各种等级道路的修建,适用于任何场合和层次,也易于与国外沥青标准接轨,实践也证明,其用于心墙沥青混凝土具有优秀的适应性。《水工沥青混凝土施工规范》(SL 514—2013)标准也采用了这个技术标准,而且提高了沥青技术的要求,对 70 号、90 号沥青的软化点指标、延度指标均采用了高值。表 1-1 仅列出了不同规范对 70 号和 90 号沥青的技术要求。

表 1-1　各规范中对沥青的技术要求

序号	指标		计量单位	《土石坝沥青混凝土面板和心墙设计规范》(SL 501—2010)		重交通道路石油沥青(GB 50092—1996)		道路石油沥青(JTG F40—2004)		《水工石油沥青》(SH/T 0799—2007)	
				90 号	70 号	AH90	AH70	90A	70A	1 号	2 号
1	针入度(25 ℃)		0.1 mm	80~100	60~80	80~100	60~80	80~100	60~80	70~90	60~80
2	延度(15 ℃)		cm	≥100		≥100		≥100		≥150	≥150
3	延度(10 ℃)		cm	≥45	≥25	—		≥45	≥25	—	
4	延度(4 ℃)		cm	—		—		—		>20	>15
5	软化点		℃	≥45	≥46	42~52	44~54	≥45	≥46	44~52	46~55
6	溶解度		%	≥99.5	≥99.5	≥99.0	≥99.0	≥99.5	≥99.5	≥99.0	≥99.0
7	含蜡量		%	≤2.2		≤3.0		≤2.2		≤2.2	
8	脆点		℃							≤-12	≤-10
9	闪点		℃	≥245	≥260	≥230		≥245	≥260	≥230	
10	密度(15 ℃或 25 ℃)		g/cm³	实测	实测	实测		实测	实测	实测	
11	薄膜加热后	质量变化	%	≤±0.8		≤±1.0	≤±0.8	≤±0.8		≤±0.6	≤±0.5
		残留针入度比(25 ℃)	%	≥57	≥61	≥50	≥55	≥57	≥61	≥65	≥65
		残留延度(25 ℃)	cm	—	—	≥75	≥50	—	—	—	—
		残留延度(15 ℃)	cm	≥20	≥15	实测	实测	≥20	≥15	≥100	≥80
		残留延度(10 ℃)	cm	≥8	≥6	—		≥8	≥6	—	
		残留延度(4 ℃)	cm	—		—		—		≥6	≥4
		残留脆点	℃	—		—		—		≤-8	≤-6
		软化点升高	℃	—		—		—		≤6.5	

由表 1-1 可以看出,无论是道路石油沥青还是水工石油沥青,均可作为沥青混凝土心墙坝中的沥青材料,且大量工程经验也表明,道路石油沥青的 A 级沥青在已建工程中取得了很好的效果;此外,道路石油沥青属大品种沥青,公路工程中需求量很大,而水工石油沥青属特种沥青,是小品种沥青,价格上也偏贵,道路石油沥青在供应保障上和价格上具有优势。因此,沥青混凝土心墙坝建设中宜优先考虑道路石油 A 级沥青。

我国各石化生产厂家生产的沥青质量是有差异的,其中主要原因之一源于原料,即原油矿产不一样,以优质的低蜡环烷基稠油为原料生产道路石油沥青,其产品性能优越,能够很好地满足规范要求。克拉玛依石化公司(简称克石化公司)是中国石油确认的西北地区沥青生产基地,2000 年全国公路交通系统研究部门将国产 7 种品牌重交通道路沥青(相当于 B 级沥青)送往美国实验室检测,克石化公司生产的重交通道路沥青,使见识过200 多种道路沥青的美国人惊呼没有见过这样的沥青,是世界上最好的沥青。日本人测试后的结论是:这是世界上少见的、难得的好沥青。新疆已建成的碾压式沥青混凝土心墙坝多采用克石化公司生产的 70 号(A 级)和 90 号(A 级)道路石油沥青,且工程获得成功建设,质量得到保证。

针对目前新疆两大沥青品牌——北疆的克石化沥青和南疆的库石化沥青,在工程性能上有多大差别,结合新疆某工程以 90 号(A 级)级道路沥青进行了对比试验。以下将克石化公司生产的 90 号(A 级)道路石油沥青缩写成克石化,将天山环保库车石化有限公司生产的 90 号(A 级)道路石油沥青缩写成库石化。两种沥青技术性能见表 1-2。

表 1-2　沥青样品的技术性能

项目		单位	质量指标	样品测试结果	
			SL 501—2010	克石化	库石化
针入度(25 ℃)		0.1 mm	80~100	87.5	88.7
延度(10 ℃)		cm	≥100	>100	>100
软化点(环球法)		℃	≥45	46.5	48.5
溶解度		%	≥99.5	99.8	99.7
闪点		℃	≥245	248	250
薄膜加热后	质量变化	%	≤±0.8	-0.18	-0.24
	残留针入度比(25 ℃)	%	≥57	90.5	89.4
	残留延度(10 ℃)	cm	≥8	84.6	78.6

1.1.2　沥青与粗骨料的黏附性

沥青混凝土心墙工程中技术人员比较关心沥青与粗骨料的黏附性,黏附性的好坏直接影响着沥青混凝土耐久性能、防渗性能和力学性能,关乎大坝质量及安全。

《水工碾压式沥青混凝土施工规范》(DL/T 5363—2016)提到冶勒水电站大坝工程中

使用当地石英闪长岩作为沥青混凝土的骨料,其与克拉玛依水工沥青黏附性可达5级。为对比库石化沥青和克石化沥青与不同粗骨料的黏附性,采用《水工沥青混凝土试验规程》(DL/T 5362—2018)推荐的水煮法试验,对库石化和克石化沥青与碱性骨料(灰岩)和天然砾石骨料的黏附性等级进行测定,结果显示黏附性等级均在4级以上。

为了能更精确地对比两种沥青的性能,又使用了光电比色法进行试验。光电比色法可以使黏附指标完全量化,试验中人为因素影响较小,克服了水煮法分级较粗的缺点。光电比色法是取200 g粒径2.36~4.75 mm的骨料裹附沥青后,在室温下放置24 h,再称取100 g混合料置入200 mL温度为60 ℃、浓度为0.01 g/L的酚藏花红水溶液中静置2 h,最后采用722型分光光度计测定溶液的吸光度变化,根据预先测定的吸光度与浓度标准曲线,可计算出沥青的剥落率,试验结果见表1-3。

表1-3 光电比色法测剥落率试验结果

骨料类别	指标	克石化		库石化	
灰岩骨料	剥落率/%	37.2	38.0	42.3	41.8
		38.8		41.2	
砾石骨料		49.4	50.2	54.0	53.6
		51.0		53.2	

结果表明:无论是克石化沥青还是库石化沥青,灰岩骨料剥落率都明显低于砾石骨料剥落率,说明灰岩骨料与沥青有更好的黏附性;两种厂家的沥青裹附相同骨料时,表现出克石化的黏附性能略优。

工程实践表明:心墙沥青混凝土如果使用了天然砾石骨料,一般应采用加入抗剥离剂或以水泥替代石粉作填料的工程措施,以增强砾石骨料与沥青的黏附性,表1-4为加入抗剥落剂后库石化和克石化与砾石骨料的光电比色法试验结果。

表1-4 加抗剥落剂后光电比色法试验结果

骨料类别	指标	克石化		库石化	
加抗剥落剂	剥落率/%	33.2	33.5	36.6	36.0
		33.8		35.4	
未加抗剥落剂		49.4	50.2	54.0	53.6
		51.0		53.2	

从表1-4可以看出:克石化和库石化加入抗剥落剂(沥青质量的0.3%)后,与天然砾石骨料的剥落率分别由50.2%和53.6%降低至33.5%和36.0%,黏附性显著增强,均优于碱性骨料与沥青的黏附性,而两种沥青与相同粗骨料的差异并不明显。

1.1.3　长期水稳定性对比试验

用于防渗心墙的沥青混凝土属富沥青混凝土,孔隙率现场芯样要求小于3%(实验室成型试件小于2%,但一般都在1%左右),按《水工沥青混凝土试验规程》(DL/T 5362—2018)(参照公路试验方法)进行水稳定性试验,在较小孔隙下水损害行为短时间(60 ℃水中浸48 h)很难表现,水稳定性很容易就满足规范中水稳定系数≥0.90的要求,难以区分两种沥青水稳定性的优劣。然而,在沥青混凝土施工中经常出现碾压温度低、碾压遍数不足或级配偏差过大等现象,导致沥青混凝土的孔隙率变大,接近规范3%的上限要求,孔隙率增大使水损害行为容易表现出来。为进一步比较采用库石化及克石化沥青配制混凝土的耐久性,采用碱性骨料制备孔隙率3%的试件,除在规范要求60 ℃的水中浸泡48 h外,适当延长浸水时间至96 h、192 h、360 h、720 h,比较其长期水稳定性能,试验结果见表1-5。

表 1-5　延长浸水时间的水稳定性试验结果

沥青厂家	空气中抗压强度/MPa	48 h		96 h		192 h		360 h		720 h	
		抗压强度/MPa	水稳定系数	抗压强度/MPa	水稳定系数	抗压强度/MPa	水稳定系数	抗压强度/MPa	水稳定系数	抗压强度/MPa	水稳定系数
克石化	1.15	1.13	0.98	1.12	0.97	1.10	0.96	1.07	0.93	1.02	0.89
库石化	1.22	1.17	0.96	1.15	0.94	1.13	0.93	1.10	0.90	1.06	0.87

可以看出,用两种沥青配制的沥青混凝土水稳定系数随着浸水时间的延长持续降低,浸水时间超过720 h后,两种沥青的水稳定系数均小于0.90;克石化道路石油沥青配制的沥青混凝土的长期水稳定性能略优。

1.1.4　库石化的性能稳定性

为分析库石化道路石油沥青性能稳定性,对其三大指标的离散性进行了统计,详见表1-6。

通过表1-6中14组数据的统计分析,库石化道路石油沥青的针入度及软化点离差系数很小,各项性能较稳定。

在新疆坝工建设重心向南疆转移的背景下,对比分析了库石化与克石化的道路90号(A级)道路石油沥青与粗骨料的黏附性和配制的沥青混凝土长期水稳定性能,论证了库石化在心墙坝中应用的可行性,对南疆地区工程建设具有显著的经济效益,可充分发挥沥青的"南疆南用,北疆北用"的特点,大大降低了工程造价,并逐步形成了"北克南库"的沥青使用格局。

表 1-6　库石化道路石油沥青三大指标离散性统计

工程名称	坝高/m	检测时间 （年-月-日）	针入度 （25 ℃、100 g、5 s）	延度 （15 ℃）/cm	软化点 （环球法）/ ℃	备注
奴尔水库	80	2016-08-17	92.3	>100	54	四川二滩国际工程咨询有限责任公司
		2016-09-30	88	>100	48.5	
		2016-10-07	88	>100	49	
		2016-10-20	84	>100	50	
		2016-10-24	85	>100	47	
		2016-10-30	85	>100	49	
		2016-11-05	85	>100	48.5	
		2016-11-11	95	>100	48	
		2016-11-15	85	>100	50.5	
		2016-11-17	90	>100	47	
		2016-12-08	88	>100	52	
		2016-12-12	85	>100	49	
		2017-03-10	85	>100	52	长江科学院材料与结构研究所
大石门水库	128.8	2018-04-12	89	>100	48.5	新疆农业大学
离散性统计		最大值	95	—	54	
		最小值	84	—	47	
		平均值	87.45	—	49.50	
		标准差	3.26	—	2.01	
		离差系数	0.04	—	0.04	
SL 501—2010		—	80~100	≥100	≥45	

1.2　砾石骨料研究及应用

1.2.1　研究进展综述

《土石坝沥青混凝土面板和心墙设计规范》（SL 501—2010）中规定：粗骨料宜采用碱性岩石破碎的碎石。碱性岩石（特别是碳酸盐类岩石）与沥青不仅有物理吸附作用，还有很好的化学吸附作用,抗水损害能力好。然而,自然界中碳酸岩的分布仅占 0.25%,新疆分布更少,且人工破碎岩石能耗高、污染大,部分地区运输成本极高。新疆天然砾石分布范围广,作为能耗低、造价低的骨料已广泛用于水泥混凝土。天然砾石岩性复杂,多数属非碱性岩石,能否突破规范规定,在作为防渗心墙结构的沥青混凝土中充分使用天然砾石骨料成为水利界关注的热点。首先,沥青混凝土心墙与沥青混凝土路面工作性状不同,用于防渗心墙的沥青混凝土没有公路沥青混凝土那样交通荷载的往复剥蚀和强烈的风化作用;其次,前者的力学性能是骨料与沥青胶浆共同作用的结果,砾石骨料与沥青黏附性虽差,但在沥青较多的用于防渗心墙的沥青混凝土中表现并不明显,加之采取工程措施可有效改善沥青混凝土的水稳定性;再次,骨料与沥青黏附性与沥青本身的化学结构及组成有关,品质优良的克拉玛依水工沥青与四川冶勒水电站工程中使用的石英闪长岩(非碱性)骨料的黏附性也达到了 5 级。这些为新疆天然砾石骨料的使用提供了有利条件。

国内外沥青混凝土防渗墙工程已有采用酸性骨料的实例,见表 1-7。据统计,挪威是修建沥青混凝土心墙坝较多的国家之一,大约有 15 座,且坝高方面在世界上也是居于前列,使用酸性骨料或天然砂砾石建造沥青混凝土心墙坝,约占总数的 54%。

表 1-7　国内外沥青混凝土工程骨料与沥青使用情况

工程名称	坝高/m	骨料	填料	沥青
日本武利碾压式沥青混凝土心墙坝	25	碎石天然砂	石灰石粉	80~100 号沥青
苏联博古恰斯卡亚水电站浇筑式沥青混凝土心墙坝	79	玄武岩碎石	粉煤灰	BND40/60 号道路沥青
中国吉林白河水电站浇筑式沥青混凝土心墙坝	24.5	玄武岩碎石+天然砂	石灰石粉	兰州 10 号沥青
中国辽宁碧流河水库碾压式沥青混凝土心墙坝	49	灰岩碎石+天然砂	石灰石粉	100 甲道路沥青
中国香港高岛水库碾压式沥青混凝土心墙坝	105	流纹岩骨料+天然砂	水泥	—
挪威西达尔杰恩碾压式沥青混凝土心墙坝	32	天然砾石骨料	石灰石粉	B65
挪威斯图湖碾压式沥青混凝土心墙坝	90	片麻岩碎石	石灰石粉	B60
挪威斯泰格湖碾压式沥青混凝土心墙坝	52	花岗片麻岩碎石	石灰石粉	B60

续表 1-7

工程名称	坝高/m	骨料	填料	沥青
挪威斯图格洛湖碾压式 沥青混凝土心墙坝	125	天然砾石骨料	石灰石粉	—
中国天荒坪抽水蓄能电站 上库沥青混凝土面板坝	72	灰岩碎石+天然砂	石灰石粉	沙特阿拉伯 B80、 B45 沥青
中国三峡茅坪溪 沥青混凝土心墙坝	104	灰岩碎石+天然砂	灰岩粉	克拉玛依沥青 中海 36-1 牌号沥青

西达尔杰恩坝:碾压式沥青混凝土心墙坝,坝高 32 m,1978~1981 年建设。使用天然砾石作骨料,填料占矿质材料的 12.5%,其中 6.5% 来自骨料,另掺 6% 的石灰石粉。

斯泰格湖坝:碾压式沥青混凝土心墙坝,坝高 52 m,1986~1990 年建设。通常认为碱值 $C>0.7\sim0.8$ 者,评判为碱性骨料。该工程使用花岗片麻碎石作骨料,其碱值为 0.54~0.57,属酸性骨料。填料占矿质材料的 12%,其中 5%~7% 来自骨料,另掺 5%~7% 的石灰石粉。

斯图湖坝:碾压式沥青混凝土心墙坝,坝高 90 m,1981~1987 年建设。使用片麻碎石作骨料,其碱值约为 0.62,属酸性骨料。填料占矿质材料的 12%,其中 4%~5% 来自骨料,另掺 7%~8% 的石灰石粉。

斯图格洛湖坝:碾压式沥青混凝土心墙坝,坝高 125 m,1992 年建设。使用天然砂砾石作骨料。设计时填料占矿质材料的 13%,其中 6.5% 来自骨料,另掺 6.5% 的石灰石粉。在实施过程中,骨料采用卵石、碎石各 50%。

总体上看,采用酸性骨料或天然砂砾石作沥青混凝土骨料的工程的运行工况均未有异常情况的报道。由于水工沥青混凝土中沥青含量高于公路沥青混凝土,渗透系数很小,水分进入混凝土内部的可能性也较小,再加上合理的选择矿粉种类和用量,以及采用抗剥落剂或其他增强骨料黏附性的措施后,应当说使用酸性骨料和天然砂砾石作沥青混凝土的骨料用于防渗心墙中是可行的。

表 1-8 给出了挪威几座采用砾石骨料的沥青混凝土心墙坝材料配合比。沥青混凝土防渗墙主要承受水压力的作用,对强度的要求没有路面沥青混凝土那样高,水工沥青混凝土的沥青用量较大,与道路沥青混凝土相比较,骨料内摩擦力的影响也相对要小一些。这些条件为水工沥青混凝土直接采用砂砾石作骨料提供了可能,国内的工程实践在这方面也已取得了一些经验。如甘肃党河水库,坝高 74 m,一期于 1973 年建成,二期于 1994 年完工,沥青混凝土心墙采用的骨料就是当地的砂卵石,骨料最大粒径 25 mm,至今未出现异常。香港高岛水库分东西两坝,坝高分别为 105 m 和 90 m,1973~1977 年建设,采用了酸性的流纹岩作骨料,使用水泥作填料,至今运行良好。青海湟海渠沥青混凝土衬砌也是采用当地卵石作骨料,卵石为酸性石英砾石,质地坚硬,为了提高黏附性,掺入聚酰胺(沥青质量的 0.2%)和消石灰(矿粉质量的 2%)。由于目前对砾石骨料沥青混凝土的特性还

缺乏深入的研究,工程经验也还不多。因此,当采用卵石骨料时,首先应认真做好试验工作,在技术上采取有效措施,以保证工程质量。

表 1-8　挪威几座沥青混凝土心墙坝材料配合比统计

序号	工程名称	坝高/m	心墙厚度/m	骨料		填料			沥青	
				骨料岩性	粒径/mm	总量/%	碎石粉尘/%	石灰石粉/%	型号	用量/%
1	斯图格洛湖	125	0.5/0.9	砾石+50%的碎石	0~18	13	6.5	6.5	B150	6.3
2	斯图湖	90	0.5/0.8	片麻岩碎石	0~16	12	4~5	7~8	B60	6.2
3	Benlalsavtn	62	0.5	天然砾石+22%破碎砾石	0~20	11	6~8	4~6	B60	6.1
4	斯泰格湖	52	0.5	花岗片麻岩碎石	0~16	12	5~7	5~7	B60	6.3
5	Riskallvatn	45	0.5	天然砾石+22%破碎砾石	0~20	11	1~5	6~10	B60	6.3
6	Katlavatn	35	0.5	天然砾石	0~16	12.5	6.5	6	B65	6.3
7	Vestredalstjem	32	0.5	天然砾石	0~16	12.5	6.5	6	B65	6.3
8	Langavatn	26	0.5	天然砾石	0~16	12.5	6.5	6	B65	6.3

注:填料用量一般为 12%,随着骨料酸度的不同,适量加入石灰石粉,以提高沥青与骨料的黏附力。

我国西北地区天然砂砾石资源丰富,却缺乏适于加工沥青混凝土骨料的碱性岩石,从而提出在水工沥青混凝土中如何有效地利用砂砾石骨料的问题。砂砾石用作沥青混凝土骨料存在两方面问题:一是卵石粒形圆滑,内摩擦力小,沥青混凝土强度较低;二是卵石的岩性复杂,由多种不同的矿物岩石组成,其中也有酸性岩石且表面光滑,因此与沥青黏附性较差。为了提高内摩擦力,并使骨料颗粒具有较粗糙的表面,有效的方法就是将卵石轧成碎石,卵石原有的表面随破碎粒度的减小而相对减少,为了使轧成的碎石具有较大的新的粗糙表面,《水工碾压式沥青混凝土施工规范》(DL/T 5363—2016)要求用于轧制的卵石粒径应大于骨料最大粒径的 3 倍以上。同时为提高卵石的黏附性能,可选用合适的抗剥落剂,以提高其长期水稳定性能。

与传统的防渗体相比,沥青混凝土心墙具有施工速度快、造价低、受气候影响小、坝体填料质量要求低等优势,在水利水电工程中得到了广泛应用,沥青混凝土心墙坝也成为重要的坝型之一。由于心墙长期处于浸水状态,沥青混凝土的水稳定性就显得尤为重要,骨料与沥青的黏附性好坏是评价水稳定性的一项重要指标,对大坝的安全可靠性和耐久性具有直接的影响。大量研究表明,沥青胶浆与骨料黏附性不足会在外界不利因素(水和应力)条件下导致沥青混凝土开裂,致使心墙缝隙增大,抗渗性能降低,所以良好的黏附性是保证大坝质量的重要条件。为保证工程质量,往往采用人工破碎的碱性岩石为骨料,但自然界中的石灰岩、大理岩等典型的碱性岩石储量有限,开采过程中很容易对当地的生态环境造成破坏,而在缺少碱性岩石的地区,可考虑选用天然砾石骨料。

新疆近年来也建设了很多以砾石为骨料的碾压式沥青混凝土心墙坝,坝高也在不断提高。2012年新疆开始修建的乌苏市特吾勒水库,最大坝高65.0 m,总库容623万 m³;新疆巴音郭勒蒙古自治州轮台县迪那河五一水库围堰,最大坝高达到了102.5 m(围堰高45 m),总库容0.995亿 m³;精河县沙尔托海水库,最大坝高62.8 m,总库容998万 m³;呼图壁县齐古水库,最大坝高50.0 m,总库容2 057.0万 m³;吉木萨尔水溪沟水库,最大坝高55.3 m,总库容738.5万 m³。这些水库均采用了天然砾石作为防渗心墙的沥青混凝土的骨料,运行情况良好。此外,还有一些心墙工程的沥青混凝土采用了破碎砾石骨料,例如:青河县喀英德布拉克水库,最大坝高59.6 m,总库容5 234万 m³;策勒县奴尔水库,最大坝高80.0 m,总库容0.68亿 m³;若羌河水库,最大坝高79.0 m,总库容1 776万 m³;兵团第九师乔拉布拉水库,最大坝高84.5 m,总库容450万 m³。表1-9列出了新疆近几年使用砾石作骨料的碾压式沥青混凝土心墙坝,表1-10列出了新疆使用砾石作骨料的浇筑式沥青混凝土心墙坝。

表 1-9　新疆使用砾石作骨料的碾压式沥青混凝土心墙坝

序号	水库名称	最大坝高/m	骨料种类	填料种类
1	五一(围堰)	102.5(45.0)	天然砾石+天然砂	普硅水泥
2	奴尔	80.0	破碎砾石+天然砂	石粉+抗剥落剂
3	特吾勒	65.0	天然砾石+天然砂	普硅水泥
4	沙尔托海	62.8	天然砾石+天然砂	普硅水泥
5	喀英德布拉克	59.6	破碎砾石+天然砂	普硅水泥
6	齐古	50.0	天然砾石+天然砂	普硅水泥
7	乔拉布拉(兵团)	84.5	破碎砾石+天然砂	普硅水泥
8	若羌河	79.0	破碎砾石+天然砂	石粉+抗剥落剂
9	水溪沟	55.3	天然砾石+天然砂	普硅水泥
10	红山下	45.0	天然砾石+天然砂	普硅水泥

新疆如果采用分布范围较广的天然砾石骨料配制沥青混凝土作大坝的防渗心墙,虽然可以降低工程造价,但骨料与沥青的黏附性可能较碱性骨料差,对沥青混凝土水稳定性有一定影响。因此,提高沥青与砾石骨料界面的黏附性是保障沥青混凝土水稳定性的关键,采用石灰石粉、水泥等填料改善天然砾石骨料与沥青胶浆黏附性来提高沥青混凝土水稳定性是工程中常采取的措施之一。新疆农业大学采用天然砾石骨料配制了用于五一水库围堰防渗心墙的沥青混凝土,提出以水泥作填料又兼作提高骨料黏附性的措施,通过恶化试验条件的方法(如延长浸水时间、提高浸水温度、增加冻融次数等)系统评价了填料

对沥青混凝土水稳定性的改善作用。

表 1-10　新疆使用砾石作骨料的浇筑式沥青混凝土心墙坝

序号	水库名称	最大坝高/m	骨料种类	填料种类
1	小锡伯提(兵团)	58.9	破碎砾石+天然砂	普硅水泥
2	麦海因	52.6	天然砾石+天然砂	普硅水泥
3	东塔勒德	44.7	天然砾石+天然砂	普硅水泥
4	阿勒腾也木勒	35.4	天然砾石+天然砂	普硅水泥
5	也拉曼	31.7	天然砾石+天然砂	普硅水泥
6	强罕	27.1	天然砾石+天然砂	普硅水泥
7	喀尔交	30.0	天然砾石+天然砂	普硅水泥
8	江格斯	53.2	天然砾石+天然砂	普硅水泥

1.2.2　砾石骨料应用研究成果

为保证砾石骨料得到安全应用,特对一些具有显著影响的因素开展了专题研究。

1.2.2.1　基于酸碱性评价的砾石骨料与沥青黏附性分析

砾石骨料组成具有多样性,《水工沥青混凝土试验规程》(DL/T 5362—2018)中粗骨料与沥青的黏附性试验(水煮法)主观性较强。为减少砾石骨料黏附性测定的主观因素,寻求一种客观评价砾石骨料黏附性的方法显得尤为重要,将砾石骨料经岩相鉴定后分组,先采用岩相法、SiO_2 含量法和碱度模数法评价各组骨料的酸碱性,再用水煮法初步判定酸碱性与骨料剥落率之间的关系,最后采用光电比色法将各组的黏附性量化,综合客观地评价砾石骨料酸碱性与黏附性的关系并提出实际工程中判定砾石骨料黏附等级的方法。结果表明:

(1)砾石骨料采用不同的酸碱性判定方法所得结果不同,岩相法具有局限性并存在主观因素;SiO_2 含量法与碱度模数法均需对骨料进行化学成分分析,SiO_2 含量法直接根据骨料中的 SiO_2 含量判定酸碱性,碱度模数法考虑了骨料中的碱性物质使结果更精确。

(2)骨料的酸碱性主要受 SiO_2 含量影响,碱性氧化物含量影响次之。碱度模数法测得酸碱性与剥落率相关性最高,骨料酸性越强,表面沥青膜剥落面积越大。

(3)光电比色法测得剥落率 60% 左右是水煮法黏附性等级 4 级和 5 级的界限。工程实践中,使用水煮法测定砾石骨料中与整体 SiO_2 含量相近的岩石剥落面积,即可判定砾石骨料整体的黏附性等级。

1.2.2.2　水泥对砾石骨料与沥青胶浆的黏附性影响分析

砾石骨料一般偏酸性,与沥青接触时,两者之间仅有简单的物理吸附作用(范德华力)。工程实践中,可以添加抗剥落剂或者选择碱性的填料来提高砾石骨料与沥青胶浆的黏附性。然而,采用水泥作填料后,砾石骨料与沥青胶浆的黏附性仍缺乏量化指标。

《水工沥青混凝土施工规范》(SL 514—2013)第 5.2.5 节规定:拌制沥青混合料时,应先将骨料和填料干拌 15 s,再加入热沥青拌和。研究了以水泥作填料时,骨料界面化学性质是否发生变化使骨料与沥青黏附性得到提高。结果表明:

(1)水泥与砾石骨料拌和时,骨料表面会发生一系列化学反应生成皂类化合物,改变了砾石骨料界面性质,可将砾石骨料界面与沥青胶浆的黏附性提高 14.6%,而碱性石粉作用极小。

(2)水泥可以改变沥青胶浆的结构,水泥沥青胶浆与砾石骨料的黏附性能优于大理岩粉沥青胶浆,采用水泥沥青胶浆可将砾石骨料与碱性骨料之间黏附性的差别缩小。

(3)砾石骨料与水泥沥青胶浆的黏附性比碱性骨料与碱性石粉胶浆的黏附性高 18.3%,以水泥为填料配制沥青混凝土是可行的。

1.2.2.3 填料中水泥用量对天然砾石骨料与沥青胶浆的黏附性影响

工程实践中,采用天然砾石作沥青混凝土骨料时,填料一般选择水泥或者石灰石粉。已有的研究表明,水泥可有效改善砾石骨料与沥青的黏附性,但水泥作为填料会使沥青混凝土发生水化,变形能力下降,为解决这一问题,同时节约成本,可以选择将水泥与石灰石粉混合作为填料。调配填料中水泥和石灰石粉的比例来配制 7 种沥青胶浆,并对其针入度、软化点和拉伸强度的变化规律进行研究,再用光电比色法测得不同沥青胶浆裹附天然砾石骨料后沥青膜的剥落率,结果表明:

(1)填料中一定量的水泥替换石灰石粉会降低沥青胶浆的针入度,同时提高沥青胶浆的软化点,提高了沥青胶浆的高温性能,但水泥用量超过一定界限后,针入度和软化点会向相反的方向发展,低温性能逐渐变强。水泥可以有效改善沥青胶浆的拉伸强度和延度,沥青胶浆拉伸强度和延度随着水泥用量的增加而增大。

(2)水泥可以有效改善沥青胶浆与天然砾石骨料的黏附性,天然砾石骨料表面沥青膜剥落率随着水泥掺量的增加而降低,但超过最佳用量点后影响程度很小。这说明水泥用量仅需 2%~4%,天然砾石骨料与沥青胶浆的黏附性就可以达到碱性骨料的水平。

(3)综合考虑填料中添加水泥后沥青胶浆的性质和黏附性的变化情况,建议填料中水泥用量取为 6%与石灰石粉对半掺入,但以此作填料配制的沥青混凝土的各项力学性能还有待进一步研究。

1.2.2.4 破碎砾石中残余石粉对沥青胶浆黏附性的影响分析

现有施工现场骨料加工系统存在工艺上的缺陷,会造成细骨料中粒径小于 0.075 mm 的砾石石粉残余量在 6%左右(占总体的 1.8%),而实验室配合比设计中细骨料中的砾石石粉残余量仅为 1%,相差较大。若要求施工单位在现有的骨料加工工艺下将细骨料中残余的砾石石粉控制在 1%左右,一方面会增加施工成本,另一方面可能会造成细骨料的级配出现偏差。为解决施工中存在的实际问题,分析酸性的砾石石粉作为部分填料对破碎砾石骨料与沥青胶浆黏附性的影响显得尤为重要。从影响黏附性最主要的两个因素——沥青胶浆性质和界面黏附性,分析了破碎砾石骨料中残余石粉对沥青胶浆黏附性的影响。结果表明:砾石骨料破碎残余的砾石石粉会使沥青胶浆的针入度、软化点和拉伸强度具有不同程度的下降,且对水泥作填料的影响程度低于石灰石粉作填料的影响程度。如果考虑到工程实际中砾石骨料破碎残余的石粉不会超过 3%,则以水泥为填料可以有效保证沥青混凝土的质量。

1.2.2.5　石料界面与沥青胶浆黏附强度变化规律分析

单纯地评价石料与沥青胶浆的黏附性仅能从侧面反映沥青混凝土的抗剥落性能,不能直观地了解骨料界面与沥青胶浆的黏附强度。已有的研究中,评价石料与沥青胶浆黏附强度的试验大多限定于定性的单因素分析,但黏附强度的形成是多因素混杂的物理化学过程,因此分析各因素的主次关系显得尤为重要。在无法完全了解其黏附过程中的物理原理和化学原理的情况下,用回归分析来解决工艺或配方最优化问题是比较有效的方法。通过对不同酸碱性石料在不同沥青胶浆黏结作用下的抗拉强度试验结果进行分析,得到了石料界面与沥青胶浆黏附强度影响因素的主次顺序和变化规律,为实际工程中材料的选用提供参考。结果表明:

(1)影响岩石界面与沥青胶浆黏附强度的主次顺序与权值为:胶浆类型权值 1.000 影响最大、岩石类型权值 0.783 影响次之、界面处理情况权值 0.267 影响最小,所得结果与极差方差分析结果吻合,选择碱性较强的岩石和填料均可以有效提高岩石界面的黏附强度。

(2)岩石界面经水泥处理后,黏附强度有一定程度的提高,而经石灰石粉处理后,变化并不明显;岩石的酸性越强,碱性填料配制的沥青胶浆对其黏附强度的改善效果越好。

1.2.2.6　孔隙率和填料对沥青混凝土长期性能的影响

研究表明,用水泥作填料或者在填料中适量加入消石灰等方法可以明显提高骨料与沥青黏附性,且对改善沥青混凝土水稳定性的效果十分显著。但在实际施工过程中,由于心墙经常受到碾压遍数不足、碾压温度过低或级配偏差过大等因素的影响,沥青混凝土局部会产生孔隙率较大的情况(孔隙率接近规范规定的 3%的上限要求)。加上沥青混凝土心墙长期处于浸水状态,水泥填料会很轻易地与水接触,发生化学作用生成水化产物[水化硅酸钙和 $Ca(OH)_2$]从而影响到沥青混凝土的水稳定性,但在室内实验室按照规范要求的常规方法进行水稳定性试验,沥青混凝土的水稳定性系数较容易就达到规范规定的要求(水稳定性系数≥0.90 为合格),甚至有可能出现大于 1.0 的情况。因此,按照规范要求的常规方法进行水稳定试验已很难精准地判断沥青混凝土水稳定系数的变化规律,为探索孔隙率和填料类型对沥青混凝土水稳定性及其各项力学性能的影响,紧密结合心墙沥青混凝土长期浸水的工作环境和受力特性,通过增加浸水时间进行水稳定性试验、长期水稳定性试验、静力三轴试验、拉伸试验以及小梁弯曲试验,为今后使用砾石骨料和水泥填料配制的沥青混凝土在心墙坝中的应用提供理论依据,并对新疆天然砂砾石骨料能够应用于水工沥青混凝土原材料中、减少工程中的材料成本和消耗,以及进一步推广水工沥青混凝土材料和技术在新疆水利水电工程建设中的应用具有较大的经济效益和社会意义。

1.水稳定性试验

随着我国西北地区水利事业的蓬勃发展,采用砾石骨料和以水泥作填料配制用于防渗心墙的沥青混凝土已显得尤为重要。但在沥青混凝土的施工过程中,常出现碾压温度低、碾压遍数不足或级配偏差过大等现象,导致沥青混凝土的孔隙率接近规范规定的 3%的上限要求,水分很容易进入试件内部对沥青混凝土的水稳定性产生影响。加上沥青混

凝土长期处于浸水状态,因此研究孔隙率和填料类型对用于防渗心墙的沥青混凝土的长期水稳定性有着重要意义,试验结果表明:

(1)孔隙率对水泥作填料的沥青混凝土的水稳定性影响较大,孔隙率为1%的试件的水稳定性明显高于孔隙率为3%的试件。

(2)孔隙率为1%时,水泥作填料的试件的水稳定性明显高于石灰石粉作填料的试件。而石灰石粉为填料时,沥青混凝土水稳定系数会随龄期的增长逐渐下降。

(3)用水泥完全代替石灰石粉作填料,可以有效地改善沥青混凝土的抗压强度,但以石灰石粉为填料时沥青混凝土适应变形的能力更强。

2. 长期水稳定性试验

不论孔隙率大小与否,采用水泥作填料都能有效改善沥青混凝土的水稳定性,但是对于沥青混凝土长期水稳定性的影响还有待探索。试验结果表明:

(1)水泥作填料的沥青混凝土长期水稳定性受孔隙率影响较大。3%的孔隙率与1%的孔隙率相比,试件长期水稳定系数更高,但离散性更大,且适应变形能力有所减弱。

(2)孔隙率为1%时,水泥作填料的试件水稳定系数先增大后减小,其长期水稳定性明显优于石灰石粉作填料的试件。石灰石粉作填料时水稳定系数持续下降,浸泡时间达到2 250 h时水稳定系数已小于规范规定的0.9的要求。

(3)水泥的水化由表及里是一个长期的过程,只要试件内部未水化的水泥接触到水分,水泥的水化就会继续进行。实践证明:水泥的水化会延续二三十年之久,因此随着浸水时间的增加,水泥作填料与石灰石粉作填料相比,对改善沥青胶浆与骨料的黏附性有显著作用,能够有效提高沥青混凝土的力学强度,但适应变形能力会逐渐减弱。

3. 长期力学性能试验

沥青混凝土心墙作为心墙坝中的防渗体需具有良好的防渗性能,心墙坝不易受气候和日照的影响,不易出现冻裂和老化,裂缝自愈能力较好。新疆气候温差大,冻融循环强烈,各种不利条件显著影响了心墙的各项力学性能。因此,在大孔隙率条件下使用水泥作填料配制的沥青混凝土的力学性能能否满足规范要求还需进一步确定,为了探究不同孔隙率和不同填料对沥青混凝土长期力学性能的影响,用砾石骨料和碱性骨料两种材料,采用实验室成型方法进行了沥青混凝土的拉伸试验、小梁弯曲试验和三轴压缩试验,对比分析沥青混凝土三种力学性能的发展规律,试验结果表明:

(1)水泥作填料对改善沥青混凝土抗拉强度和抗弯强度的作用显著,随着浸水时间的延长,水泥水化产物逐渐增多,抗拉强度及抗弯强度不断升高,且与石灰石粉作填料相比性能良好,二者的弯拉应变最终均呈现出逐渐减小的趋势。

(2)在沥青混凝土静三轴试验中,随着浸水时间的延长,水泥作填料的沥青混凝土试件内摩擦角φ逐渐减小,模量系数K与凝聚力c均逐渐增大。当填料相同,孔隙率为1%时,沥青混凝土的摩擦强度起主导作用;而对于3%孔隙率的试件其摩擦强度较小,发挥的作用小于黏结强度。随着浸水时间的不断延长,1%和3%孔隙率的沥青混凝土试件的凝聚力与内摩擦角均呈现出相似的发展趋势,二者的摩擦强度逐渐向黏结强度转化,且3%孔隙率时凝聚力与内摩擦角的变化幅度更大。石灰石粉作填料配制的沥青混凝土试件伴随着浸水时间的延长逐渐朝着劣势方向发展,且沥青混凝土出现了软化现象。

（3）随着浸水时间的不断延长，水泥作填料对沥青混凝土抗拉强度、抗弯强度的影响均朝好的方向发展，但材料适应变形的能力有所降低，3%孔隙率和1%孔隙率相比，沥青混凝土的塑性明显更低。石灰石粉作填料配制的沥青混凝土的各项力学性能随着浸水时间的延长均越来越差。

1.3　大粒径骨料应用的可行性

　　水工沥青混凝土设计规范是借鉴公路沥青混凝土设计规范发展而来的，在公路工程中，沥青混凝土路面碾压层厚一般为 8 ~ 10 cm，如图 1-1 所示，骨料最大粒径限制在 19 mm 以下；而在水利工程中，沥青混凝土心墙宽度不小于 40 cm，碾压层厚为 25 ~ 30 cm，如图 1-2 所示，如果水工沥青混凝土也将骨料最大粒径限制在 19 mm，将严重制约沥青混凝土原材料的选用范围。美国蒙哥马利水库、中国辽宁碧流河水库和甘肃党河水库的建设，成功使用了 25 mm 的骨料，这为大粒径骨料的使用提供了工程条件；而且相关研究表明，将骨料最大粒径进一步增大至 31.5 mm 后，在满足施工技术指标的条件下不仅可以有效改善沥青混凝土强度的特性，提高心墙安全稳定性，还可以提高骨料利用率、降低沥青用量、节约资源，这为采用大粒径骨料配制沥青混凝土应用于高坝建设中提供了理论依据。然而，目前鲜有关于大粒径沥青混凝土配合比设计方法的研究，且公路沥青混凝土在实际施工过程中存在离析的问题，在不同规范要求下，用于防渗心墙的沥青混凝土的沥青用量要比公路沥青混凝土的大，这使得采用大粒径骨料作为防渗心墙沥青混凝土的原材料是否会引起沥青混凝土施工碾压过程的离析，以及离析的程度如何尚不清楚。沥青混凝土心墙作为坝体的防渗结构，在坝体内部可视为薄板结构，在水荷载作用下心墙的抗弯性能对坝体的防渗安全尤为重要；沥青混凝土的静力特性决定了沥青混凝土心墙的受力及变形特征，对心墙结构的稳定分析及坝体的安全评价具有重要影响；沥青混凝土本构关系是反映自身力学特性的描述方法，精确描述其本构关系对稳定分析及安全评价的可靠性起决定性作用。

图 1-1　沥青混凝土路面

图 1-2　沥青混凝土心墙

因此,研究大粒径砾石骨料沥青混凝土的配合比设计方法,并在此基础上探究其离析特性、弯曲性能、静力特性和本构关系,可为大粒径砾石骨料在高沥青混凝土心墙坝中的应用提供依据和参考。

1.3.1　大粒径沥青混凝土配合比优选

以胶浆理论作为大粒径沥青混凝土的结构理论,取胶浆浓度、填料用量和沥青用量为配合比设计参数,取马歇尔稳定度、流值、劈裂抗拉强度和孔隙率为配合比优选时的评价指标,通过设计正交试验进行大粒径沥青混凝土配合比试验研究。采用 PPR 无假定建模技术对不同骨料最大粒径沥青混凝土正交试验结果进行分析,并建立马歇尔稳定度、流值、劈裂抗拉强度和孔隙率 PPR 模型。基于 PPR 模型对不同骨料最大粒径沥青混凝土各评价指标进行仿真计算,结果表明:对于骨料最大粒径 19 mm、31.5 mm 和 37.5 mm 的沥青混凝土,稳定度、流值、劈裂抗拉强度指标在相同水平下,随骨料最大粒径的增大,保持胶浆浓度和级配指数不变,沥青用量以 0.3% ~ 0.4% 的变化量下降;当骨料最大粒径超过 26.5 mm 时,沥青混凝土孔隙率会显著减小。

将 PPR 建模技术与基于熵权的 TOPSIS 评价法相结合应用于大粒径沥青混凝土配合比方案优选中,可实现试验范围内全因素水平组合的配合比方案对应的各评价指标的预测及定量评价。取稳定度、流值、劈裂抗拉强度作为评价指标并引入"中位数"统计量对配合比方案进行筛选,避免了采用熵权法计算权值时未考虑评价指标真实水平的问题。最后通过对比分析试验范围内全因素水平组合的配合比方案的综合得分,优选出不同骨料最大粒径沥青混凝土配合比:骨料最大粒径 19 mm 沥青混凝土,级配指数 0.39,填料浓度 2.1,沥青用量 6.5%;骨料最大粒径 26.5 mm 沥青混凝土,级配指数 0.41,填料浓度 1.9,沥青用量 6.1%;骨料最大粒径 31.5 mm 沥青混凝土,级配指数 0.46,填料浓度 2.0,沥青用量 5.7%;骨料最大粒径 37.5 mm 沥青混凝土,级配指数 0.48,填料浓度 2.1,沥青用量 5.4%。

优选出的不同骨料最大粒径沥青混凝土配合比制备试件的抗弯强度、弯拉应变、内摩擦角和凝聚力均大于规范规定的标准;而且抗弯强度和内摩擦角随配制沥青混凝土的骨料粒径的增大逐渐增大,弯拉应变和凝聚力逐渐减小。

1.3.2　大粒径沥青混凝土离析特性

在参考公路工程沥青混合料离析特性研究成果的基础上,通过室内振动碾压模拟试验和现场碾压试验对大粒径沥青混凝土的离析特性进行探究。

以分离度(沥青混合料试件下部与上部的密度之比)为评价指标,采用极差分析方法对室内振动碾压模拟试验结果进行分析,结果表明:骨料最大粒径对所配制的沥青混合料的离析影响最大,混合料温度影响次之,沥青用量变幅影响最小。试件分离度与各影响因素具有相同的变化趋势,随配制沥青混合料骨料粒径的增大、温度的升高、沥青用量的增多,试件的分离度随之增大。

在试验现场设置 4 条摊铺段进行沥青混凝土的碾压试验,每段均长 10 m、宽 0.6 m,并在摊铺段两侧布置砂砾石过渡料,过渡料布置的长度和宽度与沥青混凝土摊铺段相同。碾压试验的施工工艺及参数均与该心墙工程施工时设计的一致。将摊铺段划分成 4 个工况区,具体的工况区的划分及现场试验段的布置如图 1-3 所示。现场摊铺碾压完成待温度降至 50 ℃以下后在各工况区进行取样,取样直径为 150 mm。对钻取的芯样进行室内物理、力学性能试验,结果表明:

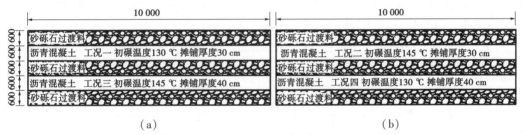

图 1-3　现场碾压试验试验段分区平面示意图　(单位:mm)

(1)相同压实功下降低摊铺厚度或提高初碾温度,骨料最大粒径 37.5 mm 沥青混凝土离析倾向性均会增大,工况二(初碾温度 145 ℃、摊铺厚度 30 cm)离析倾向性最大;工况一(初碾温度 130 ℃、摊铺厚度 30 cm)次之;工况三(初碾温度 145 ℃、摊铺厚度 40 cm)再次之;工况四(初碾温度 130 ℃、摊铺厚度 40 cm)最小。

(2)以工况二为主要的研究工况,通过对比该工况下芯样的分离度、矿料级配偏差和沥青用量偏差与设计规范限值,结果表明骨料最大粒径 37.5 mm 的沥青混凝土施工过程中并没有出现离析;而且经力学性能分析,芯样上、下部力学性能差异程度不大,进一步验证了上述观点。

1.3.3　大粒径沥青混凝土弯曲性能

骨料最大粒径增大后,现有规范规定的小梁弯曲尺寸显然已不能完全包含大粒径骨料。由图 1-4 可知,D_{max} = 19 mm 时,粗骨料可以均匀地分布在试件中,而 D_{max} = 26.5 mm 和 D_{max} = 31.5 mm 时,粗骨料无法完全包含在试件中,部分大粒径骨料被切断变成粒径较小的骨料,已然无法充分体现出大粒径骨料的弯曲性能。

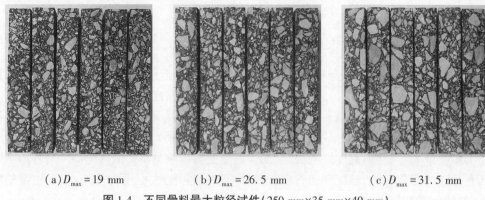

(a)D_{max} = 19 mm   (b)D_{max} = 26.5 mm   (c)D_{max} = 31.5 mm

图 1-4　不同骨料最大粒径试件(250 mm×35 mm×40 mm)

为研究大粒径水工沥青混凝土的弯曲性能,基于图像分析软件 Image-pro Plus 测定了现有规范尺寸下和优选后试件截面中大于某一骨料粒径的面积,探讨了骨料粒径增大后现有规范对大粒径沥青混凝土弯曲试验的适用性,分析了不同截面尺寸和跨径对大粒径水工沥青混凝土受力特性的变化规律,提出了不同骨料最大粒径的水工沥青混凝土的弯曲试验方法,采用新的评价方法对 D_{max} 为 31.5 mm 的沥青混凝土在-20 ℃、-10 ℃、0 ℃、10 ℃、20 ℃的温度下开展了小梁弯曲试验,研究了温度对大粒径水工沥青混凝土的应力-应变、抗弯强度和弯拉应变的影响。

小梁弯曲试件的截面尺寸和跨径均对水工沥青混凝土的抗弯强度和弯拉应变影响显著,骨料最大粒径增大至 26.5 mm 和 31.5 mm 时,规范规定的截面尺寸和跨径已不能准确地反映大粒径水工沥青混凝土的弯曲性能。通过不同截面尺寸和跨径的小梁弯曲试验研究,可以得出:当 D_{max}=26.5 mm 时,小梁弯曲试件的截面尺寸宜为 45 mm×50 mm,跨径宜为 250 mm;当 D_{max}=31.5 mm 时,小梁弯曲试件的截面尺寸宜为 55 mm×60 mm,跨径宜为 300 mm。改进后的截面尺寸和跨径能够真实地反映大粒径水工沥青混凝土的弯曲性能。

大粒径水工沥青混凝土的弯曲应力-应变特性受温度影响显著。在低温时,试件在达到峰值应力前弯曲应力-应变曲线呈线性增大,温度越低这种现象越明显;在较高温度时,试件的峰值应力随温度的升高在逐渐减小,而对应的应变随温度的升高大幅度增大。在温度低于-10 ℃时,对大粒径水工沥青混凝土的抗弯强度和弯拉应变的影响较小;温度在-10~10 ℃时,对沥青混凝土的抗弯强度影响显著;在温度大于 10 ℃后,对沥青混凝土弯拉应变的影响逐渐显著。

1.3.4　大粒径沥青混凝土静力特性

通过大型沥青混凝土静力三轴试验,研究了不同骨料最大粒径沥青混凝土应力-应变特性、体积变形特性和抗剪强度变化规律,并探究了温度对骨料最大粒径 37.5 mm 的沥青混凝土上述特性的影响。

不同骨料最大粒径沥青混凝土均具有应变软化和应变硬化的特性,随围压的增大其偏应力-轴向应变曲线逐渐由应变软化型曲线向应变硬化型曲线转变;而且随骨料粒径的增大沥青混凝土偏应力的峰值呈非线趋势增大。骨料最大粒径 37.5 mm 沥青混凝土受温度影响具有不同的力学响应,其偏应力-轴向应变曲线由应变软化型曲线向应变硬化型曲线转换的临界围压会随温度的升高而减小。不同骨料最大粒径沥青混凝土剪切过程中具有相同的体积变形特征:先发生剪缩,达最大体缩应变后开始剪胀,其体应变曲线形状呈"对钩"形;而且随骨料粒径的增大沥青混凝土最大体缩应变及对应轴向应变逐渐减小,最终体应变逐渐增大。温度对骨料最大粒径 37.5 mm 沥青混凝土的最大体缩应变及体应变曲线形状影响较小,对剪胀性影响显著,温度越低剪胀性越强。

不同骨料最大粒径沥青混凝土的凝聚力随骨料粒径的增加而减小,而内摩擦角变化规律相反,当骨料最大粒径为 37.5 mm 时自身内摩擦角和凝聚力变幅明显增大。骨料最大粒径 37.5 mm 沥青混凝土的内摩擦角随温度以近似线性趋势降低,平均每升高 5 ℃ 内摩擦角降低 1.7°,而凝聚力从 5 ℃ 至 10 ℃ 增幅较小,后至 20 ℃ 增幅较大且呈线性增长,增长梯度为 5.1 kPa/℃。不同温度条件下骨料最大粒径 37.5 mm 沥青混凝土的抗剪强度参数均满足规范要求,具有较好的工程适用性。使用大粒径骨料来配制沥青混凝土可以提高自身的抗剪性能、改善延性,但也增大了自身的剪胀性。

1.3.5　大粒径沥青混凝土剪胀特性

骨料最大粒径增大至 37.5 mm 后,不仅可以提高自身的强度,还减小了骨料的比表面积、降低了沥青用量,但骨料最大粒径增大后对沥青混凝土材料剪胀特性有一定影响,将骨料最大粒径分别为 19 mm、26.5 mm、31.5 mm 和 37.5 mm 的沥青混凝土在不同围压下的三轴试验结果进行整理,得到不同骨料最大粒径沥青混凝土体应变曲线,如图 1-5 所示。

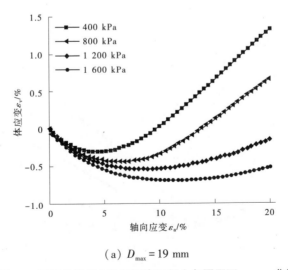

（a）$D_{max} = 19$ mm

图 1-5　不同骨料最大粒径沥青混凝土各围压下 $\varepsilon_v \sim \varepsilon_a$ 曲线

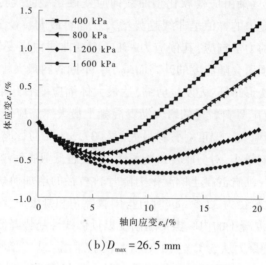

(b) $D_{max} = 26.5$ mm

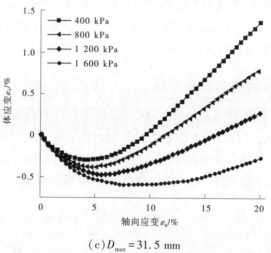

(c) $D_{max} = 31.5$ mm

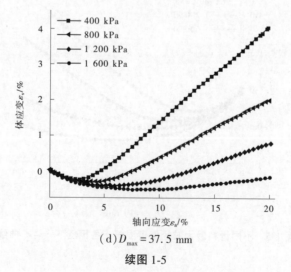

(d) $D_{max} = 37.5$ mm

续图 1-5

　　骨料最大粒径为 37.5 mm 的沥青混凝土在各围压下相变点处的轴向应变分别为 2.5%、4.0%、5.2%、7.6%；处于体缩段的最大轴向应变分别为 4.3%、7.4%、12.4%、20.0%。由此可以看出,围压越小,变形相变点(剪缩变为剪胀的转折点,混合料达到最密实的状态,塑性体变无增量)向左上方移动的越多,证明了围压对体变压缩极限值有一定的影响,且曲线体胀段占比越大,最终剪胀量也越大。围压越大,总体积变化分界点向右方移动,曲线体缩段占比变大。使用大粒径骨料来配制沥青混凝土可以提高自身的抗剪性能,但也增加了自身的剪胀性。这种剪胀性的增加对大粒径沥青混凝土的防渗安全性尚需要进一步深入研究。

第 2 章　沥青混凝土特性与配合比设计

　　沥青混凝土是由沥青、矿质材料(矿料)和填料组成的,沥青和填料均匀混合后形成具有黏性的胶浆,并将分散颗粒的矿质材料黏结,构成弱胶结的混合颗粒材料,即沥青混凝土。

　　沥青混凝土的特性可分为基本力学特性和重要力学特性两类。所谓基本力学特性,是指所有材料在整个受力阶段都有决定性影响的力学性质,是区别于其他工程材料的标志;重要力学特性则是指材料在一定受力阶段有主要影响,在其他情况下可以忽略不计的力学特性。弱胶结颗粒材料的基本特性有两个,即压硬性和剪胀性;材料的重要力学特性包括各向异性、流变性、应力路径相关性、应力应变硬化和软化等。

2.1　沥青混凝土的宏观特性

2.1.1　沥青混凝土的基本特性

2.1.1.1　压硬性

　　沥青混凝土的强度和刚度随压应力的增大而增大、随压应力的降低而降低,弱胶结颗粒材料是摩擦型材料,材料的破坏是剪切破坏,在一定范围内,材料的抗剪强度随压应力的增大而增大,或者说平均压应力越大,材料能承受的剪应力越大,材料的这种性质称为压硬性。

　　沥青混凝土的变形模量随围压的增高而增大的现象是压硬性的另一种表现形式,由于胶结颗粒联系较弱,围压给散体颗粒的约束作用对材料强度和变形模量的提高是非常重要的。Janbu 公式是有关变形模量在压硬性方面最明确的表达:

$$E_e = K_e P_a \left(\frac{\sigma_3}{P_a} \right)^n \tag{2-1}$$

式中:K_e 和 n 为试验常数;P_a 为大气压;σ_3 为围压。

2.1.1.2　剪胀性

　　材料在剪切时产生体积膨胀或收缩的特性,统称为剪胀性,它是材料最重要的变形特性之一。剪胀性起因于在剪切应力作用下,材料颗粒之间的相互制约、相互之间错位和相互之间翻越,这种变形是金属材料所没有的。材料剪胀性研究首先是在颗粒材料组成的土体中,受剪切时砂土颗粒相互错动产生塑性体积变形,这就是广义上的"砂土剪胀"。由颗粒材料的体变微观模型简图(见图 2-1)可以看出,在常规三轴应力作用下,材料由状态 1 的初始大孔隙状态进入状态 2 的密实状态,将产生体积缩小,再由状态 2 进入状态 3时,材料将产生较明显的体积膨胀。

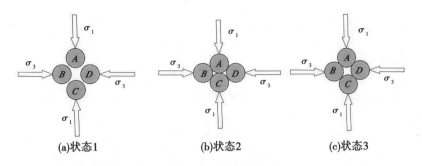

图 2-1　颗粒材料的体变微观模型简图

水工沥青混凝土是颗粒材料与沥青胶结而成的具有密实结构的防渗材料,如图 2-2 所示。沥青黏附在矿料表面,形成一定厚度的结构沥青膜,结构沥青膜越薄,矿料与沥青的胶结作用越强,当矿料表面的沥青薄膜超过一定厚度时,将产生过多的自由沥青,胶结作用逐渐减弱。作为土石坝防渗主体的沥青混凝土心墙,结构密实,孔隙率极小,如图 2-3 所示。这种具有密实结构的弱胶结颗粒材料在剪应力作用下必将表现出明显的剪胀性。材料的压硬性和剪胀性表示平均应力、剪应力与体积应变、剪应变间的耦合作用。

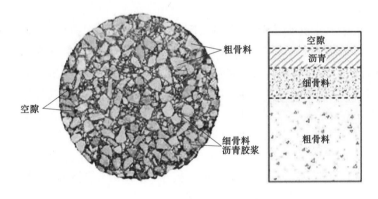

图 2-2　骨料与沥青交互作用示意图

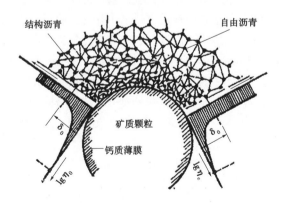

图 2-3　心墙沥青混凝土细观结构组成

2.1.2　沥青混凝土的重要力学特性

2.1.2.1　各向异性

沥青混凝土通常假定为各向同性材料。这一假定简化了心墙防渗体系的渗流计算，也方便了力学响应的求解。但是，由骨料颗粒组成的沥青混凝土能否看作各向同性材料一直被人们所怀疑。尤其是近年来一些学者比较了不同方向上沥青混凝土模量发现，对于同一沥青混凝土，无论是提高模量测试温度还是提高测试的压应力水平，其不同方向上模量的差异均明显增大，一个方向的模量甚至达到另一个方向的 1.8 倍左右。而此时若把沥青混凝土看成各向同性材料，很可能导致心墙结构设计不够合理，从而引起心墙的防渗安全。引起沥青混凝土的各向异性的原因可以总结为以下三个方面：一个是固有各向异性，是由于沥青混凝土内部骨料在各个方向的排列方式不同而形成的；二是应力诱发各向异性，由沥青混凝土受到应力损伤而产生的，如剪胀过程导致沥青混凝土内部出现裂纹，从而引起混凝土在不同方向上力学特征和渗流特性的差异；三是分层碾压引起的各向异性，碾压过程中扁平颗粒的扁平面取向垂直于大主应力方向，沥青含量过大引起粗骨料的离析，心墙分层碾压产生的结合区，这些都会加大沥青混凝土的各向异性。

2.1.2.2　流变性

沥青混凝土中所含的沥青具有依赖温度和加荷时间的黏弹性性状，骨料周围包含有黏滞性较明显的沥青膜（结构沥青和自由沥青），使得沥青混凝土在荷载作用下产生的变形也具有随温度和荷载作用时间发生变化的性质，因而表现出较大的流变性。黏弹性材料应力-应变关系依赖于温度和时间，只有知道了完整的加载过程，才能明确材料变形性状。所以说，黏弹性材料是一种有"记忆"能力的材料。为了表征沥青混凝土的力学行为，如弹性、黏性、弹性后效、蠕变、应力松弛等，需要建立一定的数学模型，使材料的黏弹性性状表现出来，这些模型是由弹性元件和黏性元件组合而成的。常用的基本模型有麦克斯韦模型（Maxwell）、开尔文模型（Kelvin）、伯格斯模型（Burgers）、杰弗瑞斯模型（Jeffreys）等。

在黏弹性力学中，一般把恒定应力或恒定应变的试验称为静态试验，把有振动输入的试验称为动态试验。典型的静态试验有蠕变试验、松弛试验、横应变速度试验、横应力速度试验等，试验的目的是确定黏弹性材料在长时间荷载条件下的力学特性。研究沥青混凝土流变性时，常进行蠕变试验和松弛试验。材料在应力保持不变的情况下，应变随时间的延长而增大，称为蠕变。蠕变是不可恢复的变形，其变形大小与荷载作用时间有关，这部分变形主要是由材料黏性流动所引起的塑性变形。另一种变形虽然可以恢复，但恢复迟缓，这是材料的弹性后效现象。通常将黏性流动和弹性后效变形二者称为蠕变现象。蠕变试验的输入应力是恒定的应力：

$$\sigma = \begin{cases} 0 & t < 0 \\ \sigma_0 & t \geqslant 0 \end{cases} \tag{2-2}$$

作为相应的应变为：

$$\varepsilon_t = \sigma_0 \left(J_\infty + \frac{t}{\eta} + \varphi_t \right) \tag{2-3}$$

式中：J_∞ 为瞬时弹性变形；$\dfrac{t}{\eta}$ 为基于黏性流动部分；φ_t 为蠕变函数，描述延迟弹性变形，蠕变函数为时间的递增函数，$t=0,\varphi_t=0,t=\infty,\varphi_t$ 为有限值。

松弛与蠕变相反，是材料在恒定应变条件下，应力随时间逐渐减小的力学行为。松弛试验的输入应力是恒定的应变：

$$\varepsilon = \begin{cases} 0 & t < 0 \\ \varepsilon_0 & t \geq 0 \end{cases} \tag{2-4}$$

作为相应的应力为：

$$\sigma_t = \varepsilon_0(E_0 + \varphi_t)$$

式中：E_0 为静弹性模量；ψ_t 为松弛函数，为时间的递减函数，$t=0,\varphi_t=\varphi_0,t=\infty,\varphi_t=\varphi_\infty$。

2.1.2.3　应力路径相关性

沥青混凝土的变形特性不仅取决于当前的应力状态 $\{\sigma\}$，而且与到达 $\{\sigma\}$ 之前的应力历史和今后的加载方向 $\{\Delta\sigma\}$ 有关，这两种影响可以统称为应力路径相关性。已有的研究表明：考虑应力路径相关性的影响，不但使本构模型大大复杂化，也给计算模拟带来困难，从而限制了它的应用。因而现有的强度和本构理论大都忽略应力路径的相关性而采用某种唯一性假定，这些唯一性假定大都是在简单的应力路径条件下得到的，而对于复杂应力路径下，尤其是当应力路径发生较大的偏转时，上述唯一性就得不到保证。

2.1.2.4　材料应力应变硬化和软化特性

沥青混凝土的应力-应变关系呈非线性的特性，没有明显的弹性阶段和初始屈服点，随着荷载的加大，屈服点也在不断地提高，这种应力-应变关系称为硬化型；当应力-应变关系越过峰值以后，随着变形的增加，屈服点在不断降低，这种情况称为软化型。图 2-4 给出了由剪应力-剪应变关系表示的材料的硬化和软化特性。

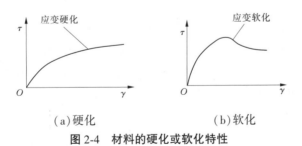

（a）硬化　　　　　　（b）软化

图 2-4　材料的硬化或软化特性

2.1.3　沥青混凝土的强度理论与破坏准则

材料由弹性状态进入塑性状态的过程称为屈服，材料内部某点开始出现塑性变形时应力组合满足的条件称为屈服条件，判断材料是否屈服的标准称为屈服准则。

通常把材料进入无限塑性状态时称为破坏。对于理想材料来说，破坏状态就是初始屈服状态，此时材料的屈服与破坏具有"同时性"。通常沥青混凝土材料属应变硬化材料，从初始屈服到破坏需要经过很长的屈服过程才能达到所需的极限应力状态。破坏准则是判断材料破坏与否的标准，实际上是材料所能达到的应力状态（组合）的一个极限。

　　强度是指材料破坏时的应力状态,通常可分为脆性破坏和塑性破坏两大类,前者是指材料破坏时不能再承受任何荷载;后者是当应力保持恒定时,应变不断发展的破坏。根据破坏形态,沥青混凝土的破坏又可分为剪切破坏和拉伸破坏两种类型,拉伸破坏以脆性破坏为主,剪切破坏既有塑性破坏也有脆性破坏。塑性破坏是塑性力学的研究范畴,脆性破坏则由断裂力学或损伤力学进行研究。

　　强度理论的研究包括两个方面:一是研究材料破坏时的应力状态(或应力组合)表达式,即破坏准则;二是研究强度参数的变化规律。强度理论被广泛确认的有如下4种:

　　(1)最大拉应力理论(第一强度理论):认为引起材料断裂破坏的基本因素是最大拉应力。无论什么应力状态,只要结构内某点处的拉应力达到单向应力状态的极限拉应力,材料就会发生脆性断裂。

　　(2)最大伸长线应变理论(第二强度理论):认为最大伸长线应变是引起材料断裂的主要因素。无论什么应力状态,只要结构内某处的伸长线应变达到单向应力状态下的极限拉伸线应变值,材料就会发生脆性断裂破坏。

　　(3)最大剪应力理论(第三强度理论):认为最大剪应力是引起材料屈服的主要因素。无论什么应力状态,只要结构内某处的最大剪应力达到该点应力状态下的极限剪应力值,材料就会发生屈服破坏。

　　(4)最大均方根剪应力理论(第四强度理论):经常又被称为畸变能理论。

　　工程实践认为沥青混凝土材料在一定应力范围内,其抗剪强度大多遵循莫尔-库仑强度理论:

$$\tau_f = c + \sigma \tan\varphi \qquad (2\text{-}5)$$

　　由式(2-5)可知:强度是由 c 和 $\sigma\tan\varphi$ 两部分组成的,前者被称为凝聚强度,后者称为摩擦强度,这种划分只是为分析和解决问题方便所设定的,实际上不可能将二者截然分开。

　　作为心墙坝筑坝材料,沥青混凝土属于散粒体的弱胶结结构,颗粒体之间的黏结强度远低于单个颗粒自身的强度,破坏常表现为滑移破坏,即剪切破坏。这种材料的强度就是指抗剪强度,受力结构中某点是否破坏,就由其应力状态来决定,通常采用莫尔-库仑准则作为材料的破坏准则,其表达式为:

$$(\sigma_1 - \sigma_3)_f = \frac{2c \cdot \cos\varphi + 2\sigma_3 \cdot \sin\varphi}{1 - \sin\varphi} \qquad (2\text{-}6)$$

式中: c、φ 为沥青混凝土材料的抗剪强度参数。

　　为了描述结构中该点在其应力组合条件下强度发挥的程度,引入剪应力水平(也称应力水平)概念,即:

$$S = \frac{\sigma_1 - \sigma_3}{(\sigma_1 - \sigma_3)_f} \qquad (2\text{-}7)$$

　　当 $S=1$ 时,表明该点已进入无限塑性状态,达到破坏(屈服)。S 愈小,则强度储备越高,结构愈安全。

　　材料的屈服与破坏并非是同一概念,对于刚性和完全塑性材料,屈服就意味破坏;而对于弹塑性材料,其屈服与破坏就不同了。

2.1.4　沥青混凝土的非线性强度特性

　　测定心墙沥青混凝土强度非线性强度特性采用南京泰克奥科技有限公司生产的
TKA 全自动三轴仪,精度 2 kPa,试验设备见图 2-5。试件直径 100 mm,高度 200 mm,试件
的孔隙率按照 1%±0.1% 来控制,轴向应变控制为 0.1%/min,即 0.2 mm/min,试验过程中
若没有出现峰值,则按照试验应变的 20% 进行控制,围压分别为 0.2 MPa、0.4 MPa、0.6
MPa、0.8 MPa、…、1.8 MPa。

　　（a）围压控制　　　　　　　　　　　　　（b）三轴剪切仪（带恒温室）

图 2-5　沥青混凝土静三轴试验设备

　　将试验完成的应力-应变数据进行整理,并绘制摩尔应力圆,围压分别为 0.2 MPa、
0.4 MPa、0.6 MPa 和 1.4 MPa、1.6 MPa、1.8 MPa 下的抗剪强度线见图 2-6。

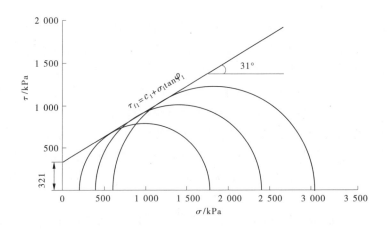

（a）围压为 0.2 MPa、0.4 MPa、0.6 MPa

图 2-6　围压为 0.2 MPa、0.4 MPa、0.6 MPa 和 1.4 MPa、1.6 MPa、1.8 MPa 下的抗剪强度线

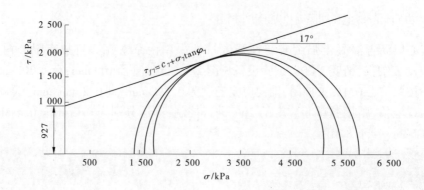

(b)围压为 1.4 MPa、1.6 MPa、1.8 MPa

续图 2-6

可以看出,沥青混凝土材料随着围压的增加表现出明显的强度非线性,由弹塑性材料逐渐向黏塑性材料过渡,内摩擦角 φ 逐渐减小,凝聚力 c 逐渐增大。表明沥青混凝土心墙在较大围压作用下仅起到防渗的作用,而承受剪应力的能力下降。

2.2 沥青混凝土配合比统计分析

2.2.1 沥青混凝土配合比设计

沥青混凝土材料的配合比设计需要根据沥青混凝土作为防渗心墙的技术指标,结合当地的原材料性质,在确定施工工艺的条件下进行沥青含量和矿料级配两个参数组成的配合比选择,再通过各种沥青混凝土性能试验来确定满足设计要求且经济合理的最佳沥青混凝土配合比。

水工沥青混凝土配合比的设计就是确定粗细骨料、填料和沥青相互配合的比例,使之既能满足沥青混凝土的技术要求,又符合经济的原则。沥青混凝土的密度和孔隙率可以反映出心墙的防渗性能,马歇尔试件成型简单,试验结果可快速地反映出沥青混凝土的物性指标,马歇尔试验的稳定度可以反映沥青混凝土的强度,流值能够体现出沥青混凝土的变形能力,故工程中常用密度、孔隙率、马歇尔等试验优选配合比。

传统的水工沥青混凝土配合比设计,采用矿料级配和油石比作为配比参数,其理论是表面理论。近年来,也有以胶浆理论为依据,采用矿料级配、油石比和填料用量 3 个配合比参数进行设计。配合比的设计实质上就是确定 3 个配合比参数的合理取值,最初确定范围,然后经各项试验检验进行优选,最终确定最佳配合比。

我国的水工沥青混凝土配合比设计有 2 种设计理论:一种是基于最大密度曲线理论的配合比设计理论,另一种是胶浆理论。

基于最大密度曲线理论的沥青混凝土的配合比设计,是采用矿料级配及沥青用量(油石比)作为配合比设计的 2 个主要参数。最大密度曲线理论适用于计算设计连续级配;而胶浆理论既可以用于计算连续级配,也可用于计算间断级配。我国多是采用最大干密度理论来设计水工沥青混凝土的矿料级配,采用了 D_{max}、d_i、P_i 3 个参数来表征。矿料级配确定后,对沥青混凝土性质的影响就由沥青用量决定。胶浆理论是近年来才发展的,采用骨料级配指数、油石比、填料用量 3 个参数进行配合比设计,与传统设计理论没有本质区别。

粗骨料的 D_{max} 对沥青混凝土的施工特性和力学性能都有影响。一些学者认为粒径太大,施工中在振动碾作用下,骨料容易分离,大骨料下沉,细骨料及沥青浆料上浮,沥青混凝土表面泛油严重,建筑物因骨料分离而产生结构分层现象。粒径太小,会降低沥青混凝土的强度,使其变形增大。《土石坝沥青混凝土面板和心墙设计规范》(DL/T 5411—2009)中规定:碾压式沥青混凝土心墙的骨料最大粒径不宜大于 19 mm。新疆已建成的照壁山水库、下坂地水库、阿拉沟水库、大石门水库等工程,其心墙沥青混凝土骨料最大粒径均采用了 19 mm。

矿料级配选择就是要确定矿料中粗骨料、细骨料和填料的配合比例。级配曲线可以很清楚地表示出矿料中各种粒径颗粒之间的数量关系和矿料级配曲线的特征,它可以用级配指数来加以描述。一个好的矿料级配,应当使矿料之间处于最密实状态,使之成型的沥青混凝土孔隙率达到最小,同时还应保证使其拥有良好的强度和变形。为了满足上述要求,选择一个矿料标准级配(曲线)作为矿料合成的目标(控制标准)是势在必行的。矿料合成级配采用集料级配理论计算标准级配的方法,此方法为丁朴荣教授提出的修正富勒级配公式,《水工碾压式沥青混凝土施工规范》(DL/T 5363—2016)、《水工沥青混凝土施工规范》(SL 514—2013)和《土石坝沥青混凝土面板和心墙设计规范》(DL/T 5411—2009)、《土石坝沥青混凝土面板和心墙设计规范》(SL 501—2010)等几个标准中都推荐了这种方法。

矿料级配的确定采用最大密度级配理论和《土石坝沥青混凝土面板和心墙设计规范》(SL 501—2010)推荐的公式确定,计算公式如下:

$$P_i = F + (100 - F) \frac{d_i^r - d_{0.075}^r}{D_{max}^r - d_{0.075}^r} \tag{2-8}$$

式中:P_i 为筛孔 d_i' 的通过率(%);F 为粒径小于 0.075 mm 的填料用量(%);D'_{max} 为矿料最大粒径,mm;d_i' 为某一筛孔尺寸,mm;$d'_{0.075}$ 为填料最大粒径,0.075 mm;r 为级配指数。

一般情况下,选择矿料最大粒径 D_{max} = 19 mm;矿料级配指数 r 在 0.36~0.42 内变化。粗骨料由方孔筛分为 5 级,分别为 19~16 mm、16~13.2 mm、13.2~9.5 mm、9.5~4.75 mm、4.75~2.36 mm。

在矿料的最大粒径和填料用量已确定的前提下,矿料的级配是由级配指数 r 决定的。此时,选择矿料标准级配就成为选定级配指数,矿料级配指数是沥青混凝土配合比的参数之一。级配指数可确定矿料的颗粒级配,其值的大小决定沥青矿料中粗、细骨料含量的比例。级配指数数值越小,矿料中细颗粒的含量越多,反之越少。近年来,国内碾压式沥青混凝土心墙材料的矿料级配指数多在 0.38~0.42,《土石坝沥青混凝土面板和心墙设计规范》(DL/T 5411—2009)中推荐级配指数的范围为 0.35~0.44。

填料不仅可以在矿料中起到填充密实作用,而且对沥青混凝土的力学性能、流变性能以及感温性等方面产生重要的影响。填料掺入沥青的主要作用是使原来容积状的沥青变为薄膜状的沥青,随着填料的增多,填料表面形成的沥青膜厚度减薄,沥青胶结料的黏度和强度随之提高,从而使骨料颗粒之间的黏结也增强。填料用量的多少在很大程度上影响到沥青混凝土的水稳定性、变形、强度及拌和物的和易性,沥青混凝土配合比设计的技术关键就是确定适宜的填料用量。国内外工程经验认为,为了使沥青混凝土获得较低的孔隙率和较好的技术性能,填料用量和沥青用量应进行互补调整,即沥青用量改变时,也相应改变填料用量,二者之间存在一定的最佳比例关系,一般认为填料浓度(填料用量 F 与沥青用量 B 之比)即 $m=F/B$ 为 1.9 左右,沥青混凝土的孔隙率可达到 1% 以下。《土石坝沥青混凝土面板和心墙设计规范》(DL/T 5411—2009)中推荐的碾压式沥青混凝土心墙材料的填料用量范围为 10%~16%;近年来,新疆地区修筑的沥青混凝土心墙,其材料中填料用量多为 11%~15%。

通过以上参数的选择,就可计算出矿料级配的设计值。还对沥青混凝土性能产生影响的配合比参数就是沥青的数量,它有两种不同的表示方法:一种是以沥青占沥青混合料(包括沥青)总质量的百分数计,即"沥青含量";另一种是将矿料(包括填料)固定成 100%,沥青成为独立变量,即"沥青用量"或"油石比",它的变化不影响矿料的计算。由于第二种方法在计算、配料、调整以及操作等方面较方便,所以工程中应用较多。沥青混凝土中沥青的存在形式有两种:一部分沥青裹覆于矿料颗粒的表面,与矿料产生交互作用,形成一层吸附融化膜,即"结构沥青";另一部分沥青是在"结构沥青"层之外未与矿料发生交互作用的"自由沥青"。"结构沥青"所占比例以及矿料颗粒之间的距离决定了沥青混凝土的凝聚力的大小,而"自由沥青"主要是填充矿料间的孔隙。为保证沥青混凝土心墙的强度和适应变形能力,在水工沥青混凝土结构中还应保持一定的"自由沥青"数量。沥青用量的问题,确切地讲是"自由沥青"量最合适的问题。沥青混凝土配合比设计的重要内容之一就是确定最适宜的沥青用量,使沥青既能充分裹附矿料颗粒,又不致有过多的"自由沥青"。《土石坝沥青混凝土面板和心墙设计规范》(DL/T 5411—2009)中推荐,碾压式沥青混凝土心墙中的沥青占沥青混凝土的总重为 6.0%~7.5%。

西安理工大学完成的 12 个国内典型工程的碾压式沥青混凝土配合比及材料特性的统计结果见表 2-1。

表 2-1　国内典型工程的碾压式沥青混凝土配合比及材料特性(西安理工大学)

序号	工程名称	坝高/m	级配参数					材料品质		
			骨料最大粒径/mm	级配指数	填料用量/%	油石比/%	胶浆浓度	沥青牌号	粗骨料岩性	细骨料岩性
1	米兰河	83.0	19	0.41	13	6.6	0.51	克石化 90 号 A 级	灰岩	人工砂+天然河砂
			19	0.41	13	6.9	0.53			
2	五一	102.5	19	0.39	12	6.6	0.55	克石化 70 号 A 级	灰岩	人工砂
			19	0.39	14	6.9	0.49			

续表 2-1

序号	工程名称	坝高/m	级配参数					材料品质		
			骨料最大粒径/mm	级配指数	填料用量/%	油石比/%	胶浆浓度	沥青牌号	粗骨料岩性	细骨料岩性
3	照壁山	71.0	20	0.38	13	6.8	0.52	克石化 70 号 A 级	破碎灰岩	人工砂+天然河砂
			20	0.38	13	6.8	0.52			
4	茅坪溪	104.0	20	0.40	12	6.2	0.52	克石化 70 号 A 级	石灰岩碎料	人工砂+天然河砂
5	冶勒	124.5	20	0.39	13	6.5	0.65	克石化 70 号 A 级	灰岩	人工砂
6	尼尔基	41.5	20	0.39	12	6.6	0.55	双喜岭 90 号道路沥青	灰岩	人工砂
7	坎儿其	51.3	20	0.39	10	6.3	0.63	克石化 70 号 A 级	灰岩	人工砂
8	下坂地	78.0	20	0.36	13	7.2	0.55	克石化 70 号 A 级	灰岩	人工砂
9	克孜加尔	63.0	19	0.38	14	6.9	0.49	克石化 70 号 A 级	灰岩	人工砂+天然河砂
10	洞塘	47.0	20	0.39	14	6.2	0.44	兰炼重交通沥青 AH-70	灰岩	人工砂
11	开普太希	48.4	19	0.40	14	7.0	0.50	克石化 70 号 A 级	灰岩	人工砂+天然河砂
12	峡沟	36.4	19	0.38	14	6.9	0.49	克石化 70 号 A 级	灰岩	人工砂
统计结果	平均值	—	—	0.389	12.9	6.69	0.529	—	—	—
	最大值	—	—	0.41	14.0	7.20	0.650	—	—	—
	最小值	—	—	0.36	10.0	6.20	0.440	—	—	—
	方差	—	—	0.000 2	1.128 9	0.083 3	0.097 7	—	—	—
	离散系数 C_v	—	—	0.032	0.085	0.043	0.098	—	—	—

注:胶浆浓度是指沥青用量(油石比)与填料用量之比。

从表 2-1 中的 15 组碾压式沥青混凝土配合比统计结果可以看出:

(1)骨料最大粒径为 19~20 mm,基本无差异;

(2)级配指数均值为 0.389,填料用量均值为 12.9%,油石比均值为 6.69%,胶浆浓度均值为 0.529,它们的离散系数非常小,分别仅为 0.032、0.085、0.043 和 0.098,不同的工程在配合比设计参数的选取都很接近。

新疆农业大学完成的新疆 23 个典型工程的碾压式沥青混凝土配合比及材料特性统计结果见表2-2。

表 2-2　新疆 23 个典型工程的碾压式沥青混凝土配合比及材料特性(新疆农业大学)

序号	工程名称	坝高/m	级配参数					材料品质		
			骨料最大粒径/mm	级配指数	填料用量/%	油石比/%	胶浆浓度	沥青牌号	粗骨料岩性	细骨料岩性
1	阿拉沟	105.2	19	0.38	14	6.6	0.47	克石化 70 号 A 级	人工碎石料	人工砂
2	二塘沟	64.8	19	0.42	16	7.2	0.45	克石化 70 号 A 级	人工碎石料	人工砂+天然河砂
3	八大石	115.7	19	0.39	11	6.6	0.60	克石化 70 号 A 级	人工碎石料	人工砂+天然河砂
4	五一	102.5	19	0.36	12	6.7	0.56	克石化 70 号 A 级	人工碎石料	人工砂
5	38 团石门	81.5	19	0.39	13	6.7	0.52	克石化 70 号 A 级	人工碎石料	人工砂+天然河砂
6	二道白杨沟	82.5	19	0.45	10	6.4	0.64	克石化 70 号 A 级	人工碎石料	人工砂+天然河砂
7	头道白杨沟	79.8	19	0.36	11	6.7	0.61	克石化 70 号 A 级	人工碎石料	人工砂+天然河砂
8	宁家河	62.7	19	0.38	10	6.4	0.64	克石化 70 号 A 级	人工碎石料	人工砂
9	特吾勒	65.0	19	0.42	10	6.3	0.63	克石化 70 号 A 级	天然砾石料	天然河砂
10	齐古	50.0	19	0.36	11	6.7	0.61	克石化 70 号 A 级	天然砾石料	天然河砂
11	五一(围堰)	45.0	19	0.43	12	6.3	0.53	克石化 70 号 A 级	天然砾石	天然河砂
12	碧流河	84.8	19	0.42	13	6.6	0.51	克石化 70 号 A 级	人工骨料	人工砂
13	大石门	128.8	19	0.42	11	6.7	0.61	库石化 90 号 A 级	人工骨料	人工砂
				0.39	13	7.0	0.54		人工骨料	

续表 2-2

序号	工程名称	坝高/m	级配参数					材料品质		
			骨料最大粒径/mm	级配指数	填料用量/%	油石比/%	胶浆浓度	沥青牌号	粗骨料岩性	细骨料岩性
14	尼雅	131.8	19	0.39	13	6.5	0.50	克石化 70 号 A 级	人工骨料	天然河砂
				0.36	13	6.8	0.52			
15	吉尔格勒德	101.0	19	0.36	13	6.6	0.51	克石化 70 号 A 级	人工骨料	人工砂
16	喀英德布拉克	59.6	19	0.39	12	6.6	0.55	克石化 70 号 A 级	破碎砾石	人工砂+天然河砂
17	乔拉布拉	84.5	19	0.36	11	6.6	0.60	克石化 90 号 A 级	破碎砾石	人工砂+天然河砂
18	若羌河	79.0	19	0.39	13	7.1	0.55	库石化 90 号 A 级	破碎砾石	人工砂+天然河砂
19	红山下	45.0	19	0.36	13	6.4	0.49	克石化 90 号 A 级	天然砾石	天然河砂
20	保尔德	73.6	19	0.39	13	6.8	0.52	克石化 90 号 A 级	人工骨料	人工砂
21	博斯坦	78.6	19	0.42	11	6.9	0.63	库石化 90 号 A 级	人工骨料	人工砂
22	阿克加孜克	67.3	19	0.33	13	6.7	0.52	克石化 70 号 A 级	人工骨料	人工砂
23	沙尔托海	62.9	19	0.39	11.0	6.3	0.57	克石化 70 号 A 级	天然砾石	天然河砂
统计结果	平均值	—	—	0.388	12.1	6.65	0.555	—	—	—
	最大值	—	—	0.45	16	7.2	0.64	—	—	—
	最小值	—	—	0.33	10	6.3	0.45	—	—	—
	方差	—	—	0.001	1.946	0.054	0.003	—	—	—
	离散系数 C_v	—	—	0.072	0.115	0.035	0.098	—	—	—

注:胶浆浓度是指沥青用量(油石比)与填料用量之比。

从表 2-2 中的 25 组碾压式沥青混凝土配合比统计结果可以看出:

(1)骨料最大粒径均在 19 mm,各工程无差异;

（2）级配指数均值为0.388，填料用量均值为12.1%，油石比均值为6.65%，胶浆浓度均值为0.555，它们的离散系数非常小，仅分别为0.072、0.115、0.035和0.098，不同的工程在配合比设计参数的选取也很接近。

以上两个统计分析结果表明：碾压式沥青混凝土的配合比参数，不论是骨料的最大粒径，还是级配指数、填料含量、油石比，两所学校所做试验的结果都基本相近，每个试验的配合比参数都变化不大。

新疆农业大学完成的新疆13个典型工程的浇筑式沥青混凝土配合比及材料特性统计结果见表2-3。

表2-3　新疆13个典型工程的浇筑式沥青混凝土配合比和材料特性（新疆农业大学）

序号	工程名称	坝高/m	级配参数					材料品质		
			骨料最大粒径/mm	级配指数	填料用量/%	油石比/%	胶浆浓度	沥青牌号	粗骨料岩性	细骨料岩性
1	也拉曼	31.7	19	0.33	14	9.0	0.64	克石化70号A级	天然砾石	人工砂和河砂（占49%）
2	东塔勒德	44.7	19	0.33	14	9.0	0.64	克石化90号A级	天然砾石骨料	人工砂和河砂（占48%）
3	乌雪特	49.4	19	0.33	10	9.3	0.93	克石化90号A级	灰岩人工破碎	天然河砂
4	强罕	27.1	19	0.34	12	9.0	0.75	克石化90号A级	天然砾石	天然河砂
5	麦海因	52.6	19	0.33	13	9.3	0.72	克石化70号A级	天然砾石	天然河砂
6	阿勒腾也木勒	35.4	19	0.33	14	9.0	0.64	克石化90号A级	天然砾石	天然河砂
7	小锡伯提	58.9	19	0.36	11	9.3	0.85	克石化90号A级	破碎砾石	天然河砂
8	莫呼查汗	56.6	19	0.33	12	9.0	0.75	克石化70号A级	人工灰岩	人工砂
9	肯斯瓦特（围堰）	34.0	19	0.34	14	9.2	0.66	克石化70号A级	天然砾石	天然河砂
10	喀尔交	30.0	19	0.34	14	9.0	0.64	克石化90号A级	天然砾石	天然河砂
11	将军庙（围堰）	20.0	19	0.33	13	9.3	0.72	克石化70号A级	天然砾石	天然河砂

续表 2-3

序号	工程名称	坝高/m	级配参数					材料品质		
			骨料最大粒径/mm	级配指数	填料用量/%	油石比/%	胶浆浓度	沥青牌号	粗骨料岩性	细骨料岩性
12	江格斯	53.2	19	0.33	13	9.3	0.72	克石化90号A级	天然砾石	天然河砂
13	乌克塔斯	26.8	19	0.34	14	9.3	0.66	克石化70号A级	人工灰岩	人工砂
统计结果	平均值	—	—	0.335	12.9	9.15	0.717	—	—	—
	最大值	—	—	0.36	14	9.3	0.93	—	—	—
	最小值	—	—	0.33	10	9.0	0.64	—	—	—
	方差	—	—	0	1.609	0.021	0.007	—	—	—
	离散系数 C_v	—	—	0.022	0.105	0.022	0.154	—	—	—

注:胶浆浓度是指沥青用量(油石比)与填料用量之比。

由表 2-3 可以看出,浇筑式沥青混凝土骨料最大粒径均为 19 mm,级配指数均值为 0.335,填料用量均值为 12.9%,油石比均值为 9.15%,胶浆浓度均值为 0.717,它们的离散系数非常小,仅分别为 0.022、0.105、0.022 和 0.154,不同的工程在配合比设计参数的选取也很接近。

还可以看出:由于施工工艺不同,浇筑式沥青混凝土配合比参数与碾压式沥青混凝土相比,级配指数略小,沥青用量增加较大,填料用量略有增加,胶浆浓度增加较显著。

表 2-4 和表 2-5 分别给出了国内外已建工程碾压式与浇筑式沥青混凝土基础配合比的统计。

表 2-4　国内外已建工程的碾压式沥青混凝土配合比

序号	工程名称	骨料最大粒径/mm	基础配合比/%			沥青/%
			碎石或砾石	人工砂或河砂	石粉或水泥	
1	Megget(英国)	20	45.0	44.0	11.0	6.3
2	Finestertal(奥地利)	18	64.0	27.5	8.5	6.0
3	香港高岛(中国)	19	63.0(砾石)	24.0(河砂)	13.0	6.3
4	Storvatn(挪威)	16	56.0	32.0	12.0	6.3
5	Storglomvatn(挪威)	18	59.0	28.0	13.0	7.2
6	Dhuenn(德国)	25	65.0	27.0	8.0	6.5
7	武利(日本)	25	57.6	30.8	11.6	6.4
8	八王子(日本)	25	58.0	29.0	13.0	6.6
9	尼雅	19	50.0	37.0	13.0	6.8

续表 2-4

序号	工程名称	骨料最大粒径/mm	基础配合比/%			沥青/%
			碎石或砾石	人工砂或河砂	石粉或水泥	
10	二塘沟	20	40.0	44.0	16.0	7.2
11	阿拉沟	19	40.0	46.0	14.0	6.6
12	八大石	19	42.0	47.0	11.0	6.6
13	38团石门	19	41.0	46.0	13.0	6.7
14	库什塔依	19	41.0	47.0	12.0	6.8
15	坎儿其	20	40.3	49.7	10.0	6.3
16	茅坪溪	20	47.4	40.6	12.0	6.2
17	冶勒	20	59.6	28.4	12.0	6.5
18	尼尔基	20	62.6	25.2	12.2	6.6
19	照壁山	20	42.4	44.6	13.0	6.8
20	大石门	19	56.0	33.0	11.0	6.7
21	乔拉布拉	19	54.0(破碎砾石)	35.0(河砂)	11.0	6.6
22	若羌河	19	56.0(破碎砾石)	31.0(河砂)	13.0(石粉加抗剥落剂)	7.1
23	齐古	19	57.0(天然砾石)	32.0(河砂)	11.0(水泥)	6.4
统计结果	最大值	25	65.0	49.7	16.0	7.2
	最小值	16	40.0	24.0	8.0	6.0
	平均值	20	52.0	36.0	11.9	6.6
	方差	4.722	75.246	66.629	2.797	0.091
	离散系数	0.109	0.167	0.227	0.141	0.046

表 2-5　国内外已建工程的浇筑式沥青混凝土基础配合比

序号	工程名称	骨料最大粒径/mm	基础配合比/%			沥青/%
			碎石或砾石	人工砂或河砂	石粉或水泥	
1	也拉曼	19	37.0	49.0	14.0	9.0
2	东塔勒德	19	38.0	48.0	14.0	9.0
3	乌雪特	19	37.0	53.0	10.0	9.3
4	强罕	19	40.0	48.0	12.0	9.0
5	麦海因	19	38.0	49.0	13.0	9.3
6	阿勒腾也木勒	19	38.0	48.0	14.0	9.0

续表 2-5

序号	工程名称	骨料最大粒径/mm	基础配合比/%			沥青/%
			碎石或砾石	人工砂或河砂	石粉或水泥	
7	乌克塔斯	19	38.0(碎石)	48.0(人工砂)	14.0(石粉)	9.3
8	小锡伯提	19	41.0	48.0	11.0	9.3
9	莫呼查汗	19	40.0(碎石)	48.0(人工砂)	12.0(石粉)	9.0
10	肯斯瓦特(围堰)	19	39.5	46.5	14.0	9.2
11	喀尔交	19	38.0	48.0	14.0	9.0
12	西沟	19	41.0(碎石)	51.0(人工砂)	8.0(石粉)	12.0
13	宝山	19	42.0(碎石)	43.2(人工砂)	14.8(石粉)	10.6
14	象山	19	43.0(碎石)	43.0(人工砂)	14.0(石粉)	12.0
15	恰甫其海(围堰)	20	41.2(碎石)	41.2(人工砂)	17.6(石粉)	10.2
16	喀腊塑克(围堰)	20	48.2	36.2	15.6	9.6
统计结果	最大值	20	48.2	53.0	15.6	12.0
	最小值	19	37.0	36.2	10.0	9.0
	平均值	19.0	39.5	47.4	13.2	9.7
	方差	0.109	7.621	15.439	4.823	0.967
	离散系数	0.017	0.070	0.083	0.166	0.101

由表 2-4 和表 2-5 可以看出,碾压式沥青混凝土配合比中多数工程使用了碱性骨料,填料选用了碱性石粉;新疆的一些中低坝工程中,尤其是浇筑式沥青心墙坝中大量使用了破碎砾石骨料和天然砾石骨料,填料选用了碱性石粉+抗剥落剂或者采用普通硅酸盐水泥。

在沥青的选择上,国内绝大多数工程都使用了道路石油沥青,少数工程使用了水工沥青;新疆多数工程使用了克石化 70 号 A 级和 90 号 A 级道路石油沥青,少部分使用了库石化 90 号 A 级道路石油沥青。

可以看出:不论是碾压式还是浇筑式沥青混凝土配合比设计,配合比参数都基本相近,变化不大,但传统的设计是每个工程施工前,都需要花费一定的时间和费用进行配合比试验研究,而所获得沥青混凝土配合比又很相近。因此,对于一般中小型工程而言,沥青混凝土配合比可根据这些工程经验,通过工程类比近似选取。

2.2.2　沥青混凝土性能影响的单因素分析法

表 2-6 是西安理工大学对某工程 13 个配合比制成的标准马歇尔试件,进行了孔隙率测试和劈裂抗拉强度试验,试验温度为 7.7 ℃,加荷变形速度 1 mm/min,以比较其防渗

性、强度、变形能力三项基本性能,每组均为 3 个试件,表中所列结果是每组试验的平均值。

表 2-6　沥青混凝土配合比选择性能试验结果

序号	最大粒径/mm	级配指数 r	填料用量 F/%	油石比 B/%	孔隙率/%	最大劈裂强度/MPa	最大劈裂形变/mm
1	19	0.36	13	6.9	1.501	0.555	4.500
2	19	0.36	13	7.2	1.335	0.583	4.583
3	19	0.39	12	6.6	1.607	0.769	4.050
4	19	0.39	12	6.9	1.237	0.831	4.067
5	19	0.39	12	7.2	1.249	0.846	4.300
6	19	0.39	13	6.6	1.610	0.729	4.275
7	19	0.39	13	6.9	1.281	0.861	4.350
8	19	0.39	13	7.2	1.370	0.774	4.500
9	19	0.39	14	6.6	1.566	0.672	3.783
10	19	0.39	14	6.9	1.450	0.802	4.017
11	19	0.39	14	7.2	1.272	0.863	3.933
12	19	0.42	13	6.9	1.581	0.904	3.383
13	19	0.42	13	7.2	1.933	0.716	3.250

2.2.2.1　油石比对沥青混凝土性能的影响

1. 油石比对孔隙率的影响

试验条件:粗骨料最大粒径 19 mm,级配指数 0.39,填料用量取 12% 和 13%。在以上条件下研究油石比对孔隙率的影响,试验结果见表 2-7、图 2-7。

表 2-7　油石比对孔隙率的影响　　　　　　　　　　　　　　　%

项目	不同油石比(%)对应的孔隙率		
	6.6	6.9	7.2
填料用量 12%	1.607	1.237	1.249
填料用量 13%	1.610	1.281	1.370

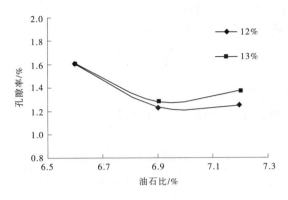

图 2-7　油石比对孔隙率的影响

由表 2-7 及图 2-7 可以看出,级配指数一定的情况下,填料含量为 12% 时,试件孔隙率随油石比增加而减小,然后再增大,当填料含量为 13% 时,油石比从 6.6% 变化到 7.2%,沥青混凝土的孔隙率同样先逐渐变小后略微增大;在标准击实功作用下,随着油石比的增加,自由沥青的数量增大,沥青的润滑作用较佳,试件密实度较大,孔隙率较小,随着沥青油石比的继续增加,自由沥青数量过多,试件成型过程中一部分击实功作用到了自由沥青上,同时自由沥青也会堵塞孔隙通道,造成排气困难,使试件孔隙率增加。从整体趋势上看,当填料用量为 12% 和 13% 时,油石比在 6.9% 时试件的孔隙率比较小,达到了最佳油石比。

2. 油石比对劈裂强度的影响

试验条件:粗骨料最大粒径为 19 mm,级配指数 0.39,填料用量取 12% 和 13%。在以上条件下研究油石比对劈裂强度的影响,试验结果见表 2-8、图 2-8。

表 2-8　油石比对劈裂强度的影响　　　　　　　　　　　　　　单位:MPa

项目	不同油石比(%)对应的劈裂强度		
	6.6	6.9	7.2
填料用量 12%	0.769	0.831	0.846
填料用量 13%	0.729	0.861	0.774

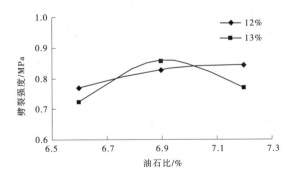

图 2-8　油石比对劈裂强度的影响

由表 2-8 及图 2-8 可以看出,填料用量为 13% 时,油石比从 6.6% 变化到 7.2%,沥青混凝土的劈裂强度变化不大,劈裂强度随油石比的增加先增大后减小;当填料用量为 12% 时,油石比从 6.6% 变化到 7.2%,劈裂强度略有增加。油石比过大对沥青混凝土的劈裂强度是不利的。

3. 油石比对劈裂形变的影响

试验条件:粗骨料最大粒径为 19 mm,级配指数 0.39,填料用量取 12% 和 13%。在以上条件下研究油石比对劈裂形变的影响,试验结果见表 2-9、图 2-9。

表 2-9　油石比对劈裂形变的影响　　　　　　　　　　单位:mm

项目	不同油石比(%)对应的劈裂形变		
	6.6	6.9	7.2
填料用量 12%	4.050	4.067	4.300
填料用量 13%	4.275	4.350	4.500

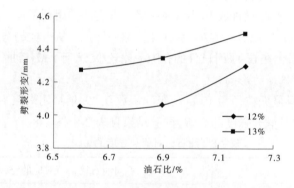

图 2-9　油石比对劈裂形变的影响

由表 2-9 及图 2-9 可以看出,油石比从 6.6% 变化到 7.2%,沥青混凝土的劈裂形变变化较大,劈裂形变随着油石比的增加逐渐增大。

综合上述试验结果,在给定的骨料品种和级配指数下,考虑沥青混凝土变形及防渗要求,根据试验结果和工程经验类比,油石比为 6.6%、6.9% 时沥青混凝土的性能均可满足要求,油石比为 6.9% 时综合性能较好。

2.2.2.2　填料用量对沥青混凝土性能的影响

1. 填料用量对孔隙率的影响

试验条件:粗骨料最大粒径为 19 mm,级配指数 0.39,油石比取 6.6% 和 6.9%。在以上条件下研究填料用量对孔隙率的影响,试验结果见表 2-10、图 2-10。

表 2-10　填料用量对孔隙率的影响　　　　　　　　%

项目	不同填料用量(%)对应的孔隙率		
	12	13	14
油石比 6.6%	1.607	1.610	1.566
油石比 6.9%	1.237	1.281	1.450

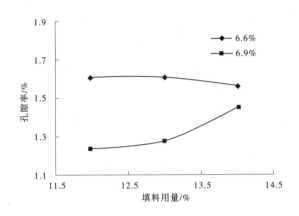

图 2-10　填料用量比对孔隙率的影响

　　由表 2-10 和图 2-10 可以看出,填料用量从 12%变化到 14%,当油石比为 6.6%时,孔隙率变化不大;当油石比为 6.9%时,孔隙率逐渐增大。综合分析,填料在 13%时沥青混凝土防渗性能较好。

　　2. 填料用量对劈裂强度的影响

　　试验条件:粗骨料最大粒径为 19 mm,级配指数 0.39,油石比取 6.6%和 6.9%。在以上条件下研究填料用量对劈裂强度的影响,试验结果见表 2-11、图 2-11。

表 2-11　填料用量对劈裂强度的影响　　　　　　单位:MPa

项目	不同填料用量(%)对应的劈裂强度		
	12	13	14
油石比 6.6%	0.769	0.729	0.672
油石比 6.9%	0.831	0.861	0.802

　　由表 2-11 及图 2-11 可以看出,填料用量由 12%变化到 14%,沥青混凝土的劈裂强度变化较小。当油石比为 6.6%时劈裂强度随填料用量的增加而减少;当油石比为 6.9%时劈裂强度随填料用量的增加先增大后减少,填料用量为 13%时劈裂强度较高。

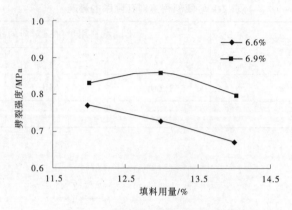

图 2-11　填料用量对劈裂强度的影响

3. 填料用量对劈裂形变的影响

试验条件:粗骨料最大粒径为 19 mm,级配指数 0.39,油石比取 6.6% 和 6.9%。在以上条件下研究填料用量对劈裂形变的影响,试验结果见表 2-12、图 2-12。

表 2-12　填料用量对劈裂形变的影响　　　　　　　　　　　　单位:mm

项目	不同填料用量(%)对应的劈裂形变		
	12	13	14
油石比 6.6%	4.050	4.275	3.783
油石比 6.9%	4.067	4.350	4.017

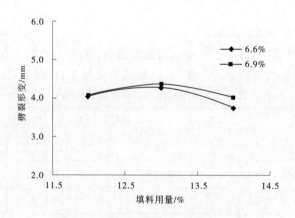

图 2-12　填料用量对劈裂形变的影响

由表 2-12 及图 2-12 可以看出,填料用量从 12% 变化到 14%,沥青混凝土的劈裂形变变化较小。当油石比为 6.6%、6.9% 时,沥青混凝土劈裂形变均随填料用量的增加先增大后减小,填料用量为 13% 时劈裂形变较好。

考虑到沥青混凝土的强度、变形性能及防渗性能的要求,根据试验结果和以往的工程经验,试验选用填料用量为 13% 时沥青混凝土具有较好的性能。

2.2.2.3 级配指数对沥青混凝土性能的影响

1. 级配指数对孔隙率的影响

试验条件：粗骨料最大粒径为 19 mm，填料用量 13%，油石比取 6.9% 和 7.2%。在以上条件下研究级配指数对孔隙率的影响，试验结果见表 2-13、图 2-13。

表 2-13 级配指数对孔隙率的影响   %

项目	不同级配指数对应的孔隙率		
	0.36	0.39	0.42
油石比 6.9%	1.501	1.281	1.581
油石比 7.2%	1.335	1.370	1.933

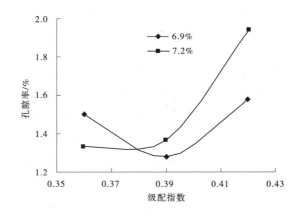

图 2-13 级配指数对孔隙率的影响

由表 2-13 及图 2-13 可以看出，级配指数由 0.36 变化至 0.42 时，孔隙率的变化比较大。当油石比为 6.9% 时，随着级配指数的增加沥青混凝土孔隙率呈现出先减小后增大的趋势；当油石比为 7.2% 时，随着级配指数的增加沥青混凝土孔隙率增大，级配指数为 0.39 时，试件的孔隙率较稳定。

2. 级配指数对劈裂强度的影响

试验条件：粗骨料最大粒径为 19 mm，填料用量 13%，油石比取 6.9% 和 7.2%。在以上条件下研究级配指数对劈裂强度的影响，试验结果见表 2-14、图 2-14。

表 2-14 级配指数对劈裂强度的影响   单位：MPa

项目	不同级配指数对应的劈裂强度		
	0.36	0.39	0.42
油石比 6.9%	0.555	0.861	0.904
油石比 7.2%	0.583	0.774	0.716

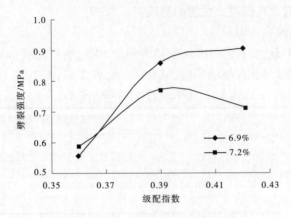

图 2-14　级配指数对劈裂强度的影响

由表 2-14 及图 2-14 可以看出,级配指数从 0.36 变化到 0.42,沥青混凝土的劈裂强度均随着级配指数的增加先增大后减小。

3. 级配指数对劈裂形变的影响

试验条件:粗骨料最大粒径为 19 mm,填料用量 13%,油石比取 6.9% 和 7.2%。在以上条件下研究级配指数对劈裂形变的影响,试验结果见表 2-15、图 2-15。

表 2-15　级配指数对劈裂形变的影响　　　　　　　　　　　单位:mm

项目	级配指数		
	0.36	0.39	0.42
油石比 6.9%	4.500	4.350	3.383
油石比 7.2%	4.583	4.500	3.250

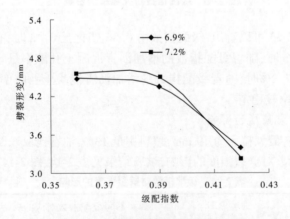

图 2-15　级配指数对劈裂形变的影响

由表 2-15 及图 2-15 可以看出,级配指数从 0.36 变化到 0.42,沥青混凝土的劈裂形变变化比较明显;级配指数在 0.39 时,沥青混凝土劈裂形变较好。

考虑到对沥青混凝土的强度、变形性能及防渗性的要求,根据试验结果和以往的工程经验,试验选用级配指数 0.39 为宜。

2.2.3　沥青混凝土性能影响的综合分析法

2.2.3.1　试验方案

在骨料最大粒径一定的基础上,新疆农业大学采用极差法、方差法综合分析了配合比
参数级配指数、填料用量和沥青用量(油石比)对沥青混凝土性能的影响。以最大密度理
论为基础,在《土石坝沥青混凝土面板和心墙设计规范》(SL 501—2010)中推荐级配指
数、填料用量、沥青用量的范围内,选择 3 个级配指数、3 个填料用量、4 个沥青用量(油石
比),采用了正交试验或均匀正交试验方案。以新疆某工程沥青混凝土配合比为例,按
$L_9(3^4)+3$ 正交表安排 12 个试验组,沥青混凝土配合比参数见表 2-16。

表 2-16　沥青混凝土配合比试验方案

编号	最大粒径/mm	油石比/%	填料用量/%	级配指数	空列
1	19	6.3	11	0.36	2
2	19	6.3	13	0.42	1
3	19	6.3	15	0.39	3
4	19	6.6	11	0.42	3
5	19	6.6	13	0.39	2
6	19	6.6	15	0.36	1
7	19	6.9	11	0.39	1
8	19	6.9	13	0.36	3
9	19	6.9	15	0.42	2
10	19	7.2	11	0.36	2
11	19	7.2	13	0.42	1
12	19	7.2	15	0.39	3

2.2.3.2　考核指标

在沥青混凝土初步配合比优选试验中,同样从材料防渗性、强度、变形角度出发,把试
件孔隙率、劈裂强度、稳定度和流值作为考核指标。

沥青混凝土的抗渗性与孔隙率有很大关系,孔隙率越小,渗透系数也越小。大量试验
结果表明,当孔隙率小于 3% 时,对应渗透系数值小于 $1×10^{-8}$ cm/s,沥青混凝土基本是不
透水的,而且施工过程中也以 3% 为孔隙率的控制指标,由此可证明孔隙率 3% 这一控制
指标是可靠的,可保证沥青混凝土心墙的防渗安全。因此,从防渗性的角度考虑,把孔隙
率作为考核指标之一。

　　沥青混凝土的抗裂性能是评价心墙结构防渗安全的关键,配合比设计时要求材料具有较高的抗拉强度。在相同温度和试验条件下,不同沥青、矿料配制出的沥青混凝土表现出的抗拉强度差异较大。直接拉伸试验结果受试件制作过程、夹具影响较大,表现出较大的离散性。因此,研究沥青混凝土抗拉强度时,常用间接拉伸试验进行沥青混凝土配合比的优选,则将劈拉强度作为一个考核指标。

　　马歇尔试验是沥青混凝土配合比设计及沥青混凝土施工质量控制最重要的试验项目。在公路工程中,密级配热拌沥青混凝土采用马歇尔试验方法进行配合比设计,并且明确规定了密级配热拌沥青混凝土与马歇尔试件的体积特征参数、稳定度与流值试验结果应达到的技术标准。沥青混凝土心墙是土石坝中的防渗体,是嵌入坝体中的一个薄壁柔性结构。对用于防渗心墙的沥青混凝土材料的基本要求是首先满足抗渗性,其次是应具有一定的强度和良好的适应变形的能力(柔性),以保证心墙与坝壳料之间作用力传递均匀,变形协调,具有抵抗剪切破坏的能力。虽然,在沥青混凝土心墙结构和安全计算中并不使用马歇尔指标,然而这些指标仍不失为沥青混凝土的物性指标,并影响到沥青混凝土的其他的力学性能指标,特别是其受沥青混凝土的配合比影响的敏感性很强。例如,沥青用量(油石比)的变化,将使马歇尔稳定度、流值随即发生较大变化。加之,马歇尔试验简捷易行,在水工沥青混凝土施工质量控制中采用马歇尔试验指标是可行和有效的。因此,把马歇尔稳定度、流值也作为配合比优选的考核指标之一。

2.2.3.3　配合比参数对沥青混凝土性能的影响分析

　　根据初选的 12 组配合比制作马歇尔试件,并测定试件的密度、孔隙率、劈裂抗拉强度、马歇尔稳定度和流值,每个配合比成型 9 个试件。

　　对 6 个试件进行马歇尔试验,试验将以黏稠石油沥青配制的沥青混凝土温度规定为 60 ℃,以满足路面材料热稳定性的要求。在这样的温度下,试验温度的控制和试验操作的难度会加大,往往使马歇尔试验的变异性较大。对于新疆地区用于防渗心墙的沥青混凝土而言,常年的工作温度大多稳定在 8~10 ℃,不存在热稳定性的要求。再者沥青混凝土是温度敏感性材料,水工沥青混凝土中的沥青含量偏大,其温度敏感性更大,即温度越高,其性能的稳定性越差。适当降低试验温度,对降低试验难度、提高试验结果的重复性,以较稳定的数值评价沥青混凝土的性能都是有利的。结合当前我国马歇尔试验仪的性能特点,对碾压式沥青混凝土心墙的沥青混凝土马歇尔试验温度采用 40 ℃,经工程实践获得较满意的结果。对 3 个试件进行劈裂试验,试验温度为 10 ℃,加荷变形速度 1 mm/min。试验结果见表 2-17。

　　根据沥青混凝土马歇尔试验结果,以孔隙率、稳定度、流值和劈裂抗拉强度为考核指标分别进行极差和方差分析,极差分析见表 2-18,方差分析见表 2-19。

表 2-17 沥青混凝土配合比试验结果

试件组号	级配指数	填料用量/%	沥青用量/%	实测密度值/(g/cm³)	最大理论密度值/(g/cm³)	孔隙率/%	流值/mm	稳定度/kN	劈裂抗拉强度/MPa	沥青体积百分率/%	料粒间隙率/%	饱和度/%
1	0.36	11	6.3	2.42	2.458	1.53	47.03	9.23	0.88	13.46	15.19	88.60
2	0.42	13	6.3	2.42	2.462	1.54	50.10	9.59	0.86	14.58	16.19	90.11
3	0.39	15	6.3	2.41	2.449	1.47	50.30	9.97	0.93	13.99	15.45	90.59
4	0.42	11	6.6	2.42	2.453	1.30	49.80	10.17	1.09	14.57	15.91	91.59
5	0.39	13	6.6	2.41	2.443	1.30	52.00	10.06	1.10	13.97	15.33	91.13
6	0.36	15	6.6	2.41	2.448	1.41	54.33	9.20	1.06	13.44	14.90	90.25
7	0.39	11	6.9	2.40	2.437	1.35	51.80	9.29	1.01	13.93	15.35	90.72
8	0.36	13	6.9	2.40	2.435	1.30	55.23	9.04	0.95	13.39	14.74	90.85
9	0.42	15	6.9	2.40	2.437	1.42	57.47	8.40	0.92	14.46	15.90	90.98
10	0.36	11	7.2	2.40	2.437	1.13	64.23	7.75	0.74	14.46	15.90	90.98
11	0.42	13	7.2	2.40	2.430	1.15	65.33	8.03	0.71	14.46	15.61	92.69
12	0.39	15	7.2	2.39	2.421	1.21	68.43	7.82	0.67	14.40	15.65	92.00

表 2-18 $L_9(3^4)$ +3 试验结果的极差分析

试验号		A 油石比/ %	B 填料用量/ %	C 级配指数	D 空列	试验结果			
		1	2	3	4	孔隙率/ %	流值/ 0.1 mm	稳定度/ kN	劈裂抗拉 强度/ MPa
1		6.3	11	0.36	2	1.53	47.03	9.23	0.88
2		6.3	13	0.42	1	1.54	50.10	9.59	0.86
3		6.3	15	0.39	3	1.47	50.30	9.97	0.93
4		6.6	11	0.42	3	1.30	49.80	10.17	1.09
5		6.6	13	0.39	2	1.30	52.00	10.06	1.10
6		6.6	15	0.36	1	1.41	54.33	9.20	1.06
7		6.9	11	0.39	1	1.35	51.80	9.29	1.01
8		6.9	13	0.36	3	1.30	55.23	9.04	0.95
9		6.9	15	0.42	2	1.42	57.47	8.40	0.92
10		7.2	11	0.36	2	1.13	64.23	7.75	0.74
11		7.2	13	0.42	1	1.15	65.33	8.03	0.71
12		7.2	15	0.39	3	1.21	68.43	7.82	0.67
Σ						16.11	666.05	108.55	10.92
$\overline{X}$						1.34	55.56	9.05	0.91
孔隙率/ %	k_1	4.54	5.31	5.37	5.44				
	k_2	4.01	5.28	5.33	5.38				
	k_3	4.07	5.53	5.41	5.29				
	k_4	3.49	—	—	—				
	K_1	1.51	1.33	1.34	1.36	试验误差估计值为 0.04			
	K_2	1.34	1.32	1.33	1.34				
	K_3	1.36	1.38	1.35	1.32				
	K_4	1.16	—	—	—				
	R	0.35	0.06	0.02	0.04				

续表 2-18

试验号		A 油石比/ %	B 填料用量/ %	C 级配指数	D 空列	试验结果			
		1	2	3	4	孔隙率/ %	流值/ 0.1 mm	稳定度/ kN	劈裂抗拉强度/ MPa
流值/ 0.1 mm	k_1	147.43	212.87	220.83	221.57	试验误差估计值为 0.76			
	k_2	156.13	222.67	222.53	220.73				
	k_3	164.50	230.53	222.70	223.77				
	k_4	198.00	—	—	—				
	K_1	49.14	53.22	55.21	55.39				
	K_2	52.04	55.67	55.63	55.18				
	K_3	54.83	57.63	55.68	55.94				
	K_4	66.00	—	—	—				
	R	16.86	4.42	0.47	0.76				
稳定度/ kN	k_1	28.79	36.44	35.23	36.12	试验误差估计值为 0.39			
	k_2	29.44	36.73	37.14	35.44				
	k_3	26.74	35.39	36.19	37.00				
	k_4	23.60	—	—	—				
	K_1	9.60	9.11	8.81	9.03				
	K_2	9.81	9.18	9.29	8.86				
	K_3	8.91	8.85	9.05	9.25				
	K_4	7.87	—	—	—				
	R	1.95	0.26	0.48	0.39				
劈裂抗拉强度 /MPa	k_1	2.67	3.73	3.63	3.65	试验误差估计值为 0.01			
	k_2	3.25	3.62	3.71	3.65				
	k_3	2.88	3.57	3.58	3.63				
	k_4	2.12	—	—	—				
	K_1	0.89	0.93	0.91	0.91				
	K_2	1.08	0.90	0.93	0.91				
	K_3	0.96	0.89	0.90	0.91				
	K_4	0.71	—	—	—				
	R	0.38	0.04	0.03	0.01				

表 2-19 试验结果方差分析

	方差来源	离差平方和 S	自由度 v	方差 V	F	显著性	临界值
流值/ (0.1 mm)	油石比	489.085	3	163.028 27	265.53	非常显著	$F_{0.01}(3,2)=99.17$
	填料用量	39.170	2	19.584 81	31.90	显著	$F_{0.05}(2,2)=19.00$
	级配指数	0.534	2	0.266 76	0.43	不显著	$F_{0.10}(2,2)=9.00$
	误差	1.228	2	0.613 98			
	总和	530.02	9				
	试验误差=0.78(0.1 mm) 试验结果的离差系数=1.41%						

	方差来源	离差平方和 S	自由度 v	方差 V	F	显著性	临界值
稳定度/kN	油石比	6.909	3	2.302 90	15.12	显著	$F_{0.01}(3,2)=99.17$
	填料用量	0.249	2	0.124 47	0.82	不显著	$F_{0.05}(2,2)=19.00$
	级配指数	0.459	2	0.229 61	1.51	不显著	$F_{0.10}(2,2)=9.00$
	误差	0.305	2	0.152 31			
	总和	7.92	9				
	试验误差=0.39 kN 试验结果的离差系数=4.3%						

	方差来源	离差平方和 S	自由度 v	方差 V	F	显著性	临界值
孔隙率/%	油石比	0.184	3	0.061 47	44.84	显著	$F_{0.01}(3,2)=99.17$
	填料用量	0.009	2	0.004 52	3.30	不显著	$F_{0.05}(2,2)=19.00$
	级配指数	0.001	2	0.000 36	0.26	不显著	$F_{0.10}(2,2)=9.00$
	误差	0.003	2	0.001 37			
	总和	0.20	9				
	试验误差=0.04% 试验结果的离差系数=2.76%						

	方差来源	离差平方和 S	自由度 v	方差 V	F	显著性	临界值
劈裂抗拉 强度/MPa	油石比	0.222	3	0.073 96	2 047.92	非常显著	$F_{0.01}(3,2)=99.17$
	填料用量	0.003	2	0.001 65	45.71	显著	$F_{0.05}(2,2)=19.00$
	级配指数	0.002	2	0.000 93	25.62	显著	$F_{0.10}(2,2)=9.00$
	误差	0.000 07	2	0.000 04			
	总和	0.23	9				
	试验误差=0.01 MPa 试验结果的离差系数=0.66%						

从表 2-18 可以看出：

(1)以孔隙率为考核指标，随着沥青用量的增加，孔隙率减小，沥青用量对孔隙率的影响程度最大，填料用量和级配指数对孔隙率影响均不显著，其最优方案为 $A_4B_2C_2$，孔隙率试验误差估计值为 0.04%。

(2)以马歇尔流值为考核指标，随着沥青用量的增加，马歇尔流值增大，随着填料用量的增加，马歇尔流值略有增大。沥青用量对马歇尔流值的影响程度最大，填料用量对马歇尔流值影响次之，级配指数对马歇尔流值影响不明显，其最优方案为 $A_4B_3C_3$，马歇尔流值试验误差估计值为 0.76(0.1 mm)。

(3)以马歇尔稳定度为考核指标，随着沥青用量的增加，马歇尔稳定度呈现先增大后减小的规律，沥青用量对马歇尔稳定度的影响程度最大，级配指数和填料用量对马歇尔稳定度影响均不明显，其最优方案为 $A_2B_2C_2$，马歇尔稳定度试验误差估计值为 0.39 kN。

(4)以劈裂抗拉强度为考核指标，随着沥青用量的增加，劈裂抗拉强度也呈现先增大后减小的规律，沥青用量对劈裂抗拉强度的影响程度最大，填料用量和级配指数对劈裂抗拉强度影响不明显，其最优方案为 $A_2B_1C_2$，劈裂抗拉强度试验误差估计值为 0.01 MPa。

对于所选定的 4 个考核指标中，马歇尔稳定度和马歇尔流值反映了沥青混合料的物性指标，二者是相互矛盾的，其趋势基本相反，所以必须根据各因素对 4 个指标影响的主次顺序，综合考虑，确定出最优条件。

首先，将没有矛盾的因素的水平定下来，即如果对 4 个指标影响都重要的某一因素，都是取某一水平时最好，则该因素就是选这一水平。在本试验中无这样的因素，因此只能逐个考察每一个因素。孔隙率很容易满足规范小于 2%的要求，并且所有水平下均满足这一要求，因此孔隙率可以作为非控制性指标。劈裂抗拉强度规律反映了沥青混凝土的力学性能指标，它与马歇尔稳定度规律较相近。在这种情况下，采用综合平衡法，即考虑其中某个或某些重要指标，兼顾其他指标来确定最优方案；本例中根据沥青混凝土心墙工作性状，重点考虑劈裂抗拉强度规律和马歇尔稳定度指标，兼顾考虑流值指标，最终确定最优方案为 $A_2B_2C_2$，即第 5 号配合比为最优配合比。

从表 2-19 可以看出：

级配指数对孔隙率、马歇尔流值、马歇尔稳定度三个考核指标无较大影响，这是因为本试验中级配指数的水平取值均在优化区间且级差较小，对考核指标的影响幅度较小；油石比对马歇尔流值和劈裂抗拉强度影响非常显著；填料用量对孔隙率和马歇尔稳定度影响不显著；再者是因为试验误差导致因素显著性检验中影响程度降低。在试验所取的因素水平范围内来看，仍有以下分析结果：

(1)矿料的级配指数对考核指标影响大小顺序是劈裂抗拉强度→马歇尔稳定度→马歇尔流值→孔隙率；填料用量对考核指标影响大小顺序是劈裂抗拉强度→马歇尔流值→孔隙率→马歇尔稳定度；沥青用量对考核指标影响大小顺序是劈裂抗拉强度→马歇尔流值→孔隙率→马歇尔稳定度。

(2)各考核指标的试验误差列于表 2-20 中，从试验离散系数 C_v 值来看，孔隙率、马歇尔流值、马歇尔稳定度和劈裂抗拉强度的试验离散系数 C_v 分别为 2.76%、1.41%、4.30%和 0.66%，均小于 5%，试验水平属优等。

表 2-20 试验误差

考核指标	试验误差	试验离散系数 C_v/%
孔隙率/%	0.04	2.76
马歇尔流值/0.1 mm	0.76	1.41
马歇尔稳定度/kN	0.39	4.30
劈裂抗拉强度/MPa	0.01	0.66

2.3 新疆部分工程沥青混凝土力学性能统计

2.3.1 沥青混凝土常规力学性能

沥青混凝土试验的力学性能包括拉伸、压缩、弯曲和剪切性能,根据近年来新疆已建工程的碾压式沥青混凝土试验统计(见表 2-21),碾压式沥青混凝土的拉伸强度平均为 0.74 MPa,对应应变为 1.72%,离散系数分别为 0.37 和 0.35;压缩强度平均为 3.00 MPa,对应应变为 5.84%,离散系数分别为 0.22 和 0.19;弯曲性能极限强度平均为 1.63 MPa,对应应变为 3.78%,挠跨比 2.86%,离散系数分别为 0.37、0.33 和 0.31;剪切强度指标凝聚力平均为 0.40 MPa,内摩擦角 27.88°,离散系数分别为 0.28、0.07。所列工程力学性能均符合规范要求,即便个别工程试验温度不同,但性能差异并不大。

新疆已建工程的浇筑式沥青混凝土试验统计结果如表 2-22 所示。可以看出,随着沥青混凝土中胶浆的增加,材料抗压强度有所下降,对应应变增大。压缩强度平均为 1.441 MPa,对应应变 7.178%,离散系数分别为 0.24 和 0.10,各工程性能差异也不明显。

2.3.2 沥青混凝土应力应变参数

2.3.2.1 沥青混凝土应力应变参数统计分析

国内多数工程都采用邓肯-张模型来描述沥青混凝土的应力-应变关系,通过三轴压缩仪进行试验,根据试验结果求取该模型的各参数。三轴试件为直径 100 mm、高 200 mm 的圆柱体。试验温度采用工程区多年平均气温或心墙工作温度(新疆地区一般取 8~10 ℃),剪切速率为 0.2 mm/min,表 2-23 给出了新疆各工程的邓肯-张模型的参数值。

表 2-21　新疆已建工程的碾压式沥青混凝土力学性能统计

序号	工程名称	油石比/%	填料用量/%	密度/(g/cm³)	孔隙率/%	拉伸性能		压缩性能		弯曲性能			抗剪强度	
						强度/MPa	对应应变/%	强度/MPa	对应应变/%	强度/MPa	对应应变/%	挠跨比/%	凝聚力 c/MPa	内摩擦角 φ/(°)
1	五一	6.6	12	2.42	1.20	0.89	1.38	4.00	5.20	1.51	2.54	2.12	0.37	25.4
		6.9	14	2.41	1.21	0.78	1.32	3.38	6.87	1.23	4.18	3.49	0.25	26.9
2	米兰河	6.6	13	2.43	1.19	0.79	1.21	2.75	6.41	1.35	3.19	—	0.18	28.5
		6.9	13	2.42	1.29	1.03	1.12	2.84	7.36	1.74	3.08	—	0.17	28.0
3	照壁山	6.8	13	2.41	1.18	0.92	1.54	3.14	5.86	1.97	5.40	4.52	0.54	25.6
		6.8	13	2.40	1.54	0.85	1.35	3.12	5.58	1.66	4.70	3.91	0.47	29.0
4	坎儿其	6.3	10	2.44	1.52	0.51	1.27	3.85	5.82	0.71	3.79	3.48	0.35	31.7
		6.6	11	2.44	1.42	0.55	1.74	3.62	7.99	0.50	4.65	4.27	0.28	28.4
5	克孜加尔	6.9	14	2.44	0.45	1.30	2.12	3.02	6.30	2.64	3.60	3.00	0.21	29.8
		6.9	14	2.42	1.11	1.25	2.20	2.91	7.02	2.63	3.86	3.22	0.22	33.5
6	下坂地	7.5	13	2.36	2.14	0.72	1.23	3.76	4.78	2.39	2.90	2.40	0.34	25.6
		7.2	13	2.37	2.21	0.92	1.05	3.89	4.84	2.32	2.20	1.80	0.32	26.1
7	开普太希	7.0	14	2.42	1.08	0.94	1.15	2.93	5.85	1.55	2.93	—	0.36	25.2
		7.0	14	2.42	1.07	1.04	1.22	2.88	7.58	2.49	3.54	—	0.34	25.3
8	峡沟	6.9	14	2.45	0.96	0.75	2.39	2.38	7.02	1.25	5.20	—	0.31	28.4
		7.3	14	2.42	0.35	0.55	2.39	2.38	7.38	1.13	6.15	—	0.26	28.2

续表 2-21

序号	工程名称	油石比/%	填料用量/%	密度/(g/cm³)	孔隙率/%	拉伸性能		压缩性能		弯曲性能			抗剪强度	
						强度/MPa	对应应变/%	强度/MPa	对应应变/%	强度/MPa	对应应变/%	挠跨比/%	凝聚力 c/MPa	内摩擦角 φ/(°)
9	大石门	6.7	11	2.42	1.31	0.47	1.50	2.79	4.74	1.48	2.59	2.16	0.47	26.7
		7.0	13	2.41	1.23	0.42	1.79	2.56	5.90	1.34	2.86	2.40	0.37	27.0
10	尼雅	6.5	13	2.41	1.20	0.43	1.54	2.60	5.19	2.06	2.93	2.40	0.46	28.2
		6.8	13	2.40	1.15	0.37	1.74	2.25	6.00	1.54	3.45	2.87	0.37	26.1
11	八大石	6.6	11	2.42	0.90	0.59	1.60	2.82	4.04	1.22	3.49	2.83	0.54	28.2
12	阿拉沟	6.6	14	2.43	0.79	—	—	2.31	6.51	1.22	3.47	2.82	0.58	27.2
13	二道白杨沟	6.4	10	2.42	0.92	—	—	3.11	4.88	1.11	2.84	1.42	0.54	28.2
14	38团石门	6.7	13	2.41	0.94	—	—	2.55	2.92	2.55	4.10	2.05	0.54	28.2
15	头道白杨沟	6.7	11	2.42	0.82	0.98	3.75	2.73	7.09	1.40	6.44	3.22	0.43	27.6
16	特吾勒	6.3	10	2.41	1.14	—	—	4.14	6.99	1.49	5.13	3.32	0.48	29.8
17	二塘沟	7.2	16	2.37	1.03	—	—	2.10	6.30	0.90	5.96	2.98	0.39	26.8
18	精河沙尔托海	6.3	11	2.41	1.42	—	—	3.86	7.62	1.40	3.83	3.21	0.46	28.6
19	宁家河	6.4	10	2.40	1.24	—	—	3.78	4.94	1.65	6.15	3.14	0.48	27.2
20	齐古	6.7	11	2.39	1.77	0.68	2.59	2.62	7.22	1.24	3.52	2.93	0.45	26.9
21	碧流河	6.6	13	2.40	1.42	0.62	1.97	2.14	4.94	1.58	2.71	2.60	0.41	26.6
22	乔拉布拉	6.6	11	2.44	1.09	0.48	2.06	3.64	4.97	1.98	2.57	2.10	0.62	28.2

续表 2-21

序号	工程名称	油石比/%	填料用量/%	密度/(g/cm³)	孔隙率/%	拉伸性能 强度/MPa	拉伸性能 对应应变/%	压缩性能 强度/MPa	压缩性能 对应应变/%	弯曲性能 强度/MPa	弯曲性能 对应应变/%	弯曲性能 挠跨比/%	抗剪强度 凝聚力 c/MPa	抗剪强度 内摩擦角 φ/(°)
23	阿克加孜克	6.7	13	2.40	1.70	0.52	1.51	3.22	4.65	1.95	3.39	2.84	0.42	26.2
24	喀英德布拉克	6.6	12	2.45	1.12	0.55	1.05	3.09	4.36	1.65	2.95	2.37	0.50	28.8
25	红山下	6.4	13	2.41	1.27	0.61	3.03	2.12	5.68	1.49	2.93	2.40	0.35	27.1
26	若羌河	7.1	13	2.40	1.20	0.60	1.87	1.59	5.93	0.52	7.21	6.02	0.34	26.4
27	奴尔	7.1	12	2.41	1.51	1.48	1.23	3.89	4.60	2.69	2.65	2.20	0.54	31.1
28	博斯坦	6.9	11	2.41	1.10	0.45	1.51	3.70	5.11	2.90	2.47	2.06	0.35	31.6
29	吉尔格勒德	6.6	13	2.42	1.40	0.52	1.51	3.63	5.28	2.05	3.61	2.94	0.46	28.2
30	五一甫瓓	6.4	11	2.47	1.00	—	—	1.82	5.95	0.87	2.17	1.80	0.39	28.6
统计结果	最大值	7.5	16	2.47	2.21	1.48	3.75	4.14	7.99	2.9	7.21	6.02	0.62	33.5
	最小值	6.3	10	2.36	0.35	0.37	1.05	1.59	2.92	0.5	2.17	1.42	0.17	25.2
	平均值	6.75	12.45	2.42	1.21	0.74	1.72	3.00	5.84	1.63	3.78	2.86	0.40	27.88
	方差	0.080	1.998	0	0.128	0.075	0.360	0.423	1.267	0.356	1.591	0.769	0.012	3.320
	离散系数	0.04	0.11	0.01	0.30	0.37	0.35	0.22	0.19	0.37	0.33	0.31	0.28	0.07

表 2-22　新疆已建工程的浇筑式沥青混凝土力学性能统计

序号	工程名称	坝高/m	油石比/%	填料用量/%	密度/(g/cm³)	孔隙率/%	压缩	
							强度/MPa	对应应变/%
1	小锡伯提	58.9	9.3	11	2.32	1.80	0.82	8.55
2	莫呼查汗	56.6	9.0	12	2.33	0.90	2.12	5.66
3	麦海因	52.6	9.3	13	2.34	1.65	1.68	7.65
4	乌雪特	49.4	9.3	10	2.35	1.72	1.67	7.32
5	东塔勒德	44.7	9.0	14	2.37	0.75	1.13	6.88
6	阿勒腾也木勒	35.4	9.0	14	2.34	0.91	1.10	7.52
7	肯斯瓦特围堰	34.0	9.2	14	2.34	1.25	1.80	7.67
8	也拉曼	31.7	9.0	14	2.33	1.29	1.30	7.63
9	喀尔交	30.0	9.0	14	2.36	1.26	1.59	7.22
10	强罕	27.1	9.0	12	2.36	1.30	1.25	6.82
11	乌克塔斯	26.8	9.3	14	2.33	0.99	1.69	6.17
12	将军庙围堰	20.0	9.3	13	2.35	1.22	1.05	7.31
13	江格斯	53.2	9.3	13	2.35	1.14	1.53	6.92
统计结果	最大值		9.3	14	2.37	1.8	2.12	8.55
	最小值		9.0	10	2.32	0.8	0.82	5.66
	平均值		9.154	12.9	2.344	1.24	1.441	7.178
	方差		0.021	1.609	0.000	0.097	0.123	0.486
	离散系数		0.02	0.10	0.01	0.25	0.24	0.10

表 2-23 碾压式沥青混凝土邓肯-张模型参数统计

序号	工程名称	K	n	R_f	c/kPa	φ/(°)	G	F	D	试验温度/℃
1	沙尔托海	580	0.16	0.60	460	28.6	0.48	0.05	1.50	10.0
2	宁家河	650	0.28	0.65	480	27.2	0.52	0.05	0.95	10.0
3	特吾勒	640	0.35	0.60	480	29.8	0.49	0.05	1.60	10.0
4	二塘沟	560	0.16	0.82	380	26.8	0.52	0.06	0.58	10.0
5	阿拉沟	680	0.11	0.78	580	27.2	0.56	0.09	0.66	10.0
6	八大石	680	0.18	0.70	460	27.2	0.52	0.07	0.88	10.0
7	38 团石门	650	0.17	0.62	540	28.2	0.52	0.06	0.87	10.0
8	二道白杨沟	720	0.30	0.61	540	28.2	0.52	0.05	0.96	10.0
9	头道白杨沟	530	0.12	0.67	430	27.6	0.50	0.04	0.75	10.0
10	齐古	490	0.18	0.63	450	26.9	0.49	0.06	1.48	10.0
11	五一(围堰)	720	0.23	0.78	390	28.6	0.50	0.05	1.28	10.0
12	五一	610	0.13	0.61	440	27.6	0.50	0.05	0.95	10.0
13	碧流河	680	0.13	0.66	405	26.6	0.51	0.06	1.06	10.0
14	喀英德布拉克	741	0.31	0.63	497	28.8	0.58	0.06	1.04	10.0
15	吉尔格勒德	513	0.09	0.53	457	28.2	0.51	0.05	0.70	6.7
16	若羌河	214	0.26	0.55	335	26.4	0.46	0.02	0.01	12.4
17	博斯坦	415	0.12	0.67	350	31.6	0.46	0.04	0.36	4.7
18	大石门	427	0.21	0.44	469	26.7	0.51	0.04	0.43	10.5
		339	0.18	0.44	374	27.0	0.51	0.04	0.44	
19	尼雅	520	0.10	0.53	457	28.2	0.52	0.05	0.33	11.1
		386	0.11	0.57	374	26.1	0.55	0.23	0.11	
统计结果	最大值	741	0.35	0.82	580	31.6	0.58	0.23	1.60	
	最小值	214	0.09	0.44	335	26.1	0.46	0.02	0.01	
	平均值	559	0.18	0.62	445	27.8	0.51	0.06	0.81	
	方差	19 038	0.005 6	0.009 3	3 956	1.55	0.000 8	0.001 6	0.19	
	离散系数	0.25	0.41	0.16	0.14	0.04	0.06	0.67	0.53	

由表 2-23 可以看出,19 个工程的碾压式沥青混凝土邓肯-张模型的参数中,在相同温度下,碾压式沥青混凝土的模型参数离散系数均较小,温度较低时,各参数差异有所增大。

新疆几座水库采用了浇筑式沥青混凝土的邓肯-张模型参数见表 2-24。

表 2-24 浇筑式沥青混凝土邓肯-张模型参数统计

序号	工程名称	K	n	R_f	c/kPa	φ/(°)	G	F	D	试验温度/℃
1	小锡伯提	480	0.15	0.73	350	27.0	0.50	0.06	0.78	10.0
2	莫呼查汗	630	0.38	0.75	360	27.2	0.49	0.04	0.94	10.0
3	麦海因	480	0.19	0.72	320	28.8	0.50	0.06	0.80	10.0
统计	平均值	530	0.24	0.73	343	27.7	0.497	0.053	0.84	10.0

从表 2-24 可以看出,与碾压式沥青混凝土相比,浇筑式沥青混凝土材料的黏聚力 c 有所减小,但摩擦角差异不大,这是浇筑式沥青混凝土的油石比较大,自由沥青相对较多引起的,符合一般规律。

由碾压式与浇筑式沥青混凝土的邓肯-张模型参数可以看出,在不同温度下,沥青混凝土材料的模型参数离散程度相对较大,而相同温度下材料的油石比和填料用量越接近,沥青混凝土材料的模型参数离散程度越小。在沥青胶浆较多的水工沥青混凝土中,沥青混凝土的力学性能主要取决于沥青胶浆的性质。

2.3.2.2 改进的邓肯-张模型

沥青混凝土是一种典型的流变材料,其应力-应变特性取决于沥青品种、材料配合比、应力水平、应变速率、温度等因素,性质极为复杂。国内外研究其应力-应变关系一般采用邓肯-张提出的双曲线模型。1986 年新疆农业大学结合辽宁大连碧流河沥青混凝土心墙坝的建设,为消除粒径效应,率先在国内采用大型三轴仪开展了试验研究工作。通过研究发现沥青混凝土的应力-应变关系在温度为 10 ℃条件下,并不符合邓肯-张的双曲线模型,产生背离的原因在于材料的破坏理论,它不符合摩尔-库仑直线强度理论关系,随应力水平的提高,强度将有所下降,其摩尔强度包线将产生弯曲,如图 2-16 所示。沥青混凝土的强度主要取决于沥青-填料相的性质,应力水平较高时,沥青-填料相就产生屈服而导致强度降低。当采用较小尺寸的试件进行三轴试验时,由于颗粒尺寸效应的影响,非线性强度表现得并不明显,而采用大型三轴仪进行试验时,沥青混凝土材料强度的非线性规律则非常突出,采用非线性理论来反映沥青混凝土的强度规律更合适。为研究沥青混凝土的应力-应变特性,进行了沥青混凝土的大型三轴试验(见图 2-17)。试验结果(见图 2-18)显示,沥青混凝土的应力-应变曲线为软化型曲线,但破坏前的应力-应变关系仍可采用双曲线关系来描述;破坏主应力差 $(\sigma_1 - \sigma_3)_f$ 与小主应力 σ_3 呈非线性变化规律,但破坏主应力差 $(\sigma_1 - \sigma_3)_f$ 与小主应力 σ_3 的倒数在半对数坐标上呈线性关系,提出采用指数函数形式来描述破坏主应力差 $(\sigma_1 - \sigma_3)_f$ 与小主应力 σ_3 的关系:

$$(\sigma_1 - \sigma_3)_f = P_a H e^{P^{\frac{P_a}{\sigma_3}}} \tag{2-9}$$

式(2-9)中采用无量纲参数 H、P 代替传统的强度参数内摩擦角 φ 和凝聚力 c,无量纲参数 H 和 P 的使用有利于消除关于强度参数的物理实质误解。将式(2-9)作为强度关系式后的邓肯-张修正模型的切线模量方程为:

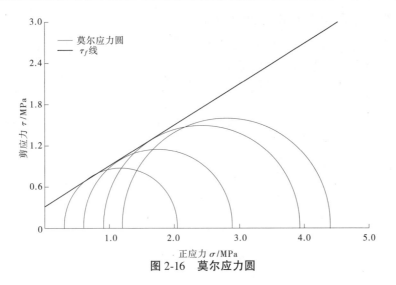

图 2-16　莫尔应力圆

$$E_t = KP_a \left(\frac{\sigma_3}{p_a} \right)^n \left[1 - \frac{R_f(\sigma_1 - \sigma_3)}{HP_a} \mathrm{e}^{-P\frac{P_a}{\sigma_3}} \right]^2 \qquad (2\text{-}10)$$

分别采用邓肯-张模型和提出的修正后的邓肯-张模型对沥青混凝土大型三轴试验结果进行理论计算,结果显示修正后的邓肯-张模型计算的相对误差较小,能更准确地描述沥青混凝土的应力-应变关系(见图 2-18)。

图 2-17　大型三轴试验仪

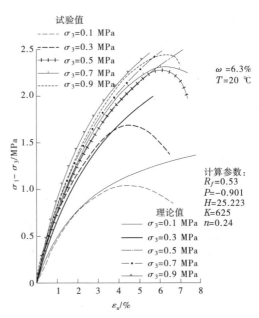

图 2-18　沥青混凝土应力-应变曲线

邓肯-张模型中,假定材料的轴应变 ε_a 与侧应变 ε_r 呈双曲线关系,本次沥青混凝土大型三轴试验结果显示,其轴应变 ε_a 与侧应变 ε_r 不符合上述假定,其关系符合线性描述(见图 2-19),并且沥青混凝土的初始泊松比随围压增加而降低,在半对数坐标系中初始泊松

比和围压呈线性关系,提出采用指数函数来表示:

$$\mu_i = Ae^{B(\sigma_3/p_a)} \tag{2-11}$$

式中:A、B 均为无量纲参数,其值由试验确定。

将式(2-9)、式(2-11)代入丹尼尔公式,得出切线泊松比的表达式:

$$\mu_t = Ae^{B\frac{\sigma_3}{P_a}} + \frac{(\mu_{tf} - Ae^{B\frac{\sigma_3}{P_a}})(\sigma_1 - \sigma_3)}{HP_a e^{P(P_a/\sigma_3)}} \tag{2-12}$$

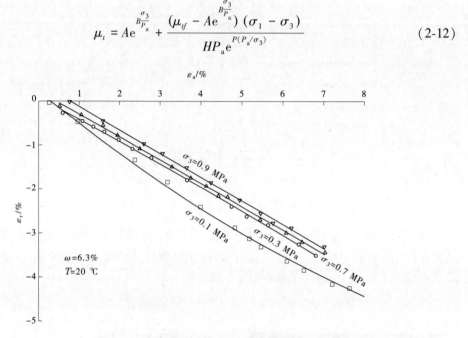

图 2-19　沥青混凝土轴应变–侧应变关系

采用式(2-12)计算沥青混凝土的体变关系,如图 2-20 所示,说明式(2-12)能很好地描述沥青混凝土的轴应变与侧应变关系。

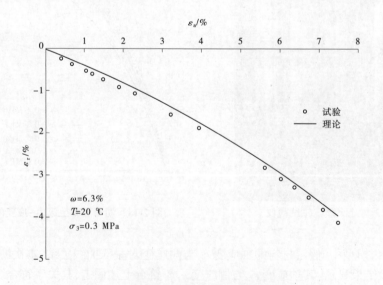

图 2-20　沥青混凝土轴应变–侧应变关系对比

式(2-10)、式(2-12)即为考虑了沥青混凝土非线性强度规律的修正邓肯–张模型。用此模型对三轴应力–应变试验曲线进行拟合,所得计算曲线与试验曲线之间的误差一般均在4%以内,其精度远高于修正前邓肯–张模型的计算结果与实测结果间6%～18%的误差。

在上述研究中也发现研究沥青混凝土应力–应变关系时,应采用大型三轴仪开展研究工作。这一点作者在对塑性混凝土的研究中也得到证实。

2.3.2.3   基于投影寻踪回归(PPR)沥青混凝土本构模型研究

2021年新疆农业大学为更确切地寻求合理的本构关系去求解具体的力学问题,对于材料在荷载作用下的应力–应变进行研究,目前应用的比较多的主要有非线性弹性理论和弹塑性理论。材料应力–应变非线性的原因主要考虑两个方面:一方面是物理因素,是指材料本身的性质随应力或应变的增加而发生变化;另一方面则是几何因素,是指材料受力以后产生大变形反映出来的特性。对于弱胶结颗粒材料来说,这两种因素的作用都非常突出,它是一种结构欠稳定的材料,随荷载及变形的增大,材料结构单元的位置和各结构单元之间的作用都在不断地发生变化,从而导致材料的物理力学性能也在不断地变化,应力–应变关系展现出非线性特征。

1. 本构关系研究

复杂系统通常受多个独立因子的制约,如果系统受到n个独立因子的影响和制约,这个系统就处于n维空间。通常把具有1～3维以上的系统特征称为系统的高维性。当数据维数较高时,人们将面临的困难有三个:一是随着维数的增加,求解的矩阵的阶数越高,计算工作量急剧增大,带来了计算的困难;二是当维数较高时,将表现为数据点很多,在分析矩阵中分布极为疏松,被称为"维数祸根",这将使得许多传统的较为成功的方法不再适用;三是在低维时稳定性较好的统计方法,到高维时其稳定性就变得较差。这些困难使得传统分析方法对于高维数据、非正态数据、非线性数据分析效果较差,无法求得系统数据的内在规律和特征。

在近代统计学中出现了一种解决高维度的方法——投影寻踪法,它是将高维问题通过投影到低维空间中实现降维的方法,再对各因子的关系进行研究,用这种方法可以建立多因子系统的预测、评价模型,解决工程中的实际问题。

沥青混凝土的应力–应变关系(简称模型或本构关系)是一个复杂系统,沥青混凝土属弱胶结颗粒材料,科学界视其为摩尔材料。该系统的主要控制因子为:材料的成分组成,记作h;轴对称三轴围压,记作σ_3;主应力差,记作$(\sigma_1 - \sigma_3)$;主应变,记作ε_1;体应变,记作ε_v。体应变与各向轴应变间存在的关系为$\varepsilon_v = \varepsilon_1 + 2\varepsilon_3$。

所有的上述各因子通过轴对称三轴试验可以获得大量的观测数据,它们组成了复杂系统,可表示为$f[h, \sigma_3, (\sigma_1 - \sigma_3), \varepsilon_1, \varepsilon_v] = 0$的函数,这表明沥青混凝土的应力应变系统是一个5维的高维复杂系统。

课题研究人员基于沥青混凝土的轴对称三轴试验,获取大量的试验数据,并基于投影寻踪回归(PPR)方法,对沥青混凝土的本构关系开展了研究。

2. 投影寻踪回归(PPR)的基本原理

投影寻踪回归(PPR)无需假定数据为正态分布类型,也不需人为对回归模型的表达式进行限制。相比现有的回归分析都基于正态假定的前提和回归函数的人为干预,PPR方程具有更高的精度。投影寻踪回归分析通过将高维数据进行降维以极小化投影结果与实测结果的偏差为准则,找寻有效反映数据结构特征的投影的探索性数据分析(EDA)方法,与常规证实性数据分析(CDA)方法不同,避免了对原始数据结构的人为假定、分割和变换造成的求解结果因人而异的不确定性,能够挖掘数据内部结构信息,客观描述数据实际特征,适用于反映高维数据的多参数非线性及线性系统中自变量与因变量间的依存关系。

$f_x = f(x)$ 和 $x = (x_1, x_2, x_3, \cdots, x_p)$ 分别是一维和 p 维随机变量,为了能客观反映高维非线性数据结构特征,PPR 采用若干个岭函数 G_m 之"和"去逼近回归函数 $f(x)$:

$$f(x) = y + \sum_{m=1}^{M_u} \beta_m G_m \sum_{j=1}^{p} (\alpha_{jm} X_j) \tag{2-13}$$

式中:y 为期望值,计算时可取建模样本因变量的均值;G_m 为第 m 个岭函数,岭函数采用数表的形式表达;M_u 为岭函数在 α 投影方向的最佳个数,应满足 $M_u < M$,一般可取 3~4;α_{jm} 为第 j 个自变量对应于第 m 个岭函数的方向矩阵,采用随机搜索算法确定,详见相关参考文献;β_m 为第 m 个岭函数的权重,代表第 m 个岭函数所占拟合值比重的大小。

式(2-13)是各自变量和因变量的因果关系建立起的回归模型,并根据沥青混凝土试验实测数据来求解该模型的各个参量,它即为 PPR 沥青混凝土的本构方程。求解过程中仍采用 Friedman 等提出的多重平滑回归技术,核心是用分层分组迭代交替优化方法估计出模型参数 α_{jm}、β_m、G_m 和 M_u,并用最小二乘法准则进行极小化判别:

$$L_2 = E\left[y_i - y - \sum_{m=1}^{M_u} \beta_m G_m \left(\sum_{j=1}^{p} \alpha_{jm} X_j \right) \right]^2 = \min \tag{2-14}$$

根据式(2-14)判别准则,最终确定沥青混凝土的本构方程的过程大体上可分为两个步骤:

第一步:局部优化。采用逐步交替优化的方法,确定模型的 M_u,并对参数 α_{jm}、β_m 和 G_m 寻优。

(1)求取初始 α_{jm},设定 $m=1$,$j=1$。

(2)沿求得的初始方向 α_{jm},计算岭函数 $G_m(\alpha_{jm} X_j)$ 的值。

(3)更新 β_m 的值,计算式(2-14)是否满足要求,继续进行下一步计算,否则结束本过程继续寻优。

(4)对 α_{jm} 寻优。

(5)更新 α_{jm} 进行循环迭代计算,直至 L_2 不再减小。

(6)得到模型的最高项数 M_u、各参数值和岭函数值。

第二步:全局优化。逐一剔除模型中不重要的因子,将模型的项数 M_u 依次降低为 M_{u-1},M_{u-2},$\cdots$,1。对确定的项数 m 求使 L_2 最小的解。比较各模型 L_2 的值,选出 L_2 值最小的模型,即为沥青混凝土的本构方程。

具体做法是:将 α_{jm} ($j=1,2,3,\cdots,p$)、β_m 及 G_m 划入一组($m=1,2,3,\cdots,M_u$);先固定其中的 $m-1$ 组,对这一组的 α_{jm}、β_m 及 G_m 优化求解,再将其分为 3 个子组,分别固定其中 2 个子组,对第 3 个子组寻优,求得结果后把这一组参数的极值点作为初值,另选一组参数在这一初值下进行寻优;不断重复这一过程,直到 L_2 不再减小为止。基于以上原理,利用新疆农业大学自行开发的 PPR 计算程序,就可建立起沥青混凝土的应力–应变关系。

2.3.3　沥青混凝土渗透特性研究

2.3.3.1　沥青混凝土的渗透性能

沥青混凝土的渗透性是水工设计人员所关心的重要性能之一。长期以来,工程界都把沥青混凝土视为多孔介质来研究其渗透性能,所谓多孔介质即为:①由多相物质组成的空间,其中必有一相为非固态,这种非固态可以为液相或气相;②组成多孔介质骨架的固相,必须分布于多孔介质占有的整个空间,并存在于每一代表性单元体内;③骨架的空隙必须有部分是互相连通的,可以容许流体通过。

显然,沥青混凝土是符合上述定义的。为了评价其渗透性能,国内外大体上采用两种试验方法,即抗渗试验法和渗透试验法。

(1)抗渗试验法,类似于水泥混凝土的抗渗试验,在给定的各级水压力下检验其透水性能。由于沥青混凝土为黏弹性材料,随渗透水头的增加,其渗透性能降低,不能得出明确的结论和做出定量的评价。

(2)渗透试验法,基于沥青混凝土中的水流运动规律符合达西(Darcy)定律,采用与土工试验类似的方法,求取渗透系数,以定量评价其渗透性能。这种方法愈来愈被更多的国家所采用。然而,作为防渗材料的密级配混凝土,其孔隙率仅为 2%~4%,一般都在 3% 以下,在这样小的孔隙情况下,水流究竟符合什么运动规律,至今未见报道。

由于渗透系数法是以土力学中的达西定律为依据,即单位时间内通过稳定材料的水量与截面面积和水头成正比,并且在压力恒定的时候,单位时间内通过稳定材料单位面积的水量是恒定的。在沥青混凝土防渗的应用中达西定律忽略了一个事实,即沥青属于憎水性材料,虽然在沥青混凝土中有吸水性的填料,但是被沥青包裹着,沥青混凝土中有一些孔隙,但是大多数是封闭的,在常压情况下,水分不能够渗入未连通的孔隙。因此,利用渗透系数可以评价已出现结构损伤破坏的沥青混凝土,而不能够应用于结构完好的沥青混凝土,对于结构完好的沥青混凝土采用抗渗压力法是符合运行工况的。通过大量的试验研究获得以下成果。

1. 沥青混凝土的渗透规律不服从达西定律

达西定律认为:渗透流速与渗透坡降之间存在着线性关系,其渗透系数与坡降无关而为一常量,而沥青混凝土的渗透性并不服从上述规律。过去国内外根据达西定律所求得的渗透系数,只能认为是"割线渗透系数",它随着渗透坡降而不同。由于没有统一的试验方法和相同的试验坡降,所得试验成果缺乏严格的可比性。为了更好地交流经验,对比成果,今后采用割线渗透系数是可以的,但必须对试验方法、渗透压力及其作用时间和渗透坡降规定相同的条件进行渗透试验。

综上所述,沥青混凝土中的渗透若服从达西定律,必须遵守下列条件:

(1)处于多孔介质孔隙通道中的自由水应服从牛顿摩擦定律;

(2)介质本身的结构必须足够稳定,保证它的孔隙通道的多少和大小不因渗透压力的作用而有所改变;

(3)孔隙中的自由水含量不受其变形和变形速率的影响;

(4)多孔介质的饱和度不应随渗透过程而变化,特别是不因其含气量而变化。

显然,沥青混凝土是很难满足这些条件的。

2. 作用水头与沥青混凝土渗透系数的关系

日本大津歧坝设计时,曾研究了温度对沥青混凝土渗透系数的影响,分别在 4 ℃、10 ℃和 20 ℃下,以 3 种逐级递增的水压力(1 kg/cm^2、10 kg/cm^2 和 15 kg/cm^2)进行试验。试验结果表明,温度变化对渗透系数几乎没有什么影响,但随着水压力的增加,渗透系数则有降低的趋势。当水压力为 1 kg/cm^2 时,渗透系数为 $A×10^{-8} \sim A×10^{-7}$ cm/s;而当水压力增加到 15 kg/cm^2 时,渗透系数则减小为 $A×10^{-9} \sim A×10^{-8}$ cm/s。这是由于渗透压力越大,沥青混凝土受到压缩越甚,因而降低了孔隙率与渗透系数。在 4 ℃时,试件在水压力升到 15 kg/cm^2 后再降至 1 kg/cm^2,其渗透系数几乎完全可以恢复;但在 20 ℃下,则不能完全恢复。这表明沥青混凝土在 4 ℃时处于弹性状态,而在较高温度下,它处于弹塑性状态,此时,在较大渗透压力作用下将产生不可恢复的塑性变形。

3. 孔隙率与沥青混凝土渗透系数的关系

为研究沥青混凝土的渗透性与孔隙率的关系,我们收集了国内外 374 个试件的资料,分析其孔隙率与渗透系数的相关关系,经计算,其相关系数仅为 0.286,二者之间的相关程度甚低。这说明沥青混凝土中的孔隙多数处于封闭状态(当然它也可能为不可排出的气体所封闭),不能构成渗流通道。因此,在密级配沥青混凝土中,简单地根据其孔隙率来判断沥青混凝土的透水性是不适宜的。

研究结论如下:

(1)根据以上的研究分析,沥青混凝土的渗透性不服从达西定律。产生的原因主要是由于其在渗透压力作用下,由本身的弹塑性和蠕变性产生骨架变形,造成孔隙体积改变,以及由于水与沥青表面接触处的物理-化学反应。

(2)当采用渗透系数来评价沥青混凝土的渗透性时,应当对试验条件进行统一规定,以使渗透性资料具有可比性。建议采用负压渗透试验装置,渗透压力在 0.2 kg/cm^2,渗透坡降控制在 100~120 内,稳定 4 h 后,按变水头进行渗透试验。

(3)关于沥青混凝土的渗透机制,尚待进一步研究。

2.3.3.2 沥青混凝土碾压结合面的渗透强区

如前所述,无论水工沥青混凝土材料渗透性是否服从达西定律,其材料本身渗透性都很小。但是,沥青混凝土心墙在坝体填筑分层碾压施工中,不可避免地会形成一些不利于防渗的水平结合层面。同时,由于施工工艺不良或不利于施工的环境条件影响,沥青混凝土也容易出现层面结合不良等施工缺陷,这些缺陷将导致沥青混凝土结合区域的孔隙率增加、水平渗漏量增大的现象。由于这种渗流并不是发生在一个界面上,而是发生在结合面附近的一定区域内,在此区域内由于孔隙率的增加,将增大沥青混凝土渗透性,故定义为"渗透强区",见图 2-21。

沥青混凝土心墙出现"渗透强区"主要与碾压结合面温度控制和施工环境等因素有关。由相关施工规范可知:当用于防渗心墙的沥青混凝土结合面温度低于 70 ℃后,基层沥青混凝土温度过低容易造成层间结合不良。室内和现场试验均表明,结合面温度过低

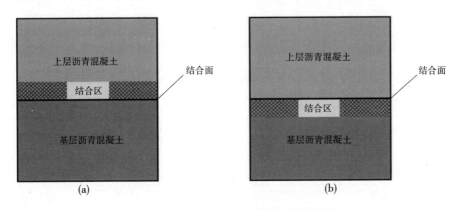

图 2-21　沥青混凝土结合面的"渗透强区"

会影响上层沥青混凝土碾压质量,尤其是上层沥青混合料下部温度下降较快,沥青混凝土碾压不密实而出现图 2-21(a)中的"结合区"。在大风气候条件下进行心墙施工时,风对沥青混合料表面散热作用明显,基层沥青混凝土表面不易碾压密实,容易形成表面"硬壳",与上层沥青混凝土也存在"结合区",如图 2-21(b)所示,这也是一种施工缺陷。当沥青混凝土结合面温度高于 90 ℃时,由于基层沥青混凝土的温度较高,尚不能形成有效的承载能力,导致上层沥青混合料碾压时基层沥青混凝土产生"二次侧胀"。现场试验表明,结合面附近的侧胀明显增大,而且结合面温度越高,侧胀也越明显,形成所谓的"松塔效应"。侧胀将导致沥青混凝土孔隙率的变化,影响"结合区"的渗透性能。

　　新疆农业大学利用三轴仪测定了沥青混凝土碾压结合区的水平渗透系数,基层沥青混凝土温度越低,碾压结合区孔隙率越大,渗透性越强。当基层沥青混凝土温度高于 30 ℃时,结合区的渗透系数仍可小于 1×10^{-8} cm/s。试验表明,在连续两层碾压过程中,基层沥青混凝土温度只要不低于 30 ℃,碾压结合层的防渗性是有保证的。此时,沥青混凝土结合区的渗透流速与水力坡降已不呈线性关系,而是呈幂函数关系:

$$v = ki^a \tag{2-15}$$

式中,指数 a 在 0.45~0.75 范围内。

2.3.3.3　新疆沥青混凝土渗透性统计分析

　　随着坝高的不断增加,沥青混凝土心墙的安全稳定性至关重要。沥青混凝土的防渗性能的好坏由沥青混凝土的密实度决定,规范规定控制沥青混凝土的孔隙率,就是为了保证沥青混凝土有良好的防渗性能,沥青混凝土防渗性能是评价沥青混凝土心墙质量好坏的最重要指标。沥青属于憎水性材料,在一般情况下是不透水的,但是在水压力的作用下,沥青混凝土的材料会发生一定的位移变动,特别是沥青混凝土中的孔隙将会发生压缩变形。骨料与沥青之间的界面黏结靠的是物理吸附或者化学吸附,界面的黏结力远远小于沥青之间的亲和力,这样在一定温度和压力条件下,水分子就会浸入沥青混凝土中沥青与骨料之间的界面,沥青混凝土的防渗性能就会减弱。

　　1. 碾压式沥青混凝土的防渗性能

　　沥青混凝土的渗透试验通过测定沥青混凝土试件的渗透系数来评价沥青混凝土的抗渗性和透水性,在进行配合比设计和施工质量评定时必须进行试验。沥青混凝土芯样渗透试验分为两种,第一种是常水头试验,第二种是变水头试验。常水头试验适用于渗透系数较大的,变水头试验适用于渗透系数较小的。新疆典型工程碾压式沥青混凝土的渗透试验结果见表2-25。

表 2-25   新疆典型工程碾压式沥青混凝土的渗透试验结果

序号	工程名称	级配指数	填料用量/%	油石比/%	渗透系数/(cm/s)
1	沙尔托海	0.39	11	6.3	$6.54×10^{-9}$
2	宁家河	0.38	10	6.4	$5.22×10^{-9}$
3	特吾勒	0.42	10	6.3	$6.12×10^{-9}$
4	二塘沟	0.42	16	7.2	$7.63×10^{-9}$
5	阿拉沟	0.38	14	6.6	$7.61×10^{-9}$
6	八大石	0.39	11	6.6	$9.14×10^{-9}$
7	38团石门	0.39	13	6.7	$4.75×10^{-9}$
8	二道白杨沟	0.45	10	6.4	$7.57×10^{-9}$
9	头道白杨沟	0.36	11	6.7	$8.51×10^{-9}$
10	齐古	0.36	11	6.7	$4.12×10^{-9}$
11	五一水库(围堰)	0.43	12	6.3	$5.42×10^{-9}$
12	五一水库(大坝)	0.36	12	6.7	$6.34×10^{-9}$
13	吉尔格勒德	0.36	13	6.6	$7.49×10^{-9}$
14	碧流河	0.42	13	6.6	$6.61×10^{-9}$
15	大石门	0.42	11	6.7	$7.61×10^{-9}$
		0.39	13	7.0	$7.19×10^{-9}$
16	尼雅	0.39	13	6.5	$7.17×10^{-9}$
		0.36	13	6.8	$6.50×10^{-9}$
17	喀英德布拉克	0.39	12	6.6	$4.50×10^{-9}$
18	若羌河	0.39	13	7.1	$6.02×10^{-9}$
19	博斯坦	0.42	11	6.9	$6.13×10^{-9}$
统计结果	最大值	0.45	16	7.2	$9.14×10^{-9}$
	最小值	0.36	10	6.3	$4.12×10^{-9}$
	平均值	0.394	12.0	6.65	$6.58×10^{-9}$
	方差	0.000 7	2.14	0.06	$1.61×10^{-18}$

可以看出,各工程的沥青混凝土渗透系数均满足《土石坝沥青混凝土面板和心墙设计规范》(SL 501—2010)规定的渗透系数应不大于 $1×10^{-8}$ cm/s 的要求。随着油石比或填料的增加,沥青混凝土内部的孔隙更容易封闭,沥青混凝土的渗透系数越小。

2. 浇筑式沥青混凝土的防渗性能

浇筑式沥青混凝土中沥青的含量较高,则碾压式沥青混凝土的柔性远远小于浇筑式沥青混凝土的柔性,浇筑式沥青混凝土在承受压力的情况下更加容易使自身沥青混凝土内部的结构调整,其中的孔隙更容易封闭和压缩。浇筑式沥青混凝土工程的渗透试验结果见表 2-26。

表 2-26　浇筑式沥青混凝土工程的渗透试验结果

序号	工程名称	级配指数	填料用量/%	油石比/%	渗透系数/(cm/s)
1	也拉曼	0.33	14	9.0	4.63×10^{-9}
2	东塔勒德	0.33	14	9.0	3.65×10^{-9}
3	乌雪特	0.33	10	9.3	5.65×10^{-9}
4	强罕	0.34	12	9.0	4.57×10^{-9}
5	麦海因	0.33	13	9.3	3.96×10^{-9}
6	阿勒腾也木勒	0.33	14	9.0	4.95×10^{-9}
7	小锡伯提	0.36	11	9.3	5.02×10^{-9}
8	莫呼查汗	0.33	12	9.0	4.63×10^{-9}
9	肯斯瓦特围堰	0.34	14	9.2	4.55×10^{-9}
10	喀尔交	0.34	14	9.0	2.95×10^{-9}
11	乌克塔斯	0.34	14	9.3	2.97×10^{-9}
12	将军庙围堰	0.33	13	9.3	3.61×10^{-9}
13	江格斯	0.33	13	9.3	4.03×10^{-9}
统计结果	最大值	0.36	14	9.3	5.65×10^{-9}
	最小值	0.33	10	9.0	2.95×10^{-9}
	平均值	0.335	12.9	9.15	4.24×10^{-9}
	方差	7.1×10^{-5}	1.61	0.021	5.96×10^{-19}

可以看出,各工程的沥青混凝土渗透系数均满足设计规范要求,且离散程度很小。沥青混凝土的渗透系数取决于沥青用量、骨料级配以及密实程度。对于骨料级配良好、沥青用量多、密实性大的水工沥青混凝土,其渗透系数很小。随沥青混凝土孔隙率的减小,渗透系数也减小,防渗性能就越好。

对比表 2-25 与表 2-26 的统计结果可以看出,碾压式沥青混凝土的沥青用量平均值为 6.65%,填料用量平均值为 12.0%,渗透系数平均值为 6.58×10^{-9}。浇筑式沥青混凝土沥青用量为 9.15%,填料用量平均值为 12.9%,渗透系数平均值为 4.24×10^{-9}。相比碾压式沥青混凝土,浇筑式沥青混凝土的沥青用量较多,填料用量较大,渗透系数比碾压式沥青混凝土小,防渗性能更好,且均满足一般防渗要求。

2.4 沥青混凝土配合比设计存在的问题

沥青混凝土的工程性质完全取决于其材料配合比,它又控制着沥青混凝土心墙的工作性状。长期以来往往不是以其力学性能的基本要求,来直接确定沥青混凝土的配合比,而是以多级矿料组合求取最大密实度,并以沥青为填隙、胶结料,采用以物理指标为主,或考虑其他间接指标(如马歇尔指标)最终确定其配合比。而沥青混凝土力学指标(如小梁弯曲、抗压强度等)仅是在确定了配合比以后的试验"记录值",并没有将其作为沥青混凝土配合比设计时的控制指标,在研究沥青混凝土心墙的工程性状时也无直接使用意义,这种做法显然不满足作为受力材料的沥青混凝土的要求。为此,研究配合比对沥青混凝土工程性质的影响,以及沥青混凝土的力学性能与沥青心墙工作性状的关系,并以此来确定配合比及评价心墙的安全可靠性。

在原材料中尤应深入研究填料对沥青混凝土性能的影响。众所周知,沥青混凝土是由沥青和矿质材料共同组成的,是一种由不同粒径矿料颗粒分散在沥青中的分散体系,胶体理论研究表明沥青与填料形成沥青胶结料,构成了沥青-填料相,其他粗、细骨料则是分散在沥青-填料相中的分散介质。沥青混凝土的属性主要取决于沥青-填料相的性质,它决定着沥青混凝土的弹性、黏性、塑性和渗透性等,也就决定着沥青混凝土的应力应变特性。也正因此,在工程设计中,对于沥青混凝土配合比应严格控制填料和沥青用量。

如何采用力学指标来评价沥青混凝土的工作性状,并以此开展沥青混凝土的配合比设计,亦是当前沥青混凝土坝研究的热点内容之一。根据沥青混凝土心墙工作性状,对沥青混凝土提出相应的直接应用指标,进而确定沥青混凝土的配合比。

第 3 章　沥青混凝土心墙坝结构设计

3.1　沥青混凝土心墙坝在国内的发展

随着水利水电工程建设事业的发展,适宜于修建混凝土坝的地形、地质条件的坝址越来越少。而当地材料坝——土石坝,能适应各种坝址地形和地质条件,并充分利用工程的土石方开挖料,修建土石坝的比例逐渐增加。沥青混凝土心墙土石坝以其良好的抗渗性能、变形能力、抗震性能、环境适应性和安全性等优势,正在被越来越多的工程技术人员所接受,其应用技术推广速度也相当快,已逐步成为土石坝筑坝技术应用的主流坝型。国际大坝委员会(ICOLD)在 1992 年第 84 号公报中曾指出:沥青混凝土心墙土石坝"是未来高坝适宜的坝型"。

世界上最早建成的沥青混凝土心墙坝是 1949 年葡萄牙的瓦勒·多·盖奥(Vale de Caio)坝。沥青混凝土心墙坝由于心墙设置在坝体内部,不易检查,如发生渗漏,则处理较为困难,所以沥青混凝土心墙的应用发展比较迟缓。但正因为心墙处于坝体内部,受到坝壳的保护,受温度变化的影响小,不易老化,耐久性好,适应基础和坝体变形的能力较好,通常基础处理的工作量也较小,而且心墙施工工艺简单,近年沥青混凝土心墙在土石坝中的应用越来越多。如 1978 年建成的香港高岛水库,坝高 105 m;1997 年建成的挪威 Storglomvatn 坝,坝高 125 m;已建成的四川去学沥青混凝土心墙堆石坝,坝高 165.4 m,其中沥青混凝土直心墙高 132 m;已建成的新疆大石门水库,坝高 128.8 m;正在建设的新疆尼雅水库坝高达 131.8 m。

近年来,随着沥青混凝土施工技术水平的不断提高,沥青品质及性能越来越稳定,沥青混凝土配合比的优化设计理论和沥青混凝土性能研究越来越深入,并且沥青混凝土心墙专用施工机械也在不断改进和完善。专业化和专用施工机械的应用,提高了水工沥青混凝土的施工速度和施工质量,使得沥青混凝土心墙坝得到了较快发展。

沥青混凝土作为心墙土石坝的防渗结构,在我国已有 30 多年的历史,大致可分为三个阶段。

第一阶段是 20 世纪 70 年代初到 80 年代初,沥青混凝土多用于中小型工程,建成了约 6 座沥青混凝土心墙坝。其中,有代表性的是 1973 年建成的高 25 m 的吉林白河沥青混凝土心墙坝,1975 年在甘肃建成的高 58 m 的党河沥青混凝土心墙砂砾石坝,1983 年建成的大连碧流河水库等。这些工程都做得比较成功,发挥了效益。如党河沥青混凝土心墙砂砾石坝经受了超高洪水漫顶的考验;碧流河水库沥青心墙防渗效果良好,保证了对大连市的供水。但当时我国沥青混凝土防渗研究刚起步,建坝经验不足,与其他国家在这一领域的技术交流甚少。

第二阶段是 20 世纪 80 年代的中后期。在这期间,新开工的工程很少,主要是总结、交流经验,修订设计、施工和试验规程。水电部先后颁布了《土石坝碾压式沥青混凝土防渗墙施工规范》(SD 220—87)、《土石坝沥青混凝土面板和心墙设计准则》(SLJ 01—88)。另有《水工沥青混凝土试验方法(规程)》提出了"报批稿",后因故而未能颁布实行。此外,蒋长元等出版了《沥青混凝土防渗墙》的专业书籍,西安理工大学水工沥青防渗研究所发行《水工沥青及防渗技术》专业杂志。这些"施工规范""设计准则""试验方法"和专业书刊,基本上是在总结第一阶段中小型工程实践的基础上参考国外资料编制而成的,对指导我国水工沥青混凝土防渗工程的发展起到了良好的作用。

　　第三阶段是20世纪90年代以后,随着一些大型水利水电工程的开工,水工沥青混凝土工程进入了新的阶段。一些大型水利水电工程开始采用沥青混凝土防渗,同时也兴建了若干中小型水利工程,相继建成了洞塘(坝高48 m)、坎儿其(坝高51 m)、牙塘(坝高57 m)、茅坪溪(坝高104 m)、尼尔基(坝高40 m)、加音塔拉(坝高26 m)、恰普其海上游围堰(坝高50 m)、冶勒(坝高124.5 m)及照壁山(坝高71 m)等沥青混凝土心墙坝。在此期间,水工沥青混凝土的飞速发展主要有两个原因:其一是水工沥青混凝土性能试验及试验方法方面的进步。如室内成型试件的成型方法、动三轴的试验、低温抗裂、裂缝自愈、水稳定性等方面取得了可喜的成果;静三轴试验积累了大量的资料(包括现场芯样的试验资料);在现场测试和质量控制方面应用了快速抽提仪、核子密度仪等设备。其二是专用施工机械的发展和完善以及专业化施工队伍的出现。专业化和专用施工机械的应用提高了水工沥青混凝土的施工速度和施工质量。随着国内沥青混凝土的发展,一批专业的施工技术人员对水工沥青混凝土防渗的认识有了质的飞跃,国内施工专业队伍的逐步形成,极大地推动了沥青混凝土防渗技术的发展。尤其是沥青混凝土心墙坝与混凝土面板堆石坝相比,不仅在高海拔、深覆盖层(如冶勒工程,覆盖层深达420 m)、低温地区(主要是新疆及东北等地区)、少占耕地和保护环境方面占有优势,而且沥青混凝土心墙在大坝抗震安全、与环境适应性和经济性方面也成为具有竞争力的坝型。表3-1介绍了部分国内沥青混凝土心墙坝的工程实例。

表 3-1　部分国内沥青混凝土心墙坝的工程实例

序号	工程名称	坝高/m	坝顶长/m	完建年份	心墙厚/m
1	白河	25	250	1973	0.15
2	党河(一期)	58	230	1974	0.5~1.5
3	九里坑	44	107	1977	0.3~0.5
4	郭台子	21	290	1977	0.3
5	高岛西坝	95	720	1977	1.2/0.8
6	高岛东坝	105	420	1978	1.2/0.9
7	大厂	22	180	1978	0.3
8	杨家台	15	135	1980	0.3
9	二斗湾	30	320	1981	0.2
10	库尔滨	23	153	1981	0.2

续表 3-1

序号	工程名称	坝高/m	坝顶长/m	完建年份	心墙厚/m
11	碧流河(左坝)	49	288	1983	0.5~0.8
12	碧流河(右坝)	33	113	1983	0.4~0.5
13	党河(二期)	74	304	1994	0.5
14	洞塘	48	142	2000	0.5
15	坎儿其	51	319	2000	0.6/0.4
16	马家沟	38	264	2001	0.5
17	牙塘	57	407	2003	0.5~1.0
18	加音塔拉	26	160	2003	0.4
19	茅坪溪	104	1 840	2003	0.6~1.2
20	恰普其海(围堰)	50	110	2003	0.4
21	冶勒	124.5	411	2005	1.2~0.6
22	尼尔基	40	1 829	2005	0.6~0.7
23	照壁山	71	121	2007	0.7/0.5
24	喀腊塑克(上下游围堰)	32/12	265/300	2006	0.3
25	托里	22	340	2000	0.3
26	阳江	50	210	2006	0.7/0.5
27	龙头石	72.5	371	2008	0.5~1.0
28	城北	47	197	2008	0.5
29	大石门	59	201	2008	0.5~0.8
30	三座店	50	320	2009	0.5
31	铁厂沟	32	250	2009	0.4
32	观音洞	60	350	2010	0.5~1.0
33	玉滩	50	320	2010	0.5~0.8
34	开普太希	48	195	2010	0.5~0.7
35	峡沟	36	216	2010	0.5
36	下坂地	78	406	2010	0.6~1.2
37	隘口	80.2	217	2015	0.6~1.2
38	去学	170	219	2019	0.6~1.5
39	官帽舟	109	243	2015	0.5~0.7
40	二郎庙	68.5	254	2013	0.5~1.1
41	克孜加尔	63	356	2014	0.5~1.2

续表 3-1

序号	工程名称	坝高/m	坝顶长/m	完建年份	心墙厚/m
42	黄金坪	95.5	402	2016	0.6~1.0
43	旁多	72.3	1 052	2013	0.7~1.2
44	库什塔依	91.1	439	2014	0.4~0.8
45	公墓志	45	250	2012	0.5
46	双桥	73	260	2017	0.5
47	尼尔基	60	220	2005	0.4~0.6
48	石门水电站	106	310	2013	0.5~1.2
49	金王寺	56.5	400	2015	0.5

茅坪溪土石坝是长江三峡工程的重要组成部分,与长江三峡水利枢纽工程同属 I 等 1 级永久建筑物。茅坪溪土石坝与三峡大坝共同拦蓄三峡库水,最大坝高 104 m,坝顶长度 1 840 m,在三峡工程正常蓄水位时,挡水水头为 80 m。茅坪溪土石坝设计开挖总方量为 242.2 万 m^3,总填筑量为 1 212.38 万 m^3。大坝防渗轴线总长 1 840 m,总防渗面积约为 8.28 万 m^2。其中,沥青混凝土防渗墙体面积为 4.63 万 m^2,沥青混凝土方量约 5.0 万 m^3,混凝土防渗墙面积为 3.65 万 m^2。

茅坪溪土石坝自 1985 年开始规划设计以来,进行了多种防渗方案的研究比较。重点研究比较了混凝土心墙、钢筋混凝土心墙、黏土心墙和沥青混凝土心墙等坝型。从结构上讲,上述方案均可行,各有利弊。混凝土心墙方案,大坝填筑至高程 140 m 后在坝面上建造混凝土防渗墙,上部接黏土心墙,该方案施工工艺简单,造价最低,但在永久性工程填筑坝体上钻孔建造防渗墙尚不能完全保证墙体的抗渗性、耐久性以及强度,并且新填筑体的下沉,将会使伸入黏土心墙内部的混凝土截水墙顶接头部位出现裂缝,产生渗漏,需做特殊处理。钢筋混凝土心墙为现浇混凝土防渗体,其防渗性能可以保证,但该方案施工干扰大,造价高。黏土心墙土石坝是较成熟和应用最多的坝型,但三峡坝区黏土缺乏,需从七八十千米以外取黏土,占用耕地多,造价高。沥青混凝土心墙坝墙体薄、柔性好,有足够的防渗性和耐久性,且墙体在产生裂缝后有一定自愈能力,所以该土石坝防渗体的推荐方案为沥青混凝土心墙方案。

3.2 沥青混凝土心墙坝在新疆的发展

沥青防渗技术以其自身的优势日益为水电工程界所青睐,早在 1960 年新疆就采用了装配式沥青混凝土衬砌对渠道工程进行防渗。20 世纪 70 年代随着技术的发展,结合坝工建设的需要,先后对沥青混凝土的工程性质进行了一系列的基础研究。原新疆八一农学院就曾开展了水工沥青混凝土筑坝技术的研究工作,对沥青的品质及掺配沥青性能开展了大量的研究工作,及时向国内同行介绍了克拉玛依白碱滩的优质沥青,结合独山子沥青混凝土防渗供水水池的建设,独山子炼油厂首次在国内生产出满足水工建设品质要求的"水工沥青",为日后国产高质量沥青的发展奠定了基础。

1977 年结合善鄯柯柯亚水库挡水坝坝型比选,原八一农学院又对沥青混凝土面板砂砾石坝的结构设计和材料性质进行了大量的研究工作,并成功研制了斜坡碾压用 1 t 振动碾。同期与新疆生产建设兵团勘测设计院合作,建成了高 39 m 的苜蓿沟水库浇筑式沥青混凝土面板坝。

由于柯柯亚率先在国内采用了沥青混凝土面板砂砾石坝坝型,其优越的防渗性能为人们所接受,但当时的沥青品质较低,其抗裂性无法满足恶劣气候条件的要求,因而沥青混凝土防渗技术停止了发展。进入 20 世纪 90 年代,随着高速公路的发展,我国的沥青品质得到了显著的提高,促进了沥青防渗技术的发展,沥青混凝土在新疆坝工建设中又进入一个新的历史时期,沥青混凝土心墙坝作为优选坝型被大量采用。据不完全统计,目前新疆已建和在建的近 80 座中沥青混凝土心墙坝工程,百米级的高坝有 11 座,数量居全国之首,表 3-2 给出了坝高超过 70 m 的已建和在建的代表性工程。

表 3-2　新疆沥青混凝土心墙坝工程建设统计

序号	工程名称	建成年份	河流	地点	坝高/m	坝长/m	总库容/亿 m³	装机/MW
1	石门水电站	2013	呼图壁河	呼图壁县	106.0	312	0.797	95
2	五一	2016	迪那河	轮台	102.5	374	0.968	15
3	阿拉沟	2018	阿拉沟河	托克逊县	105.2	365.5	0.445	—
4	巴木墩	2020	巴木墩河	兵团第十三师	128.0	306	0.099	
5	八大石	2020	庙尔沟河	兵团第十三师	115.7	313	0.099	
6	大石门	2020	车尔臣河	且末县	128.8	205	1.270	60
7	吉尔格勒德	2022	四棵树河	乌苏市	101.0	345	0.610	20
8	伯斯阿木	2022	清水河	和硕县	111.0	218	0.249	4.8
9	尼雅	在建	尼雅河	民丰县	131.8	352	0.422	6
10	石门	在建	吉尔格朗河	伊宁县	106	412	0.461	6
11	温泉	在建	卡普斯浪河	拜城县	102.5	234	0.536	24
12	照壁山	2007	板房沟河	乌鲁木齐市	71.0	121	0.075	
13	下坂地	2010	塔什库尔干河	塔什库尔干县	78.0	406	8.670	150
14	库什塔依	2014	库克苏河	特克斯县	91.1	439	1.590	100
15	努尔加	2015	三屯河	昌吉市	81.0	486	0.684	
16	38 团石门	2016	莫勒切河	兵团第二师	81.5	565	0.713	8.0
17	米兰河山口	2016	米兰河	若羌县	83.0	415	0.410	2.4
18	二道白杨沟	2017	二道白杨沟	巴里坤县	82.5	212	0.043	—
19	头道白杨沟	2017	头道白杨沟	兵团第十三师	79.8	220	0.042	

续表 3-2

序号	工程名称	建成年份	河流	地点	坝高/m	坝长/m	总库容/亿 m³	装机/MW
20	四道白杨沟	2017	四道白杨沟	伊吾县	70.2		0.043	—
21	碧流河	2018	碧流河	奇台县	84.8	175	0.144	—
22	奴尔	2018	奴尔河	策勒县	80.0	740	0.680	62
23	哈拉吐鲁克	2019	哈拉吐鲁克河	博乐市	85.0	321	0.287	4.0
24	大河沿	2020	大河沿河	吐鲁番市	75.0	500	0.302	—
25	若羌河	2021	若羌河	若羌县	79.0	231	0.182	2.6
26	保尔德	2022	保尔德河	兵团第五师	73.6	321	0.099	—
27	博斯坦	2022	阿克赛音河	策勒县	78.6	212	0.080	—
28	乔拉布拉	在建	乔拉布拉河	兵团第九师	84.5	275	0.045	—
29	莫莫克	在建	提孜那甫河	叶城县	75.0	370	0.927	26
30	锡伯图	在建	锡伯图河	塔城市	82.7	362	0.187	—
31	乌斯通沟	在建	乌斯通沟	托克逊县	73.0	262	0.144	—
32	库尔干	在建	库山河	阿克陶县	82.0	702	1.250	24

3.3　沥青混凝土心墙坝结构研究与设计

3.3.1　大坝剖面规划

　　表 3-3 给出了新疆 20 座典型沥青混凝土心墙坝轮廓设计参数,当坝体采用砂砾料填筑时,其上游坝坡一般在 1:2.25 左右,下游坝坡多为 1:1.8。根据对国外 20 座工程统计,其上游坝坡多为 1:1.5~1:1.8,下游坝坡多为 1:1.4~1:1.5,与国外相比,新疆的工程坝坡是偏于保守的。坝顶宽度约为大坝高度的 1/10,强震地区采用较大的宽度。

表 3-3　新疆碾压式沥青混凝土心墙坝典型工程设计参数统计

序号	水库大坝名称	地震烈度	最大坝高/m	坝长/m	顶宽/m	坝体坡比(上/下)	沥青心墙厚度/m	过渡层厚度/m	坝体填筑材料
1	尼雅水利枢纽	Ⅶ	131.8	352	10	1:2.25/1:2.0	0.6~1.4	3/3 $D_{max} \leqslant 80$	堆石+砂砾石
2	大石门水库	Ⅷ	128.8	205	10	1:2.25/1:1.6~1:1.8	0.6~1.4	3/3 $D_{max} \leqslant 80$	砂砾石
3	巴木墩水库	Ⅶ	128.0	305	10	1:2.25/1:2.01	0.6~1.2	3/3 $D_{max} \leqslant 80$	砂砾石
4	八大石水库	Ⅶ	115.7	330	10	1:2.25/1:2.18	0.6~1.21	3/3 $D_{max} \leqslant 80$	砂砾石

续表 3-3

序号	水库大坝名称	地震烈度	最大坝高/m	坝长/m	顶宽/m	坝体坡比（上/下）	沥青心墙厚度/m	过渡层厚度/m	坝体填筑材料
5	石门水电站	VIII	106.0	312.5	10	1:2.2/1:2.0	0.5~1.5	4/4 D_{max}≤80	砂砾石
6	阿拉沟水库	VII	105.2	365.5	9	1:2.2/1:2.0	0.6~1.1	3/3 D_{max}≤60	砂砾石+石渣利用
7	五一水库	VIII	102.5	374	10	1:2.5/1:2.0	0.6~1.2	3/3 D_{max}≤80	砂砾石+石渣利用
8	吉尔格勒德水库	VIII	101.0	345	10	1:2.25~2.0/1:1.8	0.5~1.1	2+2/2+2 D_{max}≤150/80	堆石料
9	库什塔依水电站	VII	91.1	439	10	1:2.25/1:1.8	0.4~0.8	3/3 D_{max}≤80	砂砾石+石渣利用
10	奴尔水利枢纽	VIII	80.0	740	10	1:2.25/1:1.8	0.5~0.8	3/3 D_{max}≤80	砂砾石+石渣利用
11	下坂地水库	VIII	78.0	406	10	1:2.35/1:2.15	0.6~1.2	3/3 D_{max}≤80	砂砾石+石渣利用
12	照壁山水库	VII	71.0	121	10	1:2.5/1:2.0	0.5~0.7	2/2 D_{max}≤10	砂砾石+石渣利用
13	加那尕什水库	VII	69.0	432	8	1:1.8/1:1.8	0.5~0.7	2+2/2+2 D_{max}≤400/80	堆石+砂砾石
14	二塘沟水库	VII	64.8	337	8	1:2.5/1:2.0	1.2~1.5	3/3 D_{max}≤80	砂砾石+石渣利用
15	克孜加尔水库	VI	64.0	355	8	1:2.25/1:2.1~1:1.8	0.5~0.8	3/3 D_{max}≤80	砂砾石+石渣利用
16	坎儿其水库	VII	51.3	320	6	1:2.0/1:1.5	0.4~0.6	3+1/1+3 D_{max}≤150/80	砂砾石
17	开普太希水库	IX	48.4	195	10	1:3.0/1:2.0~1:2.5	0.5	3/3 D_{max}≤80	砂砾石
18	米兰河山口水库	VII	83.0	415	10	1:2.0/1:1.7	0.5~0.8	3/3 D_{max}≤80	砂砾石
19	38团石门水库	VIII	81.5	565	10	1:2.5/1:2.25/1:2	0.6~1.0	2/2 D_{max}≤80	砂砾石
20	努尔加水库	VIII	81.0	486	10	1:2.5/1:2.0	0.4~0.7	3/3 D_{max}≤80	砂砾石

注：过渡层 M+N 代表设计为两层，M、N 代表过渡层厚度，D_{max} 代表过渡料最大粒径。

3.3.2 坝体分区布置

碾压式沥青混凝土心墙坝坝体分区较土石坝或面板堆石坝更为简单，通常仅分为上下游坝体堆石区、心墙两侧过渡料区和沥青混凝土心墙区。由于沥青混凝土心墙为非冲蚀性材料，一般不需要设置反滤层和单独的排水体，当过渡层采用砂砾料时，仅需要在心墙上、下游设置水平宽度 1.5~3 m 的过渡层；当过渡层采用堆石料时，为满足层间过渡要求，个别工程采取了两层过渡层，其水平总宽度与砂砾料过渡层类同，如坎儿其水库、吉尔格勒德水库。坝体填筑材料大多采用河床砂砾料，坝后干燥区可部分利用开挖石渣料填筑。

　　新疆几乎所有的沥青混凝土心墙坝都是采用围堰与坝体相结合的布置形式,即将坝趾和坝踵处的坝体分别设置为上、下游围堰。这种布置将使枢纽更为紧凑,缩短了引水发电隧洞、导流洞等,降低了工程量,同时也减少了临时工程投资,缩短了截流后的直线工期,降低了大坝填筑强度。

3.3.3　心墙结构设计

　　在坝体结构方面,国外高沥青混凝土心墙坝的横剖面上,常将上部 1/3 的心墙弯向下游,以避免上游坝体由于沉陷与心墙分离。与国外不同,新疆已经建设的各类沥青心墙坝基于施工方便均采取直心墙方式,目的是减小心墙剪应力,同时一旦心墙因开裂需要修补也有利于采用灌浆处理。

　　防渗心墙底部厚度一般仅为 0.5~1.2 m,为坝高的 1/70~1/110,多数以等厚度或在不同高程段采用变厚度等厚布置,百米级高坝一般设置 3~4 个变化层次,级差 0.2 m 左右,心墙顶部的最小厚度通常取为 0.3 m。坝高 50 m 以上主要采用碾压式沥青混凝土心墙,50 m 以下一般多采用浇筑式沥青心墙。心墙底部基础与混凝土基座连接一般采用台阶式放大脚形式,这方便架立非标模板施工,部分工程采用了梯形过渡段连接形式。沥青混凝土心墙与坝基混凝土基座的衔接方式,可分为底部阶梯式连接和底部渐变式连接。

　　从表 3-3 给出的新疆高沥青混凝土心墙坝的结构设计参数可以看出,各工程变化不大,完全可以参照混凝土面板堆石坝的设计思路。

3.3.4　过渡层设计

　　《土石坝沥青混凝土面板和心墙设计规范》(DL/T 5411—2009)规定,沥青混凝土心墙两侧与坝壳料之间应设置过渡层。过渡层材料宜采用碎石或砂砾石,要求质密、坚硬、抗风化、耐侵蚀,颗粒级配宜连续,最大粒径不宜超过 80 mm,小于 5 mm 粒径的含量宜为 25%~40%,小于 0.075 mm 粒径含量不宜超过 5%。过渡层应满足心墙与坝壳料之间变形的过渡要求,且具有良好的排水性和渗透稳定性,具有满足施工要求的承载力。上、下游过渡料宜采用同一种级配,过渡层厚度宜为 1.5~3.0 m,具体厚度值可根据坝壳料、坝高和所处部位而定,堆石坝和高坝取大值。另外,在施工期间,心墙和过渡料同步上升,一般情况下,坝壳料总是滞后 2~3 层填筑。因此,过渡层厚度应考虑心墙施工时的稳定和心墙摊铺碾压时的安全要求。地震区和岸坡坡度有明显变化的工程过渡层应适当加厚。

　　沥青混凝土的变形模量较小,坝壳料的变形模量较大,设置过渡层,使其变形模量介于心墙与坝壳料之间,可使心墙、过渡层、坝壳料的变形平缓过渡。众所周知,水力劈裂问题来自土质心墙的“拱效应”,而沥青混凝土心墙不同。沥青混凝土孔隙率小,孔隙是封闭且不连通的,又无孔隙水的存在;沥青混凝土的渗透系数很小,渗水进入很困难。沥青混凝土心墙中渗流和渗水压力很难形成,故沥青混凝土心墙虽有“拱效应”存在,垂直应力比自重应力有所减小,但心墙与过渡层之间有错位存在,一般不会出现拉应变,故沥青混凝土心墙水力劈裂可不考虑。

　　心墙两侧过渡层材料的质量要求与一般土质心墙过渡料不同,材料的级配应满足沥青混凝土心墙对过渡层功能的要求。根据工程实践经验和试验成果,当过渡层材料最大粒径小于 80 mm 时,易保证过渡层非线性模量与心墙非线性模量的匹配和过渡层的匀质性。限制 5 mm、0.075 mm 颗粒含量的目的在于提高过渡层的排水性,故过渡层的级配应通过试验确定。

有的沥青混凝土心墙工程,上游侧采用较细的材料、下游侧采用较粗的材料作过渡层。理由是万一心墙开裂漏水,细料可以填塞裂缝,还可以在上游侧过渡区进行灌浆处理。但大量工程经验表明,没有一座心墙做过这种处理,反而给施工造成很多困难。两种不同的过渡料从料场运到坝面上临时堆放和摊铺时,易造成混杂,导致过渡层质量事故,故规范中规定上下游过渡层宜用一种级配材料铺压完成。

3.3.5　过渡层与心墙的相互作用

沥青混凝土心墙坝在心墙与上、下游坝壳之间设有过渡层,由于过渡料的级配和过渡层的几何尺寸不同,过渡层与沥青混凝土的相互作用也将不同,这将影响心墙的应力应变特性。基于弹性非线性邓肯-张模型,通过平面有限元分析,研究过渡层与沥青混凝土心墙的相互作用。结果表明:提高过渡层的刚度,有利于降低心墙的位移,降低大、小主应力,改善沥青混凝土心墙的应力应变性状,防止心墙发生剪切破坏;过渡层的宽度对沥青混凝土心墙中的大、小主应力影响不大,心墙中的剪应力水平虽随过渡层宽度的增加略有增加,但剪应力水平较低,不会引起心墙剪切破坏。过渡层土料多系加工料,减少其用量有利于降低工程造价,在满足施工的条件下,应尽量采用宽度较小的过渡层。

近年来,对上部结构-基础-地基相互作用问题的研究已经应用到众多领域,"相互作用"的研究已成为当前结构、岩土工程领域关注的课题之一。由于实际建筑物都是由不同结构组成的系统,不同刚度结构之间是相互影响、共同作用的,若不将各结构之间的相互作用统一研究,所得结果与实际结构的应力与变形差异较大,可能使设计的结构不安全或不经济。对于沥青混凝土心墙坝的坝壳、过渡层和心墙三者的材料性质各异,其应力应变性状不仅取决于自身材料性状,也将受到周边结构的制约。因此,充分认识坝壳-过渡层-沥青混凝土心墙相互作用机制,明确坝体结构设计准则,改进设计方法,是目前亟待研究的课题。

沥青混凝土心墙是坝体防渗主体,其应力应变性状直接关系到工程的安危,一直为坝工设计者所重视。我国《土石坝沥青混凝土面板和心墙设计规范》(SL 501—2010)和工程建设经验认为坝体结构均应进行分区,以满足施工、筑坝材料条件及工程性状的要求,整个大坝剖面形成多个不同性质的填筑区域,发挥各自的功能,达到工程安全和经济的目的。对沥青混凝土心墙坝的材料与结构分区,通常可粗略地分为上游坝壳区、过渡层、沥青混凝土心墙、下游过渡层和下游坝壳区等。各分区的工程性质差异较大,其应力应变性状不仅取决于自身特性,也受相邻区域的制约,研究坝体分区的相互作用,对大坝设计具有重要的意义。

由于坝壳料与心墙沥青混凝土的变形模量相差较大,通常均需设置过渡层结构,以协调二者间变形。根据筑坝材料的性质,过渡层可分为单层或双层结构。单层过渡层结构是中、低沥青混凝土心墙坝中的常用结构,过渡层由同种级配材料组成;双层过渡层则由两种级配材料填筑而成,它多用于高坝或复杂地形、地质条件的工程。

有限元技术的发展为研究各结构相互作用提供了有力支撑,基于弹性非线性邓肯-张模型,通过平面有限元分析,对在自重荷载和水荷载作用下,以过渡层为主,重点研究过渡层-心墙的相互作用,评价过渡层的合理性,以明确设计思路。

3.3.5.1 单层过渡层与沥青混凝土心墙相互作用

为比较过渡层的工程性质对沥青混凝土心墙位移性状的影响,采用有限元方法,选用碾压式沥青混凝土心墙和坝壳料,与不同性质的过渡料(过渡料 1 和过渡料 2)分别组成的坝体结构,过渡层水平宽度取 3 m,计算沥青混凝土心墙坝的工作形状,结果见表 3-4。

表 3-4 过渡层对沥青混凝土心墙应力应变性状影响分析

过渡层结构与材料			单层过渡层($B=3$ m)			
			过渡料 1		过渡料 2	
工况			竣工期	满蓄期	竣工期	满蓄期
坝体	水平变形/cm	向上游	10.75	9.42	9.56	8.05
		向下游	11.72	15.96	10.36	16.95
	垂直变形/cm		25.05	25.02	35.90	36.20
	大主应力/MPa		2.01	2.24	2.29	2.46
	小主应力/MPa		1.29	1.22	1.28	1.21
	大主应变/%		0.73	0.76	4.74	5.44
	小主应变/%		0.34	0.42	0.31	1.51
	剪应力水平		0.25	0.42	1.09	1.09
心墙	水平变形/cm	向上游	0.42	0	1.50	0
		向下游	0.68	8.14	1.53	10.86
	垂直变形/cm		25.04	24.39	35.89	35.98
	大主应力/MPa		2.85	2.86	2.9	3.0
	小主应力/MPa		1.40	1.70	1.70	1.80
	大主应变/%		0.78	0.71	2.23	2.29
	小主应变/%		0.72	0.65	2.15	2.18
	剪应力水平		0.37	0.4	0.96	0.96

1. 不同工程性质过渡料对沥青混凝土心墙位移性状的影响

1)心墙的水平位移

表 3-4 给出了不同工程性质过渡料条件下,沥青混凝土心墙水平位移的极值,心墙的水平位移沿坝高的分布见图 3-1。

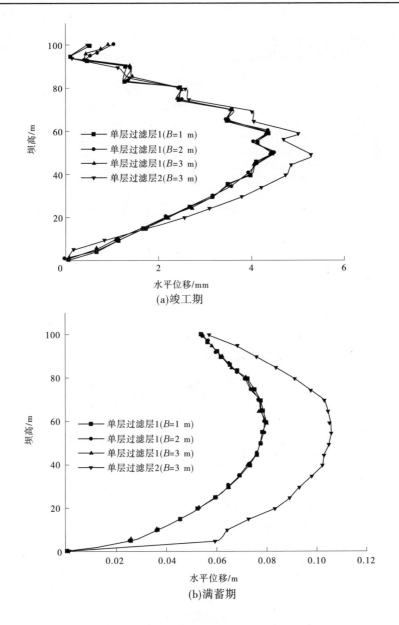

图 3-1   沥青混凝土心墙水平位移沿坝高分布

由图 3-1 可以看出,由于增加了水压力,满蓄期的水平位移大于竣工期。竣工期和满蓄期均为过渡料的刚度愈大,沥青混凝土心墙水平位移相应愈小,心墙的水平位移受过渡料的工程性质控制。满蓄期时,过渡层 2 在沥青混凝土心墙中所产生的水平位移极值,较过渡层 1 约增大33%。从变形控制角度研究,提高过渡料的刚度将降低心墙的水平位移,这有利于大坝的安全。

2)心墙的垂直位移

图 3-2 给出了不同过渡料条件下,沥青混凝土心墙的垂直位移沿坝高的分布。

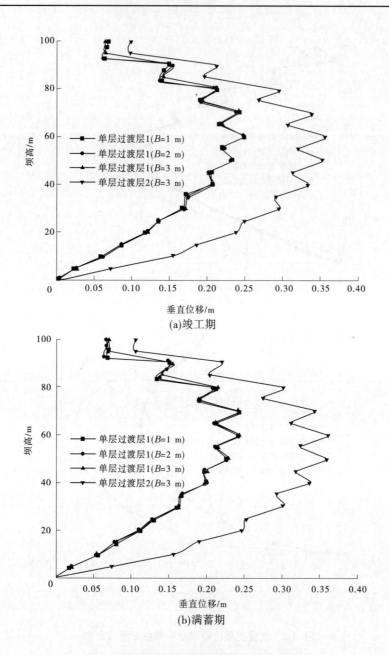

图 3-2　沥青混凝土心墙垂直位移沿坝高分布

　　由图 3-2 和表 3-4 可知,过渡层为同种材料时,竣工期和满蓄期的垂直位移均在同一数量级上,并且与坝体的垂直位移几乎相等,反映出沥青混凝土心墙的垂直位移受水荷载影响较小。满蓄期时,过渡层 2 与过渡层 1 相比,心墙的垂直位移极值约增大 32%。过渡料性质不同时,其刚度愈大,沥青混凝土心墙垂直位移相应愈小,垂直位移受过渡料的工程性质控制。提高过渡料的刚度有利于降低心墙的垂直位移。

2. 不同工程性质过渡料对沥青混凝土心墙应力性状的影响

1) 大主应力

图 3-3 给出了不同过渡料条件下,沥青混凝土心墙的大主应力沿坝高的分布。心墙中的大主应力均为压应力,无拉应力分布,且随坝高的增加而减小。

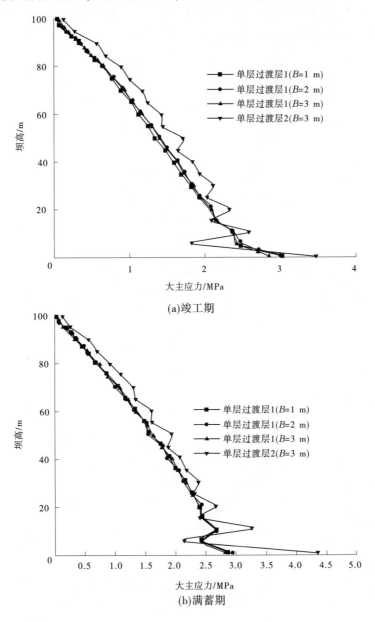

图 3-3 沥青混凝土心墙大主应力沿坝高分布

由图 3-3 可以看出,竣工期和满蓄期过渡层水平宽度相同时,过渡层 2 较过渡层 1 在沥青混凝土心墙中的大主应力略大,相差大约 5%,可视为在大主应力无差异。其原因在于过渡层刚度较低时,其对沥青混凝土心墙位移的约束减小,降低了沥青混凝土心墙中的"拱效应",导致了心墙中的大主应力较过渡层1略有增加。

2)小主应力

图3-4给出了不同过渡料条件下,沥青混凝土心墙的小主应力沿坝高的分布。其分布规律与量级均与过渡料的工程性质关系不大,不受过渡料性质的影响。心墙中的小主应力均为压应力,无拉应力分布,且随坝高的增加而减小。

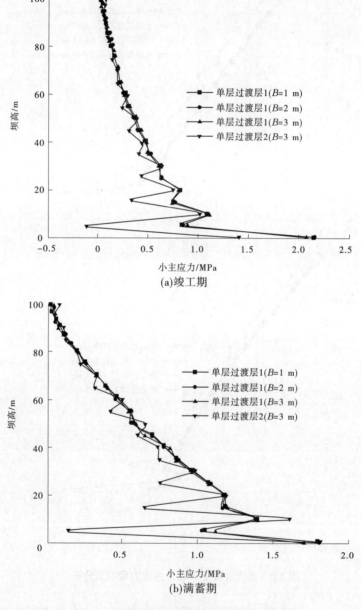

(a)竣工期

(b)满蓄期

图3-4 沥青混凝土心墙小主应力沿坝高分布

3) 剪应力水平

由图 3-5 为不同过渡料时沥青混凝土心墙的剪应力水平沿坝高的分布。过渡层水平宽度相同时,竣工期和满蓄期均出现刚度较小的过渡层 2 比刚度较大的过渡层 1 在沥青混凝土心墙中所引起的应力水平有所增加,即随过渡料刚度的降低心墙中的应力水平增大。在不同性质的过渡料条件下,心墙中的应力水平均低于 0.6,表明心墙中不会产生塑性破坏区。从应力条件评价其安全性是有保证的。

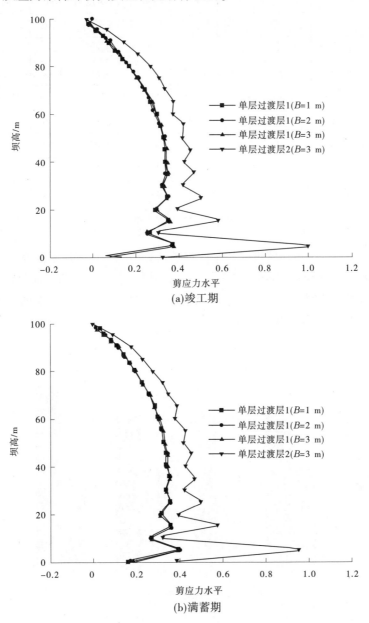

图 3-5　沥青混凝土心墙剪应力水平沿坝高分布

3. 过渡层的宽度对沥青混凝土心墙位移性状的影响

为研究不同宽度过渡层与沥青混凝土心墙的相互作用,采用过渡层宽度为 1 m、2 m、3 m 和 6 m 分别进行有限元计算,结果列于表 3-5。

表 3-5 单层过渡层宽度对沥青混凝土心墙应力应变性状影响分析

过渡层结构与材料			过渡层 1						
			宽度 $B=1$ m		宽度 $B=2$ m		宽度 $B=3$ m		宽度 $B=6$ m	
工况			竣工期	满蓄期	竣工期	满蓄期	竣工期	满蓄期	竣工期	满蓄期
心墙	水平位移/cm	向上游	0.44	0	0.42	0	0.42	0	0.38	0
		向下游	0.66	8.11	0.67	8.13	0.68	8.14	0.81	8.21
	垂直位移/cm		24.86	24.24	24.97	24.33	25.04	24.39	25.49	25.00
	大主应力/MPa		3.05	3.01	2.94	2.94	2.85	2.86	2.90	2.92
	小主应力/MPa		2.17	1.82	2.10	1.76	2.06	1.70	2.14	1.65
	大主应变/%		0.84	0.77	0.81	0.74	0.78	0.71	0.72	0.67
	小主应变/%		0.77	0.70	0.74	0.67	0.72	0.65	0.65	0.61
	剪应力水平		0.39	0.43	0.38	0.404	0.37	0.396	0.37	0.37

图 3-6 给出了不同过渡层宽度时水平位移的计算结果。过渡层不同宽度时竣工期沥青混凝土心墙水平位移均在相同数量级上;在水荷载作用下,满蓄期沥青混凝土心墙向下游方向的水平位移大于竣工期。当过渡层宽度由 1 m 增至 6 m 时,满蓄期的水平位移约增加 0.4%,这种差别可以忽略。

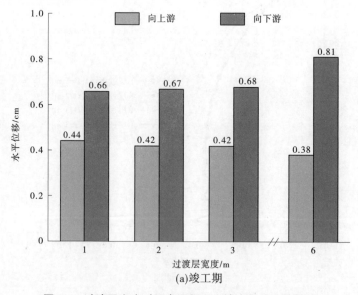

图 3-6 过渡层宽度对沥青混凝土心墙水平位移的影响

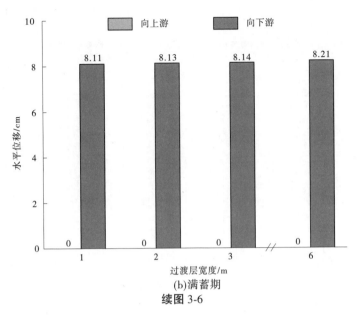

(b)满蓄期
续图 3-6

图 3-7 给出了不同宽度过渡层垂直位移的计算结果。不论是竣工期还是满蓄期,随过渡层宽度的增加,心墙的垂直位移均有所增加。在水荷载作用下,满蓄期沥青混凝土心墙垂直位移大于竣工期。当过渡层宽度由 1 m 增至 6 m 时,满蓄期垂直位移约增加 0.7%,这种差别可以忽略。因此,过渡层宽度对心墙的位移几乎没有影响。

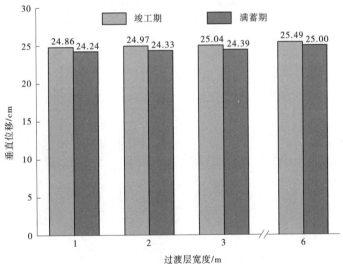

图 3-7 过渡层宽度对沥青混凝土心墙垂直位移的影响

4. 过渡层宽度对沥青混凝土心墙应力的影响

图 3-8 为不同过渡层宽度对心墙中的大、小主应力的影响,竣工期与满蓄期大主应力均在同一量级上,当过渡层宽度由 1 m 增至 6 m 时,大主应力降低约 5%;因受水平水荷载影响,满蓄期小主应力较竣工期小。同种工况时,随过渡层宽度的增加,小主应力略有降低,当过渡层宽度由 1 m 增至 6 m 时,降低约 5%。说明过渡层宽度对沥青混凝土心墙的

应力影响不大。

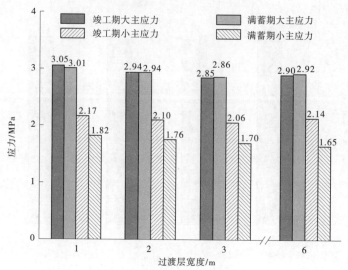

图 3-8　过渡层宽度对沥青混凝土心墙大、小主应力影响

图 3-9 为过渡层宽度不同时沥青混凝土心墙的剪应力水平,结合表 3-5 可知,心墙中的剪应力水平随过渡层宽度的增加略有降低,过渡层宽度由 1 m 增至 6 m 时,剪应力水平均小于 0.5,表明在不同的过渡层宽度时心墙均没有进入塑性状态,结构是安全的。

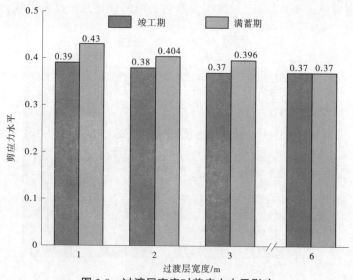

图 3-9　过渡层宽度对剪应力水平影响

由于过渡料为加工料,减少其用量有利于降低工程造价,在满足施工的条件下应尽量采用较窄的过渡层。

3.3.5.2　双层过渡层与沥青混凝土心墙相互作用

双层过渡层通常是在紧靠沥青混凝土心墙两侧布置最大粒径较小的过渡料,其外侧布置常规过渡料,以协调坝壳料与心墙的颗粒级配过渡和变形过渡。双层过渡层即将过渡层分为内、外两层,在靠近心墙的内过渡层采用刚度相对较低的过渡层 2 填筑,外过渡层采用刚度相对较高的过渡层 1 填筑。

表 3-6 给出了双层过渡层总宽度为 3 m,内、外过渡层不同宽度组合结构对心墙位移与应力影响的计算结果。

表 3-6　双层过渡层结构对沥青混凝土心墙应力应变性状影响分析

过渡层结构与材料			过渡层 1+过渡层 2 ($B=2.7$ m+0.3 m)		过渡层 1+过渡层 2 ($B=2.5$ m+0.5 m)		过渡层 1+过渡层 2 ($B=2.2$ m+0.8 m)	
工况			竣工期	满蓄期	竣工期	满蓄期	竣工期	满蓄期
心墙	水平位移/cm	向上游	0.63	0	1.09	0	1.17	0
		向下游	0.75	8.52	1.16	8.76	1.24	8.99
	垂直位移/cm		26.17	25.55	26.91	26.30	27.88	27.35
	大主应力/MPa		2.73	3.38	3.15	3.87	3.13	3.86
	小主应力/MPa		1.70	1.88	1.56	2.09	1.46	1.91
	大主应变/%		1.05	1.01	1.60	1.54	1.73	1.68
	小主应变/%		0.99	0.93	1.53	1.46	1.66	1.60
	剪应力水平		0.50	0.50	0.73	0.74	0.78	0.78

1.位移

由表 3-6 和图 3-10 可知,心墙水平位移随过渡层 2 的加宽而加大,满蓄期时在水荷载作用下,沥青混凝土心墙的水平位移大于竣工期。计算示例条件下,过渡层 2 由 0.3 m 增加至 0.8 m 时,心墙水平位移极值由 8.52 cm 增至 8.99 cm,绝对值增加了 0.47 cm,相对值增加了 5.5%,相对沥青心墙高度的挠曲变形仅为 0.1%,远低于工程对小梁弯曲应变 1%的规定,这样量级的位移不会对沥青混凝土心墙的运行性状产生不利的影响。

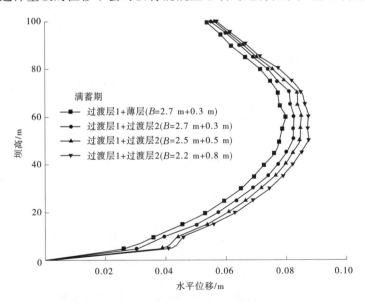

图 3-10　双层过渡层不同组合对心墙水平位移的影响

图 3-11 给出了心墙垂直位移沿坝高分布的规律。随过渡层 2 宽度的增加,垂直位移有所增加,其分布规律与水平位移相同,不会产生不利影响。

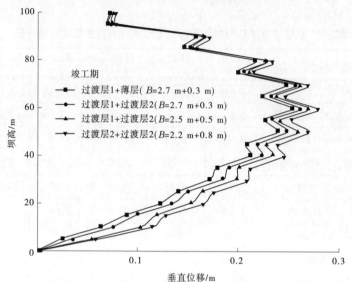

图 3-11 双层过渡层不同组合对心墙垂直位移的影响

位移随刚度较小的过渡层 2 宽度的增加而增加,这是由于坝壳-过渡层 1-过渡层 2-心墙系统中,刚度较小的过渡层 2 降低了过渡层 1 和坝壳料对心墙的约束所致。从变形控制的角度来看,总宽度在 3 m 范围内,不同尺度组合的双层过渡层均可满足工程安全的要求。

2. 应力

由表 3-6、图 3-12 和图 3-13 可知,心墙中的大、小主应力均为压应力,无拉应力分布,且随坝高的增加而减小;满蓄期时在水荷载作用下,沥青混凝土心墙的大、小主应力大于竣工期;在相同坝高处心墙的大、小主应力受过渡层宽度的影响较小,其值均在同一数量级上。

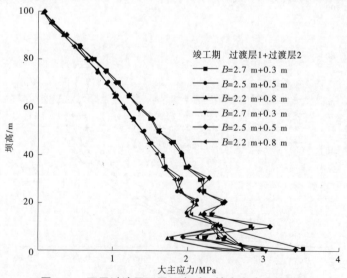

图 3-12 双层过渡层不同组合对心墙大主应力的影响

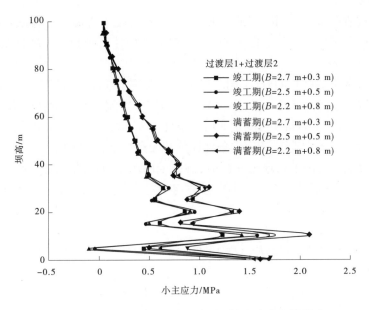

图 3-13　双层过渡层不同组合对心墙小主应力的影响

3. 剪应力水平

图 3-14 给出了剪应力水平沿坝高分布的规律,由图 3-14 可知,不论是竣工期还是满蓄期,尽管过渡层 2 宽度不同,在相同坝高处均有等量的剪应力水平,表明剪应力水平不受双层过渡层结构组合的影响;剪应力水平随坝高增加而减小,在心墙下部达到大值,其极值为 0.78,表明心墙中不会发生屈服破坏。

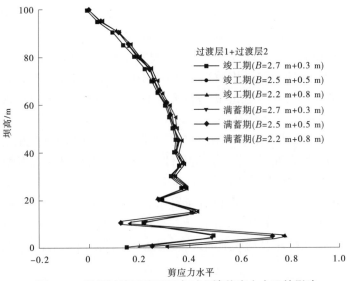

图 3-14　双层过渡层不同组合对心墙剪应力水平的影响

3.3.5.3　结论

（1）单层过渡层采用不同刚度的过渡料时，沥青混凝土心墙的位移随过渡料的刚度的增大而减小，沥青混凝土心墙的位移受过渡料的工程性质控制。提高过渡料的刚度有利于降低心墙的位移。

（2）过渡层水平宽度相同时，不同刚度过渡层在竣工期和满蓄期的大、小主应力沿坝高分布规律相同，过渡料刚度对大、小主应力影响较小。随过渡料刚度的降低，心墙中的应力水平有所增加。在不同性质的过渡料的条件下，心墙中的应力水平均低于0.6，表明心墙中不会产生塑性破坏区。从应力条件评价其安全性是有保证的。

（3）当过渡层宽度由1 m增至6 m时，满蓄期的水平位移约增加0.4%，垂直位移约增加0.7%，这种差别可以忽略；大、小主应力均相对降低约5%，可认为过渡层宽度对心墙中大、小主应力没有影响。宽3 m的双层过渡层，分层宽度变化对沥青混凝土心墙的位移、大小主应力和应力水平影响不大。

综上所述，过渡层的材料性质、结构尺度对沥青混凝土心墙的位移和应力影响不大，现行规范的建议内容是合理可行的。为降低工程造价，可适当减小过渡层宽度；在满足相邻结构材料粒径级配过渡的条件下，尽量采用单层过渡层结构。

3.3.6　结构设计中主要问题的认识

尽管近几年沥青防渗工程有了长足的发展，但在建工程的数量与碾压混凝土坝和钢筋混凝土面板坝的工程数量相比还不算多。主要原因之一是决策者和设计者对水工沥青混凝土防渗的应用还存在着各种各样的疑虑。

问题之一是沥青混凝土防渗尺寸单薄，担心它的可靠性。实际上就连一些著名的土工专家在将沥青混凝土应用于土石坝初期时都有过这样的疑虑。他们甚至担心和水的密度几乎一样的沥青可能在水库水压力的作用下会从沥青混凝土防渗体中被挤出，从而使沥青混凝土防渗性失效。挪威B. Kjaernsli曾通过试验测定了80/100号沥青在10~40 ℃条件下不同骨料粒径组的长期渗透性。结果是即使在5 000~30 000压力梯度下，沥青在骨料中也几乎是不流动的。如果用数据说明，在50 m高的水头下沥青在骨料中流动5 cm大约需要1 000年的时间。因此，沥青混凝土心墙厚度虽然仅有50~120 cm，也可以满足防渗要求。沥青混凝土防渗体在坝体中就像是具有足够柔性的薄膜一样，会随坝体的变形而变形，只要坝体在外力作用下是稳定的，沥青混凝土防渗体就是稳定的。

问题之二是担心沥青混凝土防渗体耐久性差，对水质有污染。土石坝沥青混凝土心墙深埋在坝体内，处在理想的保护条件和温度条件下，其耐久性很好，寿命至少可达数百年。至于对水质的污染问题，国内外已有应用几十年的100多座供水水库，至今没有对水质造成污染。沥青混凝土具有良好的耐久性、无污染、抗化学腐蚀、抗辐射等性能。欧洲一些国家用沥青混凝土作垃圾场底部的铺盖、游泳池底部防渗和生态保护、核废料堆四周处理等。

问题之三是我国还缺乏专业施工队伍及大型专用施工设备，施工质量难以保证。实际上，经过一段时间的发展，国内水工沥青混凝土的专业施工队伍已开始逐步形成，如葛洲坝集团公司已承建了三峡茅坪溪、冶勒、马家沟、下坂地4座沥青混凝土心墙坝，中水十五工程局已建成了洞塘、阿拉沟、大石门、石门水电站等沥青混凝土心墙坝,甘肃水电工程局已建成牙塘沥青混凝土心墙坝,北京振冲公司建成尼尔基、阳江和龙头石沥青混凝土心墙坝,西安惠泽建设工程有限公司建成重庆玉滩、大竹河、二郎庙土石坝沥青混凝土心墙坝,这些单位都积累了一定的施工经验,装备了一定的施工设备和质量检测仪器。在专用施工设备方面,目前国产的用计算机控制的沥青混凝土搅拌设备已接近或达到国际水平。

问题之四是国内已建成的沥青混凝土心墙坝,由于心墙深埋坝内,有问题也看不见。但是从碧流河、坎儿其等工程的渗漏、变形等观测表明,心墙运行情况良好。

问题之五是三峡茅坪溪、冶勒、尼尔基等工程是由于受当地自然条件限制,不得已才采用沥青混凝土防渗。这些条件不外乎天气多雨、气温低、坝体坝基沉陷大、缺乏适用的土料、地形地质限制及地震烈度高等。如四川省南桠河冶勒沥青心墙坝的工程条件为:深覆盖层基础,年平均温度为 6.5 ℃,全年无夏天,冬季长达 6~7 个月;年平均相对湿度在 86% 以上;多年平均降雨量 1 830.9 mm,降雨天数每年近 215 d,5~10 月为雨季等。在这样的条件下都可以采用沥青混凝土防渗,正好说明沥青混凝土防渗的适用性和优越性。挪威最初也是在没有防渗材料的地方修建沥青混凝土心墙坝,取得经验并对沥青防渗的优越性有了认识,后来即使在有防渗材料的地方也首先考虑沥青防渗方案。南非的Greater Ceres 坝址条件可以修建碾压混凝土坝、钢筋混凝土面板坝和沥青心墙坝等坝型,相关设计人员从抗震、经济等方面论证选择了沥青心墙坝坝型。

问题之六是沥青混凝土的力学性能。目前主要是借助传统的水泥混凝土、岩土或道路沥青混凝土的力学性能来理解水工沥青混凝土。沥青混凝土是黏弹塑性材料,它具有某些水泥混凝土、岩土和道路沥青混凝土的力学性能,但更重要的是水工沥青混凝土有着它特有的力学性能。例如,沥青混凝土防渗不存在水力劈裂问题,但在一些对沥青防渗初次接触的业主和设计单位仍不时提出此问题。德国的 Haas 曾对防渗沥青试样做过试验,在正常水温条件下根本测不出水力对沥青试样的影响;水温提高到 40 ℃,在 750 m 水头条件下,水力对沥青试样才开始略有影响。除此之外,沥青混凝土心墙坝还有着良好的抗震性能,在动荷载作用下心墙内不会形成像黏土心墙那样的累积孔隙水压力;即使出现特强烈的地震(例如 8.25 度)使坝顶蓄水位下 10 m 处沥青心墙剪切永久变形达 1~2 m,因剪断处上、下部分沥青心墙仍具有防渗性且水流不能将心墙材料带走,所以不会对大坝造成毁灭性破坏。针对沥青混凝土的静力性能和动力性能已经做了许多研究工作,成果表明水工沥青混凝土有着非常优良的力学性能且对地形条件的适应性强,可以很好地适应土石坝坝体材料的应力分布和变形协调性。

可以预见,随着工程实践和研究的不断深入,沥青混凝土在我国水利水电建设中的应用将会越来越多,具有巨大的经济、环境和社会效益。

3.4　沥青混凝土心墙坝的应力与变形

对新疆较高的沥青混凝土心墙坝均进行应力应变分析,通过将计算成果与已建的工程分析成果进行类比,来评价设计的合理性和工程的安全性。通常都进行二维或三维有限元分析,沥青混凝土心墙和坝体的本构关系采用弹性-非线性的邓肯-张的 $E \sim \mu$ 模型进行模拟,所需各参数通过大型三轴和中型三轴试验测得。混凝土基座采用线性模型表征,沥青混凝土心墙与过渡料间设薄层单元模拟。表3-7、表3-8分别给出了几座沥青混凝土心墙坝的应力应变分析成果,可以看出,坝体在自重作用下,砂砾石心墙坝的沉降量为坝高的0.3%~0.5%,沉降量远低于一般堆石坝的1%,总体上垂直变形不大;沥青混凝土心墙的沉降与坝体在同一数量级上,表明坝体与沥青混凝土心墙间满足变形协调的要求。由于茅坪溪采用爆破堆石坝料填筑,故其沉降量大于新疆以砂砾料填筑的坝体。满蓄期在水荷载作用下,沥青混凝土心墙将产生指向下游的水平位移,其量值为坝高的0.1%~0.25%,远低于沥青混凝土的抗弯应变值。

表3-7　几座沥青混凝土心墙坝坝体的沉降统计

工程名称	八大石	阿拉沟	克孜加尔	巴木墩	碧流河	照壁山	茅坪溪
坝高/m	110	105.2	63	128	82	71	104
竖向沉降/cm	41.66	42.69	22.5	40	39.2	25.31	68.7
占坝高百分比/%	0.38	0.406	0.36	0.32	0.43	0.36	0.66
剪应力水平	—	0.48	0.44	—	0.48	—	—

表3-8　满蓄期沥青混凝土心墙应力与位移统计

工程名称	水平位移/cm	挠度/%	沉降/cm	沉降占坝高的百分比/%	大主应力/MPa	小主应力/MPa	主应力比	应力水平
巴木墩	28	0.22	42	0.32	1.88	—	—	—
碧流河	13.9	0.17	39.2	0.43	1.76	0.97	0.55	0.56
八大石	9.56	0.09	41.7	0.38	2.15	1.31	0.61	0.68
照壁山	28.39	0.4	23.73	0.34	1.31	0.89	0.68	0.25
克孜加尔	14.6	0.24	31.6	0.57	1.27	0.52	0.41	<1
阿拉沟	9.8	0.1	36.75	0.35	2.06	1.17	0.57	0.26

图3-15给出了巴木墩沥青混凝土心墙坝大、小主应力等值线分布图,由图3-15可知,等值线的分布与坝体轮廓体形类同,大主应力的量值与自重应力在同一数量级上。坝体应力分布较好,但应强调指出:在相同高程处心墙的应力低于坝体的应力,这是在心墙内产生了明显的"拱效应"所致。坝体的剪应力水平在0.5左右;心墙的剪应力水平在0.6上下,这说明坝体和心墙均有较高的安全储备。当油石比在7%左右时,沥青混凝土心墙的主应力比大体在0.6,表明沥青混凝土具有较大的适应变形能力,这对在陡边坡或刚性建筑物约束条件下防止心墙与岸坡间的脱开是有利的。

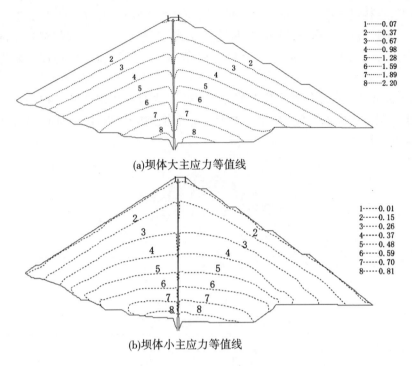

(a)坝体大主应力等值线

1——0.07
2——0.37
3——0.67
4——0.98
5——1.28
6——1.59
7——1.89
8——2.20

(b)坝体小主应力等值线

1——0.01
2——0.15
3——0.26
4——0.37
5——0.48
6——0.59
7——0.70
8——0.81

图 3-15　巴木墩坝体主应力等值线　（单位:MPa）

3.5　碾压-浇筑组合式沥青混凝土心墙结构初探

碾压-浇筑组合式沥青混凝土心墙结构型式与碾压式和浇筑式类同,大坝的剖面规划、材料分区和拟定结构细部尺度,具体参见《土石坝沥青混凝土面板和心墙设计规范》(SL 501—2010)(或 DL/T 5411—2009)的相关规定。不同的是将心墙在某个高程处分成上、下两部分,下部采用承载能力和刚度较大的碾压式沥青混凝土结构,上部采用适应变形能力较强的浇筑式沥青混凝土结构。这种组合式心墙结构的应力应变性能符合心墙坝的设计准则。两种沥青混凝土结构的分界高程,由地形地质条件、不同部位应力应变性状要求和施工条件所确定。这种心墙结构的上部与下部分别采用不同的沥青混凝土填筑,只要上部浇筑式心墙的高度不超过 70 m,即可满足现行设计规范对其填筑高度限制的规定。

碾压-浇筑组合式沥青混凝土心墙坝给施工带来很大方便,尤其是在寒冷高原地区,截流以后的施工气温为常温时段,可按碾压作业方式进行下部心墙施工;当环境温度进入低温和负温时段时,可采用浇筑方式进行上部心墙施工。这样就保证坝体和心墙在不同季节均可填筑,达到全年施工的目的,可缩短工程建设周期,降低工程造价,有利于工程提前发挥效益。

3.5.1　组合式心墙结构的坝体应力应变性状分析

为探讨组合式沥青混凝土心墙坝的可行性,对组合式沥青心墙采用与碾压式和浇筑

式相同的坝体结构进行有限元分析。模型采用坝高为 100 m,上游边坡 1∶2.2,下游坝坡
1∶2.0,上、下游过渡层水平宽度 3 m,心墙为直立式、底部宽 1.1 m、顶部宽 0.4 m 的大坝
断面。组合式心墙在坝高 50 m 处为分界高程,上部为浇筑式沥青心墙,下部为碾压式
心墙。

图 3-16 给出了有限元分析的基本情况,碾压式、浇筑式和组合式三种沥青心墙坝型
有限元分析模型参数见表 3-9。对比三种沥青心墙坝型的工程性状,评价组合式沥青混
凝土心墙坝的可行性。

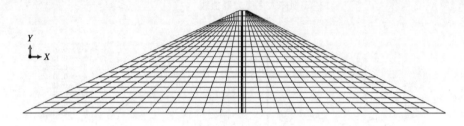

图 3-16　大坝二维网格图

表 3-9　坝体分区材料模型参数

材料名	密度/(kg/m³)	c/kPa	φ/(°)	K	n	R_f	G	F	D	K_{ur}	n_{ur}
坝壳料 1	2 470	327	45.1	1 000	0.48	0.811	0.41	0.08	1.51	2 000	0.48
坝壳料 2	2 220	400	36	400	0.45	0.8	0.35	0.15	4	800	0.45
浇筑沥青混凝土(4 ℃)	2 322	168.5	20.8	615.86	0.211 4	0.99	0.472 5	−0.033 12	0.002 7	1 231.7	0.211 4
浇筑沥青混凝土(25 ℃)	2 322	61.5	5.8	61.96	0.339 8	0.97	0.501 5	0.002 98	0.000 222	123.92	0.339 8
碾压沥青混凝土(4 ℃)	2 464	628.2	31.3	1 259.8	0.294	0.495 8	0.637 9	0.050 3	0.578 0	2 519.6	0.294
碾压沥青混凝土(25 ℃)	2 464	227	29.9	775	0.459 6	0.543 2	0.752 3	0.133 6	0.483 4	1 550	0.459 6
过渡料	2 470	156	42	600	0.6	0.7	0.47	0.09	1.48	1 600	0.6
薄层单元	2 470	335	34.5	815	0.28	0.77	0.46	0.09	2.33	1 600	0.28

考虑到沥青混凝土的性质受温度影响较大,研究时采用常温 25 ℃时沥青混凝土的力

学性能指标作为基本方案,以 4 ℃时沥青混凝土的力学性能指标作为佐证方案,分别计算两种工况:

竣工期:坝体填至坝顶高程,此时仅承受自重荷载。

满蓄期:坝体填至坝顶高程,蓄水至正常高水位,除自重荷载外,增加了水荷载。

坝体填筑及蓄水的加载过程:大坝填筑分为 10 级,蓄水分为 6 级。蓄水时上游水下部分坝体施加浮托力,水压力以面力的形式作用在沥青混凝土心墙上游面上。

3.5.2　组合式沥青混凝土心墙坝应力应变特性

表 3-10 给出了三种沥青心墙形式平面有限元分析成果。

表 3-10　25 ℃下沥青混凝土心墙坝应力应变分析成果对比

心墙材料及工况			组合式(25 ℃)		浇筑式(25 ℃)		碾压式(25 ℃)	
			竣工期	满蓄期	竣工期	满蓄期	竣工期	满蓄期
坝体	水平位移/cm	向上游	10.76	9.41	10.74	9.3	10.76	9.43
		向下游	11.74	16.09	11.73	16.47	11.73	16
	垂直沉降/cm		25.25	25.64	25.61	26.69	25.16	25.18
	大主应力/MPa		2.01	2.24	2.02	2.2	2.01	2.24
	小主应力/MPa		1.19	1.14	1.19	1.16	1.19	1.14
	大主应变/%		0.67	0.76	0.68	0.79	0.28	0.76
	小主应变/%		0.28	0.35	0.28	0.34	0.67	0.34
	应力水平		0.23	0.34	0.24	0.34	0.23	0.34
心墙	水平位移/cm	向上游	0.42	0	0.42	0	0.42	0
		向下游	0.68	8.18	0.68	8.82	0.68	8.18
	垂直沉降/cm		25.33	24.71	25.97	26.47	25.33	24.71
	大主应力/MPa		2.66	2.76	1.39	1.65	2.66	2.76
	小主应力/MPa		1.96	1.68	1.11	1.38	1.96	1.68
	大主应变/%		0.80	0.75	0.75	0.12	0.8	0.75
	小主应变/%		0.77	0.67	0.31	0.21	0.77	0.67
	应力水平		0.47	0.46	0.22	0.42	0.47	0.46

3.5.2.1　位移

1.坝体位移

图 3-17、图 3-18 分别给出了不同心墙方案坝体满蓄期的水平位移和垂直位移等值线图。结合表 3-10 可知坝体位移与心墙的型式和材料无关,三种心墙型式有着相同量级的位移值和分布规律。

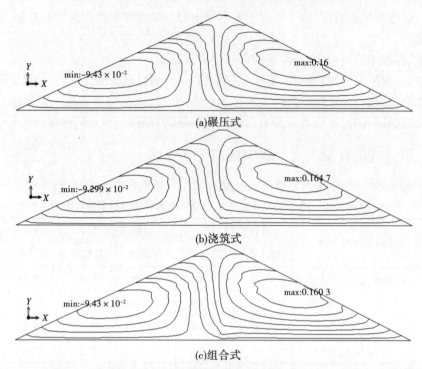

图 3-17　沥青混凝土心墙坝坝体水平位移等值线　（单位:m）

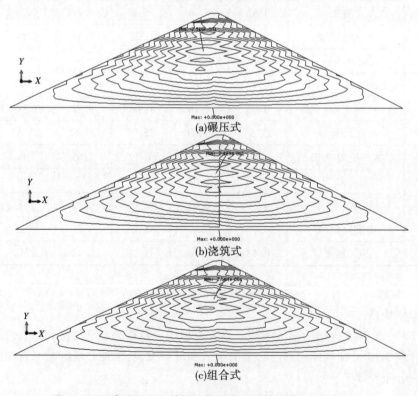

图 3-18　沥青混凝土心墙坝坝体垂直位移等值线　（单位:m）

2. 心墙位移

图 3-19 给出了三种心墙型式的心墙垂直位移与水平位移沿坝高分布的规律。竣工期不同心墙型式的水平位移基本相同;满蓄期碾压式与组合式的水平位移相等,浇筑式心墙水平位移较前二者略增大,其极值相对增大 6% 左右,三者在同一数量级上,并具有相同的分布规律。在坝高 50 m 的邻域内,三种心墙的水平位移沿坝高分布的曲线连续光滑,心墙挠曲变形没有因沥青心墙材料的改变而改变,表明组合式沥青心墙的水平位移与碾压式和浇筑式心墙的位移具有相同性状和量级,三种型式的心墙在这个区域具有相同的防渗能力。

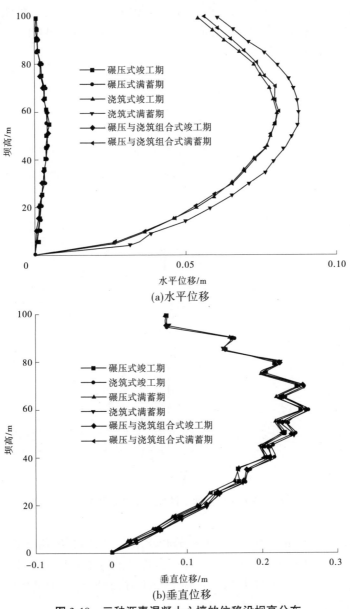

(a)水平位移

(b)垂直位移

图 3-19　三种沥青混凝土心墙的位移沿坝高分布

心墙的垂直位移的分布规律与量值可视为完全相同。垂直位移沿坝高分布图出现锯齿状,这是由于有限元模型自重荷载加载所导致的,随自重加载级次的增多,锯齿愈多,但"齿深"愈浅,分布曲线趋于光滑。多数研究者均采用软件进行光滑处理,达到美化曲线的目的。

组合式、碾压式和浇筑式心墙坝的坝体位移和心墙位移具有相同的数量级,并遵循相同分布规律。竣工期与满蓄期的垂直位移小于坝高的1%,表明三种结构的心墙位移均在合理范围之内。

3.5.2.2　坝体应力和应力水平

1. 大、小主应力

图 3-20、图 3-21 给出了满蓄期三种心墙结构坝体大、小主应力等值线分布图。由图可知,组合式、碾压式和浇筑式心墙坝的坝体大、小主应力分布规律相同,各主应力的量值相等,且均无拉应力产生。

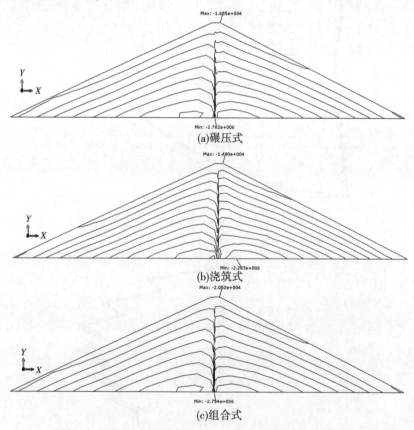

图 3-20　沥青混凝土心墙坝坝体大主应力等值线　(单位:Pa)

2. 应力水平

图 3-22 给出了坝体的应力水平等值线分布。由图 3-22 可知,组合式、碾压式和浇筑式心墙坝的坝体应力水平分布规律相同,各应力水平的量值均低于 0.34,不受心墙材料性状影响,坝体不会产生塑性破坏区。从应力水平方面分析,三种结构的坝体均是安全的,具有较大的安全储备。

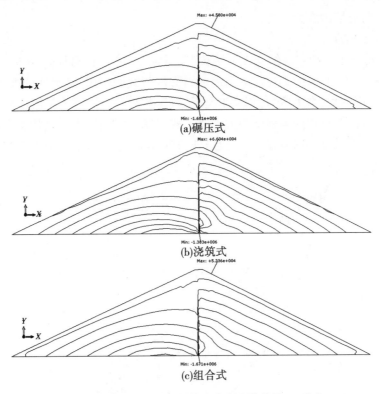

图 3-21 沥青混凝土心墙坝坝体小主应力等值线 （单位:Pa）

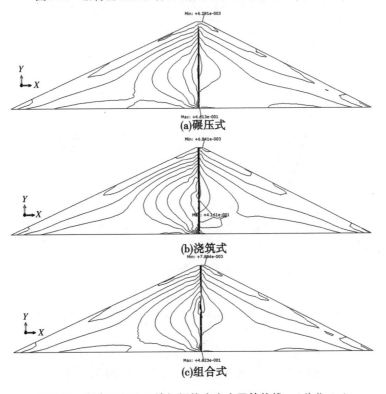

图 3-22 沥青混凝土心墙坝坝体应力水平等值线 （单位:Pa）

3.5.2.3 沥青心墙的应力性态

1. 大、小主应力

图 3-23 给出了三种心墙结构竣工期和满蓄期大、小主应力沿坝高分布的规律,大、小主应力皆为压应力,心墙中无拉应力出现。因受水荷载的作用,满蓄期的大、小主应力均大于竣工期相应的大、小主应力;相同工况下,碾压式与组合式沥青混凝土心墙的大主应力在量级上相等,并在相同高程处均大于浇筑式心墙的大主应力。这是由于浇筑式心墙的刚度较低,又受过渡层约束,产生了较强烈的拱效应,使得垂直应力略有降低。

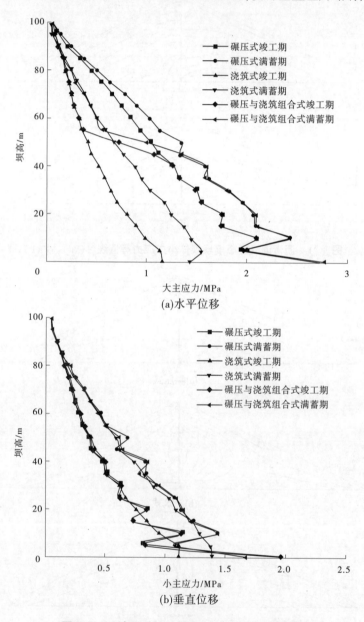

(a)水平位移

(b)垂直位移

图 3-23　沥青混凝土心墙大、小主应力沿坝高分布

当工况相同时组合式、浇筑式与碾压式心墙的小主应力沿坝高分布的规律一致,相同高程处心墙的小主应力的量级相等,且与心墙的结构和材料的性质无关。

组合式心墙的大主应力在心墙上部与浇筑式心墙的分布规律相同,在下部与碾压式心墙的分布规律相同。在坝高 50 m 邻域内无拉应力和应力突变等不利情况发生,表明组合式心墙的应力能平稳地由浇筑式段过渡到碾压式段,心墙在此过程的应力协调,不会发生破坏而失去防渗性能。

2. 应力水平

碾压式、浇筑式和组合式沥青混凝土心墙中应力水平极值均小于 0.5,表明心墙不会产生塑性破坏。

3.5.3　结论

通过有限元分析了组合式、浇筑式与碾压式沥青混凝土心墙坝的应力应变性状,得到了以下结论:

(1)组合式、浇筑式与碾压式沥青混凝土心墙坝在竣工期和满蓄期的水平位移和垂直位移的分布规律相同,在坝高 50 m 处位移无突变,心墙挠曲线连续光滑,变形协调。

(2)组合式、浇筑式与碾压式沥青混凝土心墙坝在竣工期与满蓄期的大、小主应力沿坝高的分布规律相同,在坝高 50 m 邻域内应力分布连续、协调,无应力突变发生,表明三种沥青混凝土心墙型式的应力性态基本相同。

(3)不论是竣工期还是满蓄期,组合式沥青混凝土心墙的应力水平均低于 0.5,表明心墙不会产生塑性破坏,具有较高的安全储备。与碾压式和浇筑式沥青混凝土心墙坝相比,同样是安全的。

组合式沥青混凝土心墙坝的应力应变性状与浇筑式及碾压式沥青混凝土心墙坝的应力应变性状相同,说明组合式沥青混凝土心墙碾压式沥青混凝土心墙方案是可行的,且能满足快速施工的要求。

3.6　沥青混凝土心墙水力劈裂问题讨论

根据对大坝原型观测的成果分析,很早就发现在土质心墙坝中心墙的垂直应力会低于上覆土重,而坝壳中的垂直压力又高于上覆土重,这种现象称为坝壳与心墙间产生了"拱效应"。当拱效应作用足够大时,便可导致心墙产生水力劈裂而渗漏,甚至引起土石坝失事而导致灾难性后果。表 3-11 给出了几座公认的因水力劈裂而破坏的工程实例,可以看出不论土石坝的高低均有可能发生水力劈裂破坏,表明薄心墙的事故率更高。

表 3-11　土石坝典型水力劈裂破坏实例　　　　　　　　单位:m

工程名称	坝高	破坏区心墙宽度	坝顶高程	最高水位	流量突增水位	破坏区高程
Balderhead	48	6	334.70	332.30	332.30	305.00~315.00
Hyttejuvet	90	4	749.00	746.00	738.00~740.00	718.00~740.00
Viddalsuatu	70	≈10	935.00	930.00	929.40	923.00~925.00
Teton	93	9	1 625.50	1 622.70	1 607.00	1 573.00~1 568.00
Yard'sCreek	24	4	475.90	474.00	469.10	457.20~464.80

　　长期以来,国内外许多学者致力于土石坝水力劈裂问题的研究工作。系统地分析了心墙两侧堆石体对心墙的拱效应,认为拱效应是发生水力劈裂的必要条件之一。19世纪70年代,土石坝的水力劈裂问题逐渐引起工程界的重视,特别是1976年美国坝高126.5 m的Teton宽心墙土石坝发生溃决,经调查是由于右岸基岩截渗齿槽内的粉砂土体发生水力劈裂,并引发土体管涌造成的,且该水力劈裂与槽内土体的拱效应有关,并提出该水力劈裂发生在土的抗拉强度与最小主应力之和小于静水压力的区域。1982年黄文熙院士提出,应使用心墙土料的抗拉性能和坝体中应力与应变的分布判定是否会发生水力劈裂。如果心墙某点上的主应力与土的抗拉强度之和小于该点处的孔隙水压力,心墙就将因水力劈裂产生水平裂缝或垂直裂缝。2005年,张丙印通过模拟水库蓄水过程和心墙上游面应力条件进行了水力劈裂模型试验。结果表明,水压力的升高会诱发水力劈裂现象,并认为两侧堆石体对心墙的拱效应可以减小心墙的垂直应力。然而,对于沥青混凝土心墙坝中是否会发生这种现象,国内尚有不同观点。

　　一种观点认为:沥青混凝土防渗心墙厚度一般仅为0.5~1.2 m,多数以等厚度或在不同高程段采用等厚度布置,其迎水面为直立。作为防渗的沥青混凝土与多孔介质不同,其孔隙率一般小于3%,心墙的渗透系数在1×10^{-9}~1×10^{-8} cm/s数量级,基本不透水,材料内部孔隙是以封闭且非连通形态存在的,不可能传递水压力。因此,认为心墙沥青混凝土不存在发生水力劈裂的条件。

　　另一种观点认为:心墙与过渡料两种介质接触面上将产生相对位移,只要有摩擦存在,摩擦力就会以拉应力形式出现,相应的也就会产生拉应变,这将增加沥青混凝土心墙上游面产生裂缝的可能。同时,由于分层碾压施工等因素也可能造成心墙上游面出现裂缝而出现“渗透强区”。拱效应和先天裂缝就构成了沥青混凝土心墙产生水力劈裂的力学和物质条件。随着我国沥青混凝土心墙坝的迅速发展,众多的百米级大坝正在兴建,坝高与覆盖层厚度的不断增加,使拱效应作用更强烈,因此心墙产生水力劈裂风险是存在的。

　　沥青心墙产生水力劈裂最主要的物质条件有两个:其一是心墙中存在与库水相通的裂缝或缺陷,施工中沥青混凝土心墙的“松塔效应”和层间结合不良都是产生裂缝的重要因素;其二为沥青混凝土的低渗透性或不透水性。与土质心墙不同,心墙中的裂缝空腔四周皆可视为不透水边界,库水位所形成的静水压力将以全水头量级作用在裂缝周边,形成强大的"水楔"作用,导致水力劈裂的发生。"水楔"作用是心墙发生水力劈裂的力学条件,当采用总应力法分析时,心墙裂隙内某点的水压力大于或等于总主应力与沥青混凝土抗拉强度之和时,就会发生水力劈裂。其判别标准为:

$$p \geqslant \sigma_p + \sigma_t \tag{3-1}$$

式中: p 为裂缝中心处的库水压力,MPa; σ_p 为裂缝边界上的总应力,MPa; σ_t 为沥青混凝土的极限抗拉强度,MPa。

若不计沥青混凝土的极限抗拉强度,而将其作为安全储备,只要该裂缝处的库水压力大于该点的总应力,该裂缝就会进一步扩展,直至裂缝贯穿整个防渗体失去防渗功能。

第4章　深厚覆盖层基础处理

4.1　深厚覆盖层的特点

深厚覆盖层是指堆积于河谷之中、厚度大于30 m的第四纪松散堆积物(根据勘查资料,我国主要河流河床覆盖层厚度一般为数十米至百余米,局部地段达数百米),在西部地区,河谷深切和上覆深厚覆盖层现象较为显著,如大渡河支流南桠河冶勒水电站坝址区覆盖层厚度达420 m,新疆下坂地水库坝址区河床覆盖层厚150 m。一般来说,深厚覆盖层结构松散,岩层不连续,岩性在水平和垂直两个方向上变化较大且成因复杂,物理力学性质呈现较大的不均匀性,是一种地质条件差且复杂的地基。河谷深厚覆盖层的存在,不仅严重影响和制约水利水电工程坝址的选择,还将给坝基防渗设计带来困难。深厚覆盖层坝基防渗一般多采用垂直防渗墙或倒挂井防渗措施。天山、昆仑山区域,大多数河流均存在深厚覆盖层问题,且大多是以冲积砂砾石层为主,个别工程还存在薄弱的黏土、粉土夹层。

深厚覆盖层坝基将给工程造成以下几方面的问题:

(1)坝基及坝体的变形协调问题;

(2)坝基及坝体的边坡稳定性问题;

(3)坝基的渗透稳定问题;

(4)坝基的地震稳定(含坝基液化)问题。

4.2　深厚覆盖层坝基防渗处理

坝址区河床深厚覆盖层的主要工程地质问题是:河床深厚覆盖层差异沉降、坝基渗漏、渗透变形、地震液化、强度及稳定问题等,覆盖层的物理力学特性对坝体和防渗墙应力变形性状的影响较大,覆盖层与防渗墙混凝土的刚度越接近,其变形协调性越好,防渗墙的应力状态越好。覆盖层地基处理首先应通过勘探和室内外试验,查明坝基覆盖层的分布情况及物理力学性质,分析承载力、变形特性和渗透稳定性,提供有限元计算参数,为基础处理设计提供可靠依据。与帷幕灌浆、高压旋喷等覆盖层基础处理措施相比,混凝土防渗墙适应各种地层的变形能力较强,防渗性能好。

国内外深厚覆盖层的渗流控制主要分为上游水平铺盖防渗和垂直防渗两种方法,或者是将两者相结合,其中坝基垂直防渗处理措施主要有3种:混凝土防渗墙、帷幕灌浆、混凝土防渗墙与帷幕灌浆相结合。

4.2.1　国外深覆盖层坝基防渗墙技术进展

混凝土防渗墙技术在 20 世纪 50 年代初期起源于欧洲。先后在意大利、法国、墨西哥、加拿大、日本等国应用,1951~1952 年在巴舍斯坝的导流围堰修建了世界上第一座连锁桩柱型防渗墙。1959 年日本建成了中部电力田雉坝防渗工程。从 20 世纪 60 年代开始,混凝土防渗墙在世界坝工上得到迅速发展。据不完全统计,仅 20 世纪 60 年代世界上建成的混凝土防渗墙就达 30 多座,其中墙深大于 50 m 的有 9 座,分别是 1953 年建成的瑞士卡斯提勒托心墙土坝,坝高 90 m,覆盖层大于 100 m,防渗墙最大墙深 52 m,墙厚 2 m,成墙面积 17 700 m^2;法国的维尔尼土坝覆盖层厚 75 m,混凝土防渗墙最大墙深 50 m,墙厚 1.2 m;1960 年建成的意大利佐科罗斜墙土石坝,坝高 66.5 m,覆盖层厚 100 m,混凝土防渗墙最大墙深 55 m,墙厚 0.6 m,成墙面积 33 100 m^2;1963 年建成的哥伦比亚加塔维塔斜心墙坝,坝高 54 m,覆盖层厚 92 m,混凝土防渗墙最大墙深 78.6 m,墙厚 0.8 m;1964 年建成的加拿大马尼克 5 号土石围堰,坝高 72 m,覆盖层厚 76 m,混凝土防渗墙最大墙深 77 m,墙厚 0.61 m,成墙面积 2 760 m^2;1964 年还建成了哥伦比亚赛斯基勒心墙堆石坝,坝高 52 m,覆盖层厚 100 m,混凝土防渗墙最大墙深 76 m,墙厚 0.55 m;1964 年建成的阿勒克尼堆石坝,坝高 51 m,覆盖层厚 55 m,混凝土防渗墙最大墙深 56 m,墙厚 0.76 m,成墙面积 10 700 m^2;1965 年建成的加拿大阿罗坝土石围堰,坝高 35 m,覆盖层厚 51 m,混凝土防渗墙最大墙深 52 m,墙厚 0.75 m;1966 年建成的墨西哥马莱罗斯心墙土坝,坝高 60 m,覆盖层厚 80 m,混凝土防渗墙最大墙深 91.4 m,墙厚 0.61 m,成墙面积 15 160 m^2。1970~2000 年,据不完全统计,坝基防渗墙墙深超过 100 m 的有 4 座,分别为 1975 年建成的加拿大马尼克 3 号主坝(心墙土石坝),坝高 107 m,覆盖层厚 130.4 m,防渗墙最大墙深 131 m,墙厚 0.61 m,成墙面积 20 740 m^2;1972 年建成的土耳其凯版心墙土石坝,坝高 207 m,防渗墙最大墙深 100.6 m,墙厚 1.5 m,成墙面积 16 900 m^2;1987 年建成的美国纳沃霍土坝,坝高 110 m,防渗墙最大墙深 110 m,墙厚 1 m,成墙面积 1 100 m^2;1990 年建成的美国穆德山土石坝,坝高 128 m,防渗墙最大墙深 122.5 m,墙厚 0.85 m,成墙面积 1 100 m^2。

4.2.2　国内深覆盖层坝基防渗墙技术进展

我国的坝基混凝土防渗墙建设始于 20 世纪 50 年代末期,1959 年建成了密云水库坝基防渗墙,最大墙深 44 m,墙厚 0.8 m,成墙面积 1.9 万 m^2。结合密云水库建设混凝土防渗墙的经验,1963 年水利电力部水电建设总局编制颁发了我国首部防渗墙技术规范《水工建筑物砂砾石基础槽孔混凝土防渗墙工程施工技术规范》,进一步推动了混凝土防渗墙技术的发展。1967 年建成了四川龚嘴水电站大型土石围堰的防渗墙,防渗墙最大深度为 52 m,墙厚 0.8 m,成墙面积 12 382 m^2,20 世纪 70 年代混凝土防渗墙被广泛应用于大坝除险加固工程中,其中江西柘林水电站大坝防渗墙最大墙深 65.2 m,墙厚 0.8 m,成墙面积达 30 000 m^2;1977 年建成的甘肃碧口水电站大坝坝基采用 2 道防渗墙防渗,最大墙深分别为 41 m 和 65.5 m,总面积达 11 955 m^2,其上游墙厚 1.3 m,是当时国内厚度最大的防渗墙。

20 世纪 80 年代,我国建成了 20 多座混凝土防渗墙,其中最为典型的工程是葛洲坝水利枢纽和四川铜街子水电站,葛洲坝水利枢纽大江围堰采用混凝土防渗墙作为防渗设施,防渗墙最大深度 47.3 m,厚 0.8 m,成墙面积 7 442.1 m²;四川铜街子水电站左深防溜墙,最大墙深 74 m,主墙厚 1 m。大江围堰的防渗墙成墙规模在 80 年代是最大的,施工中首次引进了日本液压导板抓斗挖槽,首次进行了拔管法施工防渗墙接头的试验,并取得成功。铜街子水电站防渗墙的深度在当时创国内纪录。

20 世纪 90 年代,我国建成的混凝土防渗墙工程约 40 多座,进入了飞速发展期,同时在这一时期开始对塑性混凝土防渗墙进行研究,1992 年首次在山西册田水库南副坝除险加固工程中成功应用于水利水电永久性工程,为我国土石坝工程应用混凝土防渗墙奠定了良好的基础。1997 年在四川冶勒水电站成功完成了当时最深的混凝土防渗墙试验施工,该工程于 2005 年建成,防渗墙深 140 m 加帷幕深 60 m,其中防渗墙分两段施工,中间通过防渗墙施工廊道连接,其中工程廊道内施工的防渗墙最大设计深度 78 m,墙厚 1 m,施工廊道为城门洞形,断面尺寸为 6 m×6.5 m。该工程创造了当时水泥混凝土防渗墙施工的最深纪录。20 世纪 90 年代至今,我国的水泥混凝土防渗墙技术有了新的突破,出现了大渡河瀑布沟水电站、新疆下坂地水利枢纽工程、黄金坪、直孔水电站、狮子坪等一大批防渗墙深度大于 70 m 的项目。2014 年 10 月 27 日水利部发布了《水利水电工程混凝土防渗墙施工技术规范》(SL 174—2014)。

我国在深厚覆盖层上修建大坝有很多成功的经验和失败的教训,已建成的小浪底斜心墙坝,采用混凝土防渗墙与水平铺盖相结合的防渗形式,为深覆盖层上修建既厚又深的混凝土防渗墙,积累了宝贵的经验。四川冶勒水电站,建设于高震区、超过 400 m 的深厚不均匀覆盖层上,采用混凝土防渗墙接帷幕灌浆联合防渗,防渗深度居世界之首。据不完全统计,我国深度超过 40 m 的防渗墙已有 100 道左右。国内部分深厚覆盖层上土石坝基础处理措施见表 4-1。随着坝高的不断提升,如何解决深厚覆盖层高土石坝水泥混凝土防渗墙应力过大将成为今后坝基处理的关键研究问题。

4.2.3　新疆深覆盖层坝基防渗墙技术进展

新疆在深覆盖层上建坝的实例也很多,1982 年建成的柯柯亚水库是我国第一座建在深厚覆盖层上的面板砂砾石坝,混凝土防渗墙最大深度达 37.5 m,2001 年建成的坎儿其水库是我国第一座建在深覆盖层上的沥青混凝土心墙砂砾石坝,槽孔混凝土防渗墙最大深度达 40 m。2010 年建成的下坂地水利枢纽的最大覆盖层深度为 150 m,混凝土防渗墙最大深度 85 m,墙下帷幕灌浆最大深度 66 m。阿尔塔什混凝土面板砂砾石坝的最大覆盖层深度为 93 m,混凝土防渗墙最深达 100 m,是目前国内土石坝坝基中比较深的防渗墙。据不完全统计,新疆也有多座工程坐落在深厚覆盖层上(见表 4-2)。这些工程的成功建设经验,为新疆的深覆盖层坝基防渗墙技术提供了有力的技术保障。

表 4-1 国内部分深厚覆盖层上土石坝基础处理措施统计

序号	工程名称	建成年份	坝型	坝高/m	覆盖层最大厚度/m	覆盖层土质类型	基础防渗形式	防渗墙厚度/cm
1	密云	1960	土斜墙堆石	66.0	44.0	砂砾石	防渗墙 44 m	80
2	南谷洞	1969	土斜墙堆石	73.5	53.3	砂卵砾石	防渗墙 53.3 m	80
3	十三陵	1970	土斜墙堆石	29.0	60.0	砂砾石、黏土	防渗墙 60 m	80
4	碧口	1973	土心墙堆石	101.0	65.5	砂砾石、黏土	防渗墙 65.5 m	80
5	小浪底	2001	土心墙堆石	154.0	80.0	砂石互层	防渗墙 82 m+水平铺盖	120
6	跷碛	2006	土心墙堆石	125.5	72.0	砂砾石	防渗墙 70.5 m	120
7	瀑布沟	2009	土心墙堆石	186.0	75.0	砂砾石	防渗墙 70 m	120
8	泸定	2012	土心墙堆石	85.5	148.0	砂砾石	防渗墙 110 m+帷幕灌浆	100
9	狮子坪	2010	砾质土心墙堆石	136.0	110.0	砂砾石、砂、壤土	防渗墙 90 m	120
10	长河坝	2018	砾质土心墙堆石	240.0	70.0	漂石、砾石夹砂	防渗墙 50 m	120~140
11	仁宗海	2008	面板堆石	56.0	150.0	砂砾石及淤泥质土	防渗墙 80.5 m	100
12	九甸峡	2011	面板堆石	136.5	65.0	砂卵砾石	防渗墙 30 m	1.0
13	斜卡	2020	面板堆石	108.5	100.0	砂砾石+粉细砂	防渗墙 82 m	120
14	茅坪溪	1998	沥青心墙堆石	104.0	45.0	花岗岩强风化	防渗墙 45 m	80
15	龙头石	2007	沥青心墙堆石	72.5	70.0	砂砾石	防渗墙 70 m	80
16	冶勒	2005	沥青心墙堆石	124.5	420.0	砂砾石粉质壤土夹层	防渗墙 140 m+帷幕灌浆 60 m	100~120
17	旁多	2013	沥青心墙堆石	72.3	400.0	冰积砂砾石	防渗墙 158 m+帷幕灌浆	100
18	黄金坪	2016	沥青心墙堆石	95.5	130.0	砂砾石	防渗墙 101 m	100

表 4-2　新疆深厚覆盖层上建坝工程建设统计

序号	工程名称	坝型	建成年份	坝高/m	覆盖层最大厚度/m	坝基土质类型	坝基防渗形式	防渗墙厚度/cm
1	白杨河	土心墙	2014	78.0	48.0	砂砾石	防渗墙 48 m+帷幕灌浆 54 m	80
2	柯柯亚	混凝土面板	1982	41.5	37.5	冲积砂砾层	防渗墙 37.5 m	80
3	察汗乌苏	混凝土面板	2007	110.0	47.0	漂石,砂卵砾石,中粗砂	防渗墙 41.8 m+帷幕灌浆	120
4	吉音	混凝土面板	2018	124.5	30.0	含漂石的砂砾石	防渗墙+帷幕灌浆 50 m	80
5	阿尔塔什	混凝土面板	2019	161.0	100.0	砂砾石	防渗墙 100 m+帷幕灌浆 70 m	120
6	依扎克	混凝土面板	拟建	163.6	75.0	砂砾石	防渗墙 67 m+帷幕灌浆 100 m	80
7	牧儿其	沥青心墙	2001	51.3	40.0	砂卵砾石	防渗墙 40 m	80
8	下坂地	沥青心墙	2010	78.0	150.0	冰积,漂砾石,砂层	防渗墙 85 m+帷幕灌浆 65 m	100
9	米兰河山口	沥青心墙	2016	83.0	45.0	砂砾砾石	防渗墙 40 m+帷幕灌浆	60
10	阿克肖	沥青心墙	2016	78.0	80.0	砂卵砾石	防渗墙	80
11	二塘沟	沥青心墙	2017	64.8	65.0	含漂砾的砂砾石	防渗墙+帷幕灌浆	100
12	38团石门	沥青心墙	2017	81.5	114.0	漂砾石,冰积砂卵砾石	防渗墙+帷幕灌浆	100
13	哈德布特	沥青心墙	2017	43.5	31.0	含漂石的砂卵砾石	防渗墙 31 m	80
14	大河沿	沥青心墙	2019	75.0	186.0	砂砾石	防渗墙 186 m+帷幕灌浆	100
15	托帕	沥青心墙	2021	61.5	110.0	冲积砂砾石	防渗墙	100
16	吉尔格勒德	沥青心墙	2021	101.5	40.0	砂卵砾石	防渗墙 40 m+帷幕灌浆	100
17	库尔干	沥青心墙	在建	82.0	78.0	冲积砂砾石	防渗墙+帷幕灌浆	80
18	乔诺	沥青心墙	拟建	61.2	120.0	冲积砂卵砾石	防渗墙	100
19	奥依阿额孜	沥青心墙	拟建	103.0	200.0	冲积砂砾石	防渗墙 80 m+帷幕灌浆	80

4.3　坝基深厚覆盖层勘察

在新疆的山区水利水电工程建设中,在西昆仑山区、吐鲁番地区等部分断陷盆地普遍存在河床深厚覆盖层问题,如下坂地水库坝基覆盖层最深达 150 m、阿尔塔什水库坝基覆盖层达 100 m、大河沿水库坝基覆盖层达 186 m 等。以这些典型工程为例,对新疆深厚覆盖层的勘察评价做简要介绍。

4.3.1　查明覆盖层最大厚度、结构、层次、河谷形态

据河床钻孔揭露和物探测试成果,坝址区河床基岩面总体由左侧向右侧倾斜,覆盖层厚度由左侧向右侧增加,一般厚 20~78 m,河床深槽位于河床右侧,深槽部位覆盖层厚 78~100 m,槽底宽 20~60 m,目前钻孔揭露的最大厚度为 93.9 m,属深厚覆盖层。深槽形态在横剖面上变化较大,呈左缓右陡不对称的"深槽型"。

根据覆盖层颗粒组成、胶结程度、物理力学性质和工程特性的差异,河床覆盖层总体划分为两大层:上层为全新统冲积含漂石砂卵砾石层(Q^*),定为Ⅰ岩组;下层为中、上更新统冲积砂卵砾石层(Q),定为Ⅱ岩组。其分界面以河床普遍分布的一层似砾岩的砂卵砾石胶结层为标志。

(1)Ⅰ岩组:分布于现代河床覆盖层上部,厚 4.7~17.0 m,组成物以漂石、卵砾石为主,局部夹砂层透镜体。漂卵砾石成分以花岗岩、花岗片麻岩、凝灰砂岩、石英岩、灰岩及白云质灰岩等硬质岩为主,磨圆度较好,分析其原因,从物源区搬运沉积下来的卵石、漂石、砾石,大多经历了较长流程的冲刷、磨蚀,软质岩石成分的粗大颗粒绝大部分都难以堆积下来。该层骨架颗粒呈交错排列,大部分接触,从开挖断面上取出大颗粒,能保持颗粒凹面形状,开挖坑壁可保持稳定,坍塌现象少见。

(2)Ⅱ岩组:分布于现代河床覆盖层下部,组成物以砂卵砾石为主,夹多层缺细粒充填的卵砾石层(架空层),底部夹杂崩坡积块石和孤石,厚 36~93 m,成分以花岗岩、花岗片麻岩、凝灰砂岩、石英岩、灰岩及白云质灰岩等硬质岩为主,磨圆度较差。该层在堆积过程中经历过较长时间的超固结压密作用,剖面上局部形成薄层钙质胶结层。据钻孔揭露及物探测试,该层大多具弱—微胶结,纵波波速为 2 800 m/s,剪切波速为 600~1 200 m/s,其顶板部分胶结较好,似砾岩,在平面上连续分布,胶结层的厚度为 0.4~0.6 m,物探测试其纵波波速为 2 690~3 846 m/s;另外,该层夹有多层缺细粒充填的卵砾石层(架空层),组成物主要为粒径 2~5 cm 的卵砾石,基本无细粒充填,钻进中遇该层钻孔出不返浆现象,该层厚 0.15~1.2 m 不等。

4.3.2　查明坝基覆盖层的主要物理力学性质

下坂地勘测试验资料表明该工程的坝基可分为两组,Ⅰ岩组天然干密度为 2.21~2.26 g/cm³,平均干密度为 2.24 g/cm³;相对密度为 0.74~0.89,平均相对密度为 0.83;饱和状态下抗剪强度内摩擦角为 40°~42.5°,平均为 41.2°,咬合力为 16.0~52.0 kPa,平均为 28.0 kPa;渗透系数为 $1×10^{-3}$~$7.8×10^{-3}$ cm/s,平均为 $3.7×10^{-3}$ cm/s;现场大型载荷试

验,Ⅰ岩组砂卵砾石层表部在 4 MPa 压力下仍没有发生破坏,变形模量为 39.44～65.94 MPa,沉降量为 9.28～36.43 mm,在 4 MPa 压力下压缩系数为 0.002 88～0.005 21 MPa^{-1},压缩模量为 230.22～308.09 MPa,旁压模量为 16.27～122.36 MPa,平均值为 637.23 MPa;计算的变形模量为 81.36～437.36 MPa,平均值为 263.2 MPa,反映出Ⅰ岩组河床冲积砂砾石层属低压缩性土,具有较高的承载能力。

Ⅱ岩组对砂砾石和架空层分别取样进行了室内试验,其中砂砾石二组样取自竖井,架空层样主要取自钻孔岩芯,砂砾石力学试验控制密度为天然干密度;架空层分别按最松密度和最紧密度控制。Ⅱ岩组具弱—微胶结,天然干密度为 2.22～2.26 g/cm^3,相对密度为 0.84～0.92:饱和状态下抗剪强度内摩擦角为 41.5°～42.0°,咬合力为 14.0 kPa;渗透系数为 2.8×10^{-2}～3.5×10^{-2} cm/s;架空层最小控制干密度下强度内摩擦角为 37.5°～38.0°,咬合力为 10.0～14.0 kPa;渗透系数为 1.0×10^{-1}～9.0×10^{-1} cm/s,平均为 1.84×10^{-1} cm/s;架空层最大控制干密度下的抗剪强度内摩擦角为 38.0°～40.5°,咬合力为 8.0～14.0 kPa;渗透系数为 2.6×10^{-2}～9.9×10^{-2} cm/s,平均值为 5.88×10^{-2} cm/s。Ⅱ岩组砂卵砾石层在 4 MPa 压力下压缩系数为 0.003 4～0.004 0 MPa^{-1},压缩模量为 307.25～363.85 MPa,属低压缩性土。Ⅱ岩组砂砾石层旁压模量为 50.12～248.81 MPa 范围内,平均值为 124.04 MPa;计算的变形模量为 203.68～541.4 MPa,平均值为 339.88 MPa;Ⅱ岩组砂砾石层(架空层)压缩模量为 9.16～29.42 MPa 范围内,平均值为 17.9 MPa;计算的变形模量为 82～142.09 MPa,平均值为 82.85 MPa。

4.3.3 深厚覆盖层坝基的主要工程地质问题评价

4.3.3.1 不均匀沉降问题

现场载荷试验、钻孔旁压试验、室内大型压缩、土工等试验成果及物探测试成果分析,坝基砂卵砾石层局部分布有厚度不大的砂层透镜体,覆盖层结构总体上较均一,其上部的干密度平均值为 2.24 g/cm^3,相对密度平均值为 0.85,呈密实状态。地震波纵波速度可达 2 400～3 000 m/s,坝基覆盖层具结构紧密、承载力高、抗变形能力强、压缩性低、透水性强的特点,地层总体较均匀,无连续砂层分布,不存在大的不均匀沉陷问题,地基的压缩变形可能为局部的、瞬时的,随着施工期的结束,微弱沉降即可基本完成,对建成后的坝体影响不大,故修建土石坝是完全可行的。

4.3.3.2 渗透及渗透稳定问题

河床砂卵砾石层颗粒粗大,渗透系数可达 2.93×10^{-2} cm/s,属强透水层。其可能的渗透变形破坏形式主要为管涌型,抗渗稳定性差,其允许抗渗比降仅为 0.1～0.15,水库蓄水后,在水头差作用下,存在渗透和渗透稳定问题,故需采取防渗处理措施。

按《水利水电工程地质勘察规范》(GB 50487—2008)的方法判别,河床砂砾石层的渗透变形破坏形式主要为管涌型。

4.3.3.3 地基砂土振动液化问题

目前部分钻孔揭露河砂砾卵石层中有中砂层分布,厚度一般为 0.3～0.5 m,砂层均呈零星的透镜状或鸡窝状分布,水平延伸长度不大。由于砂层成层性很差,包裹在透水性很好的砂砾石中,孔隙水压力很容易消散,不存在振动液化的条件,而且埋藏深度大于 15

m,所以无液化可能。

根据颗分资料,河床砂卵砾石层中粒径大于 5 mm 颗粒含量的质量百分率大于 70%,相对密度为 0.80~0.85,根据《水利水电工程地质勘察规范》(GB 50487—2008)的判别标准,河床砂卵砾石层在 8 度地震条件下不存在液化可能。另外,河床砂卵砾石层属强透水层,地震作用下不容易形成孔隙水压力上升,不利于产生地震液化。

通过深厚覆盖层的专题勘察研究可以看出,对深厚覆盖层第一是要高度重视,针对深厚覆盖层开展专题研究,对每一阶段取得的研究成果都进行专家评审;第二要采用多种手段进行研究,如钻孔、竖井、物探、试验等。钻孔又包括清水钻孔、植物胶钻孔、水文地质钻孔、原位测试钻孔等;物探又包括电法、地震反射法、地震折射法、面波法、孔间 CT 对穿等;试验包括原位试验和室内试验。原位试验又包括原位载荷试验、超重型动力触探、旁压试验等。虽然其深埋于地下,但基本做到对其情况了然于胸。覆盖层中无不良性质土夹层,可以作为当地材料坝坝基,其最大深度达 100 m 左右,目前的防渗墙施工水平完全可以解决,不存在施工制约问题。

4.4 大河沿坝基防渗设计概要

大河沿水库总库容 3 024 万 m³,最大设计坝高 75.0 m,工程规模为Ⅲ等中型工程,大坝为二级建筑物,其他主要建筑物为三级,设计洪水标准为 50 年一遇,校核洪水标准为 100 年一遇,主要由挡水大坝、溢洪道、泄洪冲砂放空洞兼导流洞及灌溉洞组成,是一座具有城镇供水、农业灌溉和重点工业供水任务的综合性水利枢纽工程。

大河沿水库坝址处河床堆积深厚的含漂石砂卵砾石层,厚度达 84~174 m,成分复杂,层理间夹泥质、砂质壤土条带,渗透系数多为 $1.2 \times 10^{-3} \sim 8.7 \times 10^{-2}$ cm/s,属中等—强透水层。

大坝为沥青混凝土心墙砂砾石坝,防浪墙顶高程 1 620.5 m,坝顶高程 1 619.3 m,坝顶长 500.0 m,坝顶宽 10.0 m,设有 L 形钢筋混凝土防浪墙,墙高 3.2 m,高出坝顶路面 1.2 m,防浪墙沿坝轴线每 6.0 m 设一道伸缩缝,缝间设置橡胶止水带止水。

上游坝坡 1:2.2,下游坝坡为 1:2.0。坝体分为上游围堰区、砂砾坝壳料区、过渡料区、沥青混凝土心墙、排水棱体。

沥青混凝土心墙为垂直式心墙,1 590.0 m 高程以下厚 0.8 m,1 590.0 m 高程以上则为 0.6 m。上游坝坡采用 250 mm 厚的现浇 C25 混凝土板护坡,下游坝坡采用 200 mm 厚混凝土网格梁护坡。

由于河床中砂卵石覆盖层很厚,设置 1.2 m 厚的混凝土防渗墙进行防渗处理。混凝土防渗墙采用槽孔成墙,防渗深度直达基岩下 1.0 m 深度。混凝土基座上游设 1 排固结灌浆孔,下游设 3 排固结灌浆,孔距 2 m,排距 2 m。混凝土防渗墙在与基座接触处凿除质量较差的 1 m 后,现浇 1 m 高、3 m 宽的混凝土墙。

左右岸Ⅱ、Ⅲ级阶地及坝肩:左右岸Ⅱ、Ⅲ级阶地覆盖层为厚 0~57 m 的含泥、含漂石砂卵砾石冲积层(Q_3^{al})和砂卵砾石夹漂石冲积堆积层(Q_2^{al}),砂砾石段心墙混凝土基座下接混凝土防渗墙和帷幕灌浆。防渗墙深入基岩 1 m,帷幕灌浆深至 5 Lu 线以下 5 m,防渗墙上游设 1 排固结灌浆孔,下游设 3 排固结灌浆孔,孔距 2 m,排距 2 m,基岩段,心墙基座下设置帷幕灌浆。

右岸覆盖层基座下设置混凝土防渗墙+帷幕灌浆。帷幕灌浆采用单排,孔距 2.0 m,灌浆深度至弱透水层 5 Lu 线以下 5 m,左、右岸坝头正常蓄水位与 5 Lu 线封闭。

大坝防渗以 5 Lu 线进行控制,防渗总长度为 711.0 m,采用防渗墙+帷幕灌浆处理时,防渗墙施工完成后再进行帷幕灌浆。

4.4.1　混凝土防渗墙设计

4.4.1.1　防渗墙混凝土强度等级

本工程根据混凝土防渗墙允许水力坡降确定防渗墙厚度为 1.0 m,混凝土防渗墙强度设计值采用 C30 混凝土,抗渗等级 W10,且 $R_{180} \geqslant 35$ MPa,入槽坍落度 18~22 cm。孔位中心允许偏差不大于 3 cm,孔斜率不大于 0.4%,遇有含孤石、漂石的地层及基岩面倾斜度较大等特殊情况时,其孔斜率应控制在 0.6%以内;一、二期槽孔接头采用拔管法工艺,保证接头连接质量及有效墙厚。防渗墙施工质量合格标准按渗透系数 $\leqslant 3 \times 10^{-7}$ cm/s 控制(或小于 1 Lu)。

4.4.1.2　混凝土防渗墙厚度设计

防渗墙厚度主要由防渗要求、抗渗耐久性、容许水力梯度等因素确定,还要考虑墙厚和墙体应力的关系。

1. 防渗要求

为确定一个合理的防渗墙厚度,初拟 0.8 m、1.0 m、1.2 m 3 种不同墙厚进行渗流分析计算。经计算,0.8 m、1.0 m、1.2 m 三种厚度的防渗墙均可满足水库对渗漏量的控制和材料允许渗透坡降要求。从防渗要求上来讲,0.8 m 甚至更薄的混凝土防渗墙即可满足要求。

2. 耐久性

防渗墙使用年限估算以梯比利斯研究所公式应用较多。渗水通过防渗墙混凝土使石灰淋蚀而散失强度 50%所需的时间 T(年)为:

$$T = \frac{acb}{k\beta J} \tag{4-1}$$

式中:a 为淋蚀混凝土中的石灰,使混凝土的强度降低所需的渗水量,m^3/kg,根据苏联学者 B. M. 莫斯克的研究,$a = 1.54$ m^3/kg,按柳什尔的资料,$a = 2.2$ m^3/kg;b 为防渗墙厚度,m;c 为 1 m^3 混凝土中的水泥用量 kg/m^3,根据初定的配合比取 350 kg/m^3;k 为防渗墙渗透系数,m/a,取 0.009 46 m/a;J 为渗透比降,一般混凝土防渗墙为 80~100,取 80;β 为安全系数,根据《水工设计手册 第六卷 土石坝》(第 2 版),建筑物为二级、非大块混凝土结构(厚度小于 2 m)时取 16。

根据防渗墙使用年限估算公式反算防渗墙厚度,防渗墙使用年限与大坝一致,根据《水利水电工程合理使用年限及耐久性设计规范》(SL 654—2014),本工程为Ⅲ等中型工程,合理使用年限为 50 年。通过计算,$a = 1.54$ m^3/kg 时防渗墙厚度 $b = 1.12$ m;$a = 2.2$ m^3/kg 时防渗墙厚度 $b = 0.79$ m。从耐久性要求来讲,混凝土厚度不宜小于 0.79 m。

3. 容许水力梯度

防渗墙在渗透作用下,其耐久性取决于机械力侵蚀和化学溶蚀作用,因为这两种侵蚀破坏作用都与水力梯度密切相关。目前,防渗墙厚度主要依据其容许水力梯度、工程类比和施工设备确定,即:

$$\delta = \frac{H}{J_P} \tag{4-2}$$

式中:δ 为防渗墙厚度,m;H 为最大运行水头,m;J_P 为防渗墙容许水力坡降,刚性混凝土防渗墙可达 80~100,塑性混凝土防渗墙多采用 50~60,国内黄河小浪底工程混凝土防渗墙设计容许水力坡降取 92,新疆下坂地坝基混凝土防渗墙设计容许水力坡降取 80。

大河沿混凝土防渗墙的厚度,参照下坂地工程,防渗墙允许渗透坡降取 80,选用 1 m 厚混凝土防渗墙进行防渗处理,比西藏旁多水利枢纽坝高 72.3 m,混凝土防渗墙最大墙深 158 m。因此,大河沿防渗墙厚度取 1.0 m 比较合理。

4.4.1.3　混凝土防渗墙墙体材料及墙厚对应力的影响

1. 墙体材料对应力的影响

为了解防渗墙墙体的弹性模量对其应力的影响,取墙厚为 1 m,墙体弹性模量分别为 30 GPa、28 GPa、25.5 GPa、10 GPa、1.0 GPa 及 0.5 GPa,利用平面有限元方法进行了坝基防渗墙应力分析。墙体弹性模量与应力的关系平面有限元计算成果见表 4-3。

表 4-3　墙体弹性模量与应力的关系平面有限元计算成果

墙体弹性模量/GPa	竣工期		蓄水期	
	最大压应力/MPa	最大拉应力/MPa	最大压应力/MPa	最大拉应力/MPa
30	28.4	无	17.8	无
28	27.8	无	17.6	无
25.5	27.5	无	16.6	无
10	23.3	无	15.6	无
1.0	10.1	无	8.89	无
0.5	6.83	无	6.10	无

根据平面有限元计算结果,混凝土防渗墙弹性模量从 25.5 GPa 提高至 30 GPa,竣工期的最大压应力变化范围在 27.5~28.4 MPa,蓄水期的最大压应力变化范围在 16.6~17.8 MPa,表明墙体应力在常规混凝土 C30 的抗压强度范围内。考虑到混凝土强度随龄期会有一定增长,防渗墙墙体混凝土设计指标采用 C30 混凝土,抗渗等级 W10,且 $R_{180} \geq$ 35 MPa,混凝土弹性模量为 28 GPa。

2. 混凝土防渗墙墙体厚度对应力的影响

为研究防渗墙厚度对墙体应力的影响,取防渗墙弹性模量 25.5 GPa,墙厚分别取 1.2 m、1.0 m、0.8 m、0.6 m 进行二维有限元分析,防渗墙厚度对应力的影响见表 4-4。

表 4-4　防渗墙厚度对应力的影响

防渗墙厚度/ m	竣工期		蓄水期	
	最大压应力/MPa	最大拉应力/MPa	最大压应力/MPa	最大拉应力/MPa
1.2	26.7	无	16.8	无
1.0	27.8	无	17.6	无
0.8	31.1	无	21.9	无
0.6	34.2	无	23.6	无

计算成果表明,随防渗墙厚度的增大,防渗墙的最大应力逐渐减小。墙厚 1.0 m 时墙体的最大压应力为 27.8 MPa,从防渗墙受力角度看,采用常规混凝土、墙厚 1.0 m 满足受力要求。

4.4.1.4　防渗墙施工缺陷敏感性分析

对推荐方案沥青混凝土心墙+全防渗墙,进行施工缺陷敏感性分析计算,具体计算方案如下。

1. 防渗墙接头部位下部开叉分析

由于防渗墙较深,施工规范考虑防渗墙施工有一定的偏差,本次敏感性分析计算考虑防渗墙在 70 m 深度以下开始出现开叉,直至基岩,偏移百分比分别取 0.3%、0.5%、1%,即防渗墙在底部开叉距离分别为 0.48 m、0.8 m、1.6 m,各工况渗透流量成果见表 4-5。

表 4-5　防渗墙底部开叉各工况渗透流量计算成果

防渗结构	底部开叉长度/ m	渗透坡降	坝体总渗透流量/ (m^3/d)
沥青混凝土心墙+ 封闭式防渗墙	0.48	29.91	388.8
	0.8	23.53	1 572.48
	1.6	20.86	3 188.16

通过计算可知,开叉部位最大渗透坡降出现在上部最先开叉处,大于覆盖层的允许渗透坡降,因此防渗墙上部开叉部位可能会发生渗透破坏。

当防渗墙下部开叉偏移百分比为 1%、底部开叉长度达到 1.6 m 时,渗透流量为 3 188.16 m^3/d,与全封闭防渗墙工况相比有明显增大,因此在防渗墙施工过程中,要严格控制防渗墙下部的偏移百分比,保证施工质量。

2. 防渗墙裂缝渗漏分析

防渗墙在施工过程中,多种因素可能会导致局部施工缺陷,产生各种施工裂缝,为研究各种裂缝对大坝的渗透流影响,具体模拟如下:

(1)上部裂缝:宽度分别取 0.5 cm、1 cm、3 cm,长度分别取 4 m、8 m、12 m;

(2)中部裂缝(防渗墙深度约 70 m 处):宽度分别取 0.5 cm、1 cm、3 cm,长度分别取 4 m、8 m、12 m;

（3）底部裂缝：宽度分别取 0.5 cm、1 cm、3 cm。

实际计算时，取裂缝宽度为 1 m 等效模拟，对应材料渗透系数按相应比例缩小。各种裂缝渗漏量计算成果见表 4-6。

表 4-6　防渗墙施工裂缝各工况渗漏量计算成果

防渗结构	部位	裂缝宽度/ cm	裂缝长度/ m	渗透坡降	坝体总渗透流量/ （m³/d）
沥青混凝土心墙+ 封闭式防渗墙	上部裂缝	0.5	4	63.68	7.776
		0.5	8	63.55	13.824
		0.5	12	63.51	25.056
		1	4	62.33	14.688
		1	8	62.30	26.784
		1	12	62.21	32.832
		3	4	60.48	33.696
		3	8	60.45	66.528
		3	12	60.41	99.36
	中部裂缝	0.5	4	56.72	3.456
		0.5	8	56.66	10.368
		0.5	12	56.51	22.464
		1	4	55.32	13.824
		1	8	55.27	24.192
		1	12	55.20	30.24
		3	4	53.49	31.104
		3	8	53.37	64.8
		3	12	53.26	96.768
	底部裂缝	0.5	—	53.18	162.432
		1	—	52.16	411.264
		3	—	50.79	782.784

由表 4-6 计算结果可知，由于裂缝尺寸很小，在防渗墙上部和中部出现细小裂缝时，渗透流量很小；由于覆盖层下部渗透系数较大，当底部出现裂缝时，渗透流量会有一定增加，但变化幅度也较小。

裂缝处的渗透坡降近似等于周围防渗墙的渗透坡降，所以都大于覆盖层允许渗透坡降，因此局部可能发生渗透破坏，当裂缝尺寸很小时，局部破坏范围较小。

综上所述，当裂缝尺寸较小时，渗透流量可以满足要求。但在施工过程中，仍然要注意保证施工质量，尽量减少施工缺陷造成的局部开裂。因为随着混凝土防渗墙裂缝宽度的加大,可能发生渗透破坏的土体单元会增多,渗流量也会随之增加。施工过程中,由于深厚防渗墙施工技术难度大,各项施工参数需要现场确定,因此需要在施工之前进行深厚防渗墙施工试验,为正式防渗墙施工确定具体相关技术参数。

4.4.2 大坝静力稳定分析

4.4.2.1 坝坡稳定分析成果

对大河沿沥青混凝土心墙砂砾石坝进行坝坡稳定分析,得到以下成果:

(1)对于上游坝坡,正常运用条件坝坡稳定安全系数最小值出现在正常蓄水位稳定渗流期,其简化毕肖普法计算值为 1.539,大于规范规定的允许最小安全系数值,满足要求;非正常运用条件Ⅰ坝坡稳定安全系数最小值出现在正常蓄水位降至死水位时,其简化毕肖普法计算值为 1.463,大于规范规定的允许最小安全系数值,满足要求;非正常运用条件Ⅱ坝坡稳定安全系数最小值出现在正常蓄水位遇地震状况(峰值 $0.245g$),其简化毕肖普法计算值为 1.244,大于规范规定的允许最小安全系数值,满足要求。

(2)对于下游坝坡,由大河沿水库三维渗流分析研究可知,大河沿水库沥青心墙防渗效果明显。在正常蓄水位、校核洪水位等工况下,沥青心墙削减了大部分水头,下游浸润面也基本相同。故正常运用条件和非正常运用条件下Ⅰ坝坡稳定安全系数基本相同,其简化毕肖普法计算最小值为 1.476,大于规范规定的允许最小安全系数值,满足要求;非正常运用条件Ⅱ坝坡稳定安全系数最小值出现在设计地震工况(峰值 $0.245g$),其简化毕肖普法计算值为 1.182,大于规范规定的允许最小安全系数值,满足要求。

4.4.2.2 不同软件坝坡稳定计算成果对比分析

本次大河沿水库沥青混凝土心墙砂砾石坝坝坡稳定分别采用北京理正、STAB 和 SLOPE/W 等三种软件进行了分析计算,三种软件计算的坝坡稳定最小安全系数成果汇总见表4-7。

表 4-7 三种软件坝坡稳定计算成果汇总

运用条件	计算工况	北京理正		STAB		SLOPE/W		规范允许值
		上游坝坡	下游坝坡	上游坝坡	下游坝坡	上游坝坡	下游坝坡	
正常运用	正常蓄水位稳定渗流期	1.964	1.672	1.602	1.486	1.539	1.481	1.35
非正常运用条件Ⅰ	施工完工	—	—	1.516	1.458	1.491	1.476	1.25
	校核洪水位稳定渗流期	1.677	1.650	1.588	1.456	1.523	1.476	
	正常蓄水位降至死水位	1.580	—	1.487	—	1.463	—	
非正常运用条件Ⅱ	正常蓄水位遇地震(峰值 $0.178g$)	—	—	1.263	1.248	1.283	1.262	1.15
	正常蓄水位遇地震(峰值 $0.245g$)	1.540	1.442	1.202	1.190	1.244	1.182	

注:采用北京理正软件计算时,地震工况地震加速度值为 $0.2g$(Ⅷ度设防)。

从以上三种软件计算成果来看,在各种计算工况下,不同分析软件计算出来的坝坡稳定最小安全系数均大于规范允许值,坝坡稳定满足要求。

通过比较可以看出,北京理正边坡稳定分析软件计算成果最大,STAB 和 SLOPE/W 两款软件计算的最小稳定安全系数比较接近,二者成果比较合理。而 SLOPE/W 计算成果是河海大学在对大河沿水库大坝进行渗流稳定及静、动力三维有限元分析专题基础上得出的成果,与大坝实际情况更为接近,因此本次坝坡稳定分析推荐采用 SLOPE/W 软件计算成果。

4.4.3 大坝沉降计算

根据《碾压式土石坝设计规范》(SL 274—2001)中非黏性土坝体和坝基的最终沉降量计算公式,采用分层总和法计算,计算简图如图 4-1 所示:

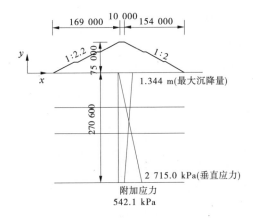

图 4-1 坝体沉降计算简图

$$S_{\infty} = \sum_{i=1}^{n} \frac{P_i}{E_i} h_i \tag{4-3}$$

式中:S_{∞} 为坝体或坝基的最终沉降量;P_i 为第 i 层计算土层由坝体荷载产生的垂直应力;E_i 为第 i 层计算土层的变形模量。

经估算,坝体和坝基最大沉降量为 1.344 m。

根据河海大学三维静、动力有限元分析,砂砾石坝壳最大沉降量为 597.29 mm(占最大坝高的 0.77%),坝基砂砾石覆盖层最大沉降量为 459.66 mm,坝体和坝基最大沉降量为 1.056 m。设计地震(地震动峰值加速度为 0.178g)影响下,坝体附加沉陷量为 510.13 mm,占最大坝高的 0.66%;校核地震(地震动峰值加速度为 0.245g)影响下,坝体附加沉陷量为 636.57 mm,占最大坝高的 0.82%。各工况下,坝体沉降量均未超过坝高的 1%,考虑到施工期坝体自身沉降基本完成,坝顶竣工后的预留沉降超高取 0.8 m。

从计算成果来看,顺河向、坝轴线方向、垂直向的正负最大动位移值较为接近,坝体各部分变形均匀,因此地震时基本不会出现平行于坝轴线方向或者垂直于坝轴线方向的裂缝。对沥青混凝土心墙而言,在地震过程中,水压力总是小于心墙表面第一主应力,因此不会发生水力劈裂。

4.4.4　三维非线性静力有限元计算成果与分析

　　根据大河沿水库工程的实际情况和特点,建立沥青混凝土心墙砂砾石坝坝体和坝基的三维有限元模型,对竣工期和蓄水期进行坝体三维非线性静力有限元分析。根据施工进度,分14级模拟大坝填筑过程,分5级加载模拟水库水位逐渐上升的蓄水过程。研究大坝在竣工期和蓄水期的应力应变特性,主要包括坝壳砂砾料和沥青混凝土心墙等的变形和应力。

　　坝体和沥青心墙位移和应力的最大值、最小值等主要成果汇总如表4-8所示。

表4-8　三维静力计算分析结果汇总

项目			竣工期	正常蓄水位	校核洪水位
砂砾料坝壳位移/mm	顺河向水平位移	向上游	−281.77	−201.12	−197.53
		向下游	295.41	465.99	487.16
	坝轴线向水平位移	向左岸	91.91	108.32	110.79
		向右岸	−91.78	−115.30	−118.63
	垂直位移	向下	−564.73	−596.15	−597.29
砂砾料坝壳应力/kPa	第一主应力	压应力	1 974.99	1 768.22	1 778.81
	第二主应力	压应力	1 183.93	1 156.49	1 154.89
	第三主应力	压应力	919.02	1 010.32	997.98
心墙位移/mm	顺河向水平位移	向上游	−31.70	−1.01	−0.26
		向下游	15.23	328.87	357.64
	坝轴线向水平位移	向左岸	91.44	100.72	101.84
		向右岸	−91.02	−102.33	−103.54
	垂直位移	向下	−564.47	−552.87	−549.73
心墙应力/kPa	第一主应力	压应力	2 611.81	2 641.67	2 619.70
	第二主应力	压应力	2 030.56	2 056.06	2 036.26
	第三主应力	压应力	1 610.10	1 689.94	1 669.64
采用低弹模防渗墙时心墙位移/mm	顺河向水平位移	向上游	−32.45	−0.29	−0.26
		向下游	9.6	356.67	384.03
	坝轴线向水平位移	向左岸	100.98	113.28	114.42
		向右岸	−99.74	−111.53	−112.82
	垂直位移	向下	−720.02	−695.73	−692.405
采用低弹模防渗墙时心墙应力/kPa	第一主应力	压应力	1 704.83	2 014.72	2 024.69
	第二主应力	压应力	1 193.74	1 476.33	1 482.90
	第三主应力	压应力	1 035.20	1 286.63	1 287.46

4.4.4.1 坝壳砂砾料

从计算成果来看,坝体最大沉降都发生在河床中部靠近坝轴线的上游坝壳内,距坝顶约 1/2 坝高偏下处。竣工期,坝体的最大垂直位移(沉降)为-564.73 mm,约占最大坝高的 0.76%;顺河向指向上游的最大水平位移为-281.77 mm,指向下游的最大水平位移为295.41 mm;由于坝址区河谷较为对称,沿坝轴线方向指向左岸的最大水平位移为91.91 mm,指向右岸的最大水平位移为-91.78 mm,相差不大。正常蓄水期,坝体的最大垂直位移(沉降)为-596.15 mm,约占最大坝高的 0.80%,坝址区深厚覆盖层的存在,是坝体沉降量较大的主要原因;顺河向指向上游的最大水平位移为-201.12 mm,指向下游的最大水平位移为465.99 mm;沿坝轴线方向指向左岸的最大水平位移为108.32 mm,指向右岸的最大水平位移为-115.30 mm。校核洪水位时,坝体的最大垂直位移(沉降)为-597.29 mm,约占最大坝高的 0.80%,坝址区深厚覆盖层的存在,是坝体沉降量较大的主要原因;顺河向指向上游的最大水平位移为-197.53 mm,指向下游的最大水平位移为487.16 mm;沿坝轴线方向指向左岸的最大水平位移为110.79 mm,指向右岸的最大水平位移为-118.63 mm。

从坝体最大横剖面($Y=260$ m)的位移分布来看,竣工期,坝体顺河向位移基本呈对称分布。蓄水期,在水压力的作用下,坝体整体有向下游位移的趋势,对坝体顺河向水平位移影响较大:上游坝体向上游的位移减小,下游坝体向下游的位移增大。竣工期,坝体的最大第一主应力为 1 974.99 kPa,最大第二主应力为 1 183.93 kPa,最大第三主应力为919.02 kPa;正常蓄水位时,坝体的最大第一主应力为 1 768.22 kPa,最大第二主应力为 1 156.49 kPa,最大第三主应力为 1 010.32 kPa。校核洪水位时,坝体的最大第一主应力为 1 778.81 kPa,最大第二主应力为 1 154.89 kPa,最大第三主应力为 997.98 kPa。坝体最大应力均发生在坝体底部附近,越靠近坝轴线,第一主应力越大。蓄水期由于水压力的作用,上游砂砾石体在孔隙水压力的作用下单元应力小于竣工期的相应单元的应力,下游砂砾石体的单元应力大于相应单元的应力值,总体上应力的变化不大。坝体应力基本上按照坝高分布,且沿沥青心墙在上下游基本呈对称分布,表明坝体在目前荷载情况下是稳定的。

4.4.4.2 沥青混凝土心墙

沥青混凝土心墙是一种薄壁柔性结构,本身的变形主要取决于心墙在坝体中所受的约束条件,总是随坝体一起变形,对坝体变形影响较小,但对心墙两侧坝体应力分布有较大影响。

从计算结果可以看到,心墙的变形规律与坝轴线附近砂砾石坝体的变形规律一致,即心墙总是随着坝体一起协调变形。

竣工期,心墙最大第一主应力为 2 611.81 kPa,最大第二主应力为 2 030.56 kPa,最大第三主应力为 1 610.10 kPa。正常蓄水位时最大第一主应力为 2 641.67 kPa,最大第二主应力为 2 056.06 kPa,最大第三主应力为 1 689.94 kPa。校核洪水位时最大第一主应力为2 619.70 kPa,最大第二主应力为 2 036.26 kPa,最大第三主应力为 1 669.64 kPa。坝体最大主应力均发生在沥青混凝土心墙底部。在竣工期和蓄水期,沥青混凝土心墙基本上都处于受压状态,仅在左、右岸顶部出现小范围内的第三主应力为负值,其最大值为 478.43

kPa。一般沥青混凝土心墙的极限拉伸强度为 1.0~1.5 MPa,弯曲拉伸强度多为 2.0~3.0 MPa。因此,本工程的沥青混凝土心墙的拉应力不会影响其防渗性能,仍有较大安全储备。

采用低弹模防渗墙时,沥青混凝土心墙的位移与采用 C25 混凝土防渗墙时的心墙位移相比有所增大,顺河向位移和坝轴线向位移变化量较小,而垂直向位移变化量较大,但心墙的变形规律仍与坝轴线附近的砂砾石坝体的变形规律一致,即心墙总是随着坝体一起协调变形。此时沥青混凝土心墙的主应力均有所减小,心墙底部的应力集中现象有所减缓,表明采用低弹模的防渗墙有利于改善心墙的应力状态,对坝体的稳定有利。

由于沥青混凝土心墙的变形模量比坝壳低,因而在竣工期,坝体第一主应力拱效应较为明显;蓄水后,这种拱效应便逐渐减弱。工程设计中常以上游水压力与心墙垂直应力比值小于 1.0 作为不发生水力劈裂的控制标准,有时也用上游水压力与第一主应力的比值小于 1.0 来判定水力劈裂发生与否。本工程中,任意高程心墙的第一主应力、垂直正应力均大于相应水压力,因此不会发生水力劈裂。

4.4.4.3　基座及防渗墙变形

竣工期坝体防渗墙断面($X=-3.5$ m)和防渗墙上游覆盖层及坝壳断面($X=0$)的位移分布如图 4-2、图 4-3 所示。

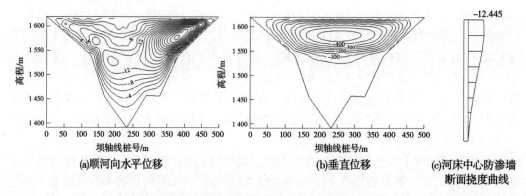

图 4-2　竣工期心墙与防渗墙断面位移分布　（单位:mm）

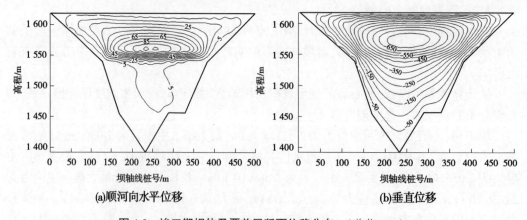

图 4-3　竣工期坝体及覆盖层断面位移分布　（单位:mm）

　　从计算结果可以看出,在坝体防渗墙断面上,由于采用刚性防渗墙,其弹性模量相对很大,因此防渗墙的垂直位移较小,垂直位移主要发生在心墙内。在竣工期,心墙与防渗墙顺河向位移指向下游,数值较小,防渗墙最大挠度发生在墙顶部位,为12.44 mm;垂直向位移最大值发生在心墙处,距坝基面约1/2坝高偏下位置;正常蓄水位期,防渗墙的顺河向位移明显增大,最大挠度发生在墙顶部位,为250.32 mm,指向下游,心墙的最大顺河向位移发生在坝基面以上约1/2坝高处,指向下游;校核洪水位期,防渗墙最大挠度为266.96 mm,指向下游,发生在墙顶部位。对于防渗墙上游侧覆盖层断面,覆盖层垂直向位移分布较为均匀。竣工期,覆盖层最大沉降发生在顶部,为375.34 mm;正常蓄水位期,覆盖层最大沉降发生在顶部,为387.418 mm;校核洪水位期,覆盖层最大沉降发生在顶部,为387.62 mm。

　　由于混凝土防渗墙与覆盖层的弹性模量相差较大,覆盖层深度大,在坝体自重作用下,防渗墙与覆盖层之间的变位不协调,会产生较大的沉降差,防渗墙顶部基座及覆盖层的沉降沿坝轴线的分布如图4-4所示。由图4-4可知,在正常蓄水位工况下,基座与覆盖层的最大沉降均发生在河床中央覆盖层深度最大位置处,向两岸沉降量逐渐减小,覆盖层的最大沉降量为459.66 mm,基座的最大沉降量为126.41 mm。大河沿心墙坝设计的基座连接方式如图4-5所示,基座与覆盖层的最大沉降差为333.25 mm,会引起基座混凝土的断裂破坏。因此,建议将防渗墙顶部的基座改为柔性连接,或者设置廊道,以适应覆盖层和防渗墙的不均匀沉降,也可采用塑性混凝土防渗墙,将其弹性模量取为尽可能接近覆盖层,甚至略小于覆盖层。

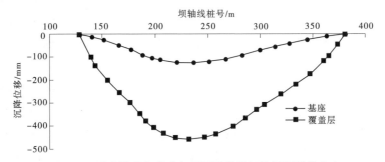

图4-4　防渗墙顶部基座与周围覆盖层沉降沿坝轴线分布

4.4.5　大坝三维动力有限元分析

　　大坝三维非线性动力有限元分析在静力有限元分析的基础上进行,其有限元模型与静力分析完全一致。重点研究大坝在设计地震作用下的加速度反应、位移反应、应力反应等,以及地震永久变形、坝坡稳定性等,评价大坝的抗震安全性,为大坝抗震设计提出建议。

4.4.5.1　基本设计工况的地震反应计算成果分析

　　对坝址区的基本地震工况进行计算,其主要特征量,包括坝体加速度反应、速度反应、位移反应、应力反应、地震永久变形等,计算结果如表4-9所示。

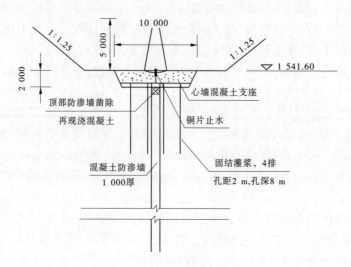

图 4-5　基座连接方式

表 4-9　设计地震工况三维有限元动力计算分析结果汇总

项目		数值
最大加速度反应/(m/s²)	顺河向	2.40/−2.72
	坝轴线向	2.51/−2.87
	垂直向	2.41/−2.56
最大位移反应/mm	顺河向	53.07/−48.87
	坝轴线向	40.68/−48.83
	垂直向	24.43/−24.80
堆石体应力反应/kPa	第一主应力	496.53/−308.59
	第二主应力	355.81/−311.98
	第三主应力	308.76/−414.96
沥青心墙应力反应/kPa	第一主应力	283.00/−242.30
	第二主应力	250.78/−256.89
	第三主应力	192.05/−306.11
低弹模防渗墙工况下沥青心墙应力反应/kPa	第一主应力	170.04/−199.41
	第二主应力	149.20/−215.33
	第三主应力	138.13/−223.55
地震永久变形/mm	顺河向(下游/上游)	175.38/−101.54
	坝轴线向(左岸/右岸)	214.13/−287.43
	垂直向(沉降)	−510.13
最大剪应力/kPa		165.92

计算结果表明,坝体的第一自振周期为 0.68 s。

1. 加速度反应

垂直坝轴线剖面($Y=260$ m)的最大绝对加速度分布如图 4-6 所示,包括顺河向、坝轴线向和垂直向最大绝对加速度分布;沿坝轴线剖面($X=0$ m)的最大绝对加速度分布如图 4-7 所示,包括顺河向、坝轴线向和垂直向最大绝对加速度分布;坝顶砂砾石体的最大绝对加速度分布如图 4-8 所示,包括顺河向、坝轴线向和垂直向最大绝对加速度分布。

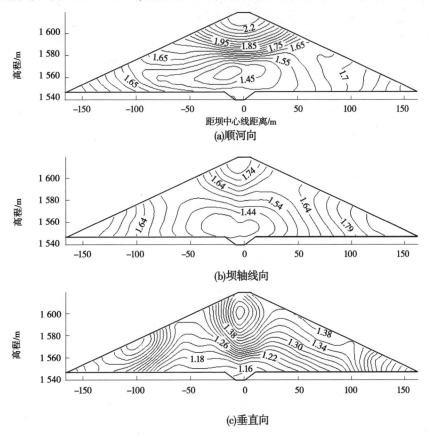

(a)顺河向

(b)坝轴线向

(c)垂直向

图 4-6　垂直坝轴线剖面($Y=260$ m)最大绝对加速度分布　（单位:m/s^2）

2. 位移反应

垂直坝轴线剖面($Y=260$ m)的最大动位移反应分布如图 4-9 所示,包括顺河向、坝轴线向和垂直向最大动位移反应分布。坝体沿坝轴线剖面($X=0$ m)的最大动位移反应分布如图 4-10 所示,包括顺河向、坝轴线向和垂直向最大动位移反应分布。坝顶砂砾石最大位移反应分布如图 4-11 所示。

3. 应力反应

垂直坝轴线剖面($Y=260$ m)的最大动主应力反应分布如图 4-12 所示,包括最大第一动主应力反应、第二动主应力反应和第三动主应力反应分布;沿坝轴线剖面($X=0$ m)最

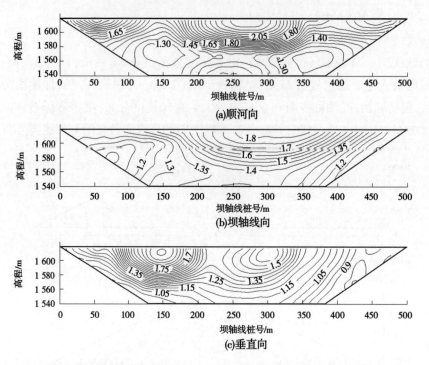

图 4-7　沿坝轴线剖面($X=0$ m)最大绝对加速度分布　（单位：m/s²）

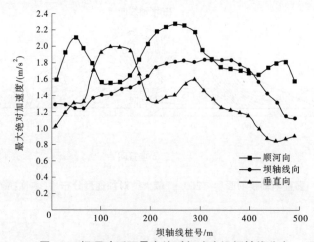

图 4-8　坝顶砂砾石最大绝对加速度沿坝轴线分布

大动主应力反应分布如图 4-13 所示,包括最大第一动主应力反应、第二动主应力反应和第三动主应力反应分布。

4.地震永久变形

垂直坝轴线典型断面($Y=260$ m)的地震永久变形分布如图 4-14 所示,包括顺河向、坝轴线向和垂直向变形。坝体沿坝轴线剖面($X=0$ m)心墙的地震永久变形分布如图 4-15 所示,包括顺河向、坝轴线向和垂直向的地震永久变形。

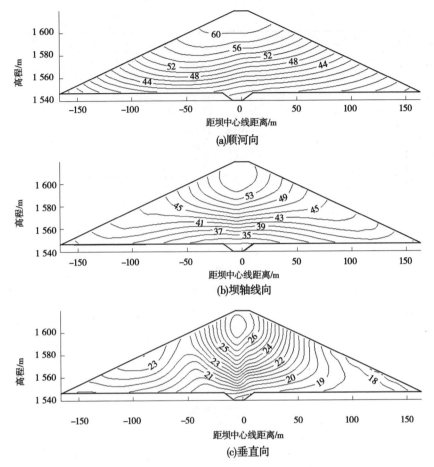

图 4-9　垂直坝轴线剖面($Y=260$ m)最大动位移反应分布　（单位:mm）

地震后,坝体的最大永久水平位移顺河向为 175.38 mm、坝轴线向为-287.43 mm,最大永久垂直位移即沉降为-510.13 mm。按最大坝高 75 m 计算,地震永久沉降约为坝高的 0.66%。

5. 抗震稳定性

计算过程中,完整记录了地震期间每个堆石体单元安全系数的变化过程,单元安全系数是指单元潜在破坏面上的抗剪强度与剪应力(包括静剪应力和动剪应力)的比值。计算结果表明,地震期间,心墙单元各时刻的安全系数均大于 1,表明心墙未发生动力剪切破坏,其断面安全系数分布图如图 4-16~图 4-18 所示。坝体堆石单元在地震期间局部时刻安全系数会出现小于 1 的情况,但由于持续时间占地震总历时的比例较小,考虑到坝体采取的一些抗震工程措施,可以认为坝体的安全性是满足要求的。

4.4.5.2　校核工况的地震反应计算成果分析

对坝址区的校核地震工况进行计算,其主要特征量,包括坝体加速度反应、速度反应、位移反应、应力反应、地震永久变形等,计算结果如表 4-10 所示。

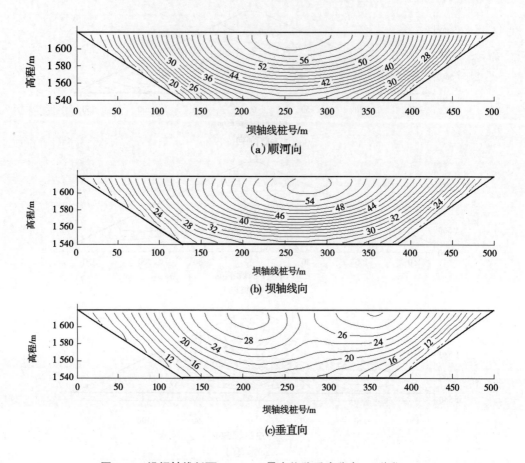

(a) 顺河向

(b) 坝轴线向

(c) 垂直向

图 4-10 沿坝轴线剖面 ($X=0$ m) 最大位移反应分布 （单位：mm）

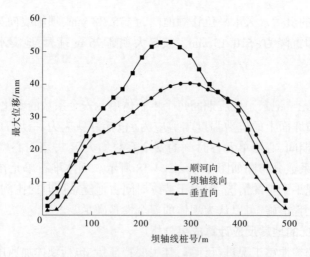

图 4-11 坝顶砂砾石最大位移反应分布

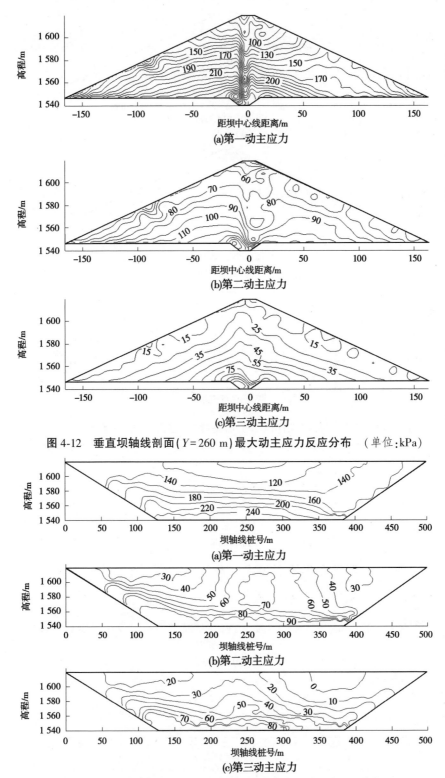

图 4-12　垂直坝轴线剖面($Y=260$ m)最大动主应力反应分布　（单位:kPa）

图 4-13　沿坝轴线剖面($X=0$ m)最大动主应力反应分布　（单位:kPa）

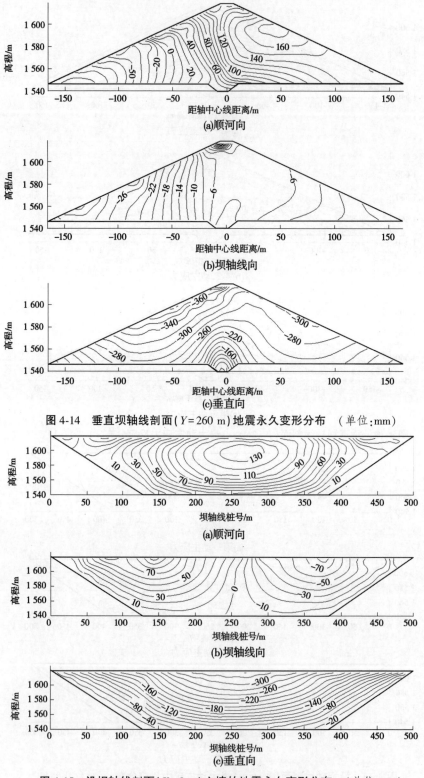

(a)顺河向

(b)坝轴线向

(c)垂直向

图 4-14　垂直坝轴线剖面($Y = 260$ m)地震永久变形分布　（单位：mm）

(a)顺河向

(b)坝轴线向

(c)垂直向

图 4-15　沿坝轴线剖面($X = 0$ m)心墙的地震永久变形分布　（单位：mm）

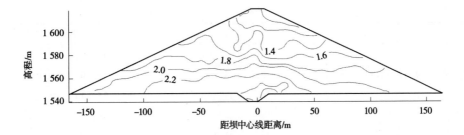

图 4-16　$t=5$ s 时刻 $Y=260$ m 断面安全系数分布

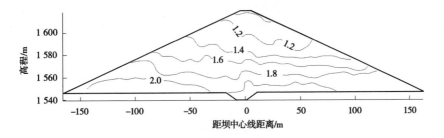

图 4-17　$t=10$ s 时刻 $Y=260$ m 断面安全系数分布

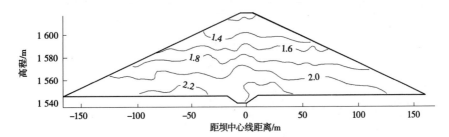

图 4-18　$t=15$ s 时刻 $Y=260$ m 断面安全系数分布

表 4-10　校核地震工况三维有限元动力计算分析结果汇总

项目		数值
最大加速度反应/(m/s²)	顺河向	2.86/-2.86
	坝轴线向	3.75/-3.54
	垂直向	3.16/-3.34
最大位移反应/mm	顺河向	61.53/-65.95
	坝轴线向	57.15/-53.97
	垂直向	31.12/-27.85
堆石体应力反应/kPa	第一主应力	535.43/-269.15
	第二主应力	380.73/-346.63
	第三主应力	294.44/-490.44

续表 4-10

项目		数值
沥青心墙应力反应/kPa	第一主应力	405.12/−330.33
	第二主应力	362.95/−350.07
	第三主应力	350.74/−398.20
低弹模防渗墙工况下沥青心墙应力反应/kPa	第一主应力	348.18/−263.77
	第二主应力	315.61/−280.61
	第三主应力	287.79/−350.91
地震永久变形/mm	顺河向(下游/上游)	233.87/−136.73
	坝轴线向(左岸/右岸)	313.36/−356.01
	垂直向(沉降)	−636.57
最大剪应力/kPa	—	195.16

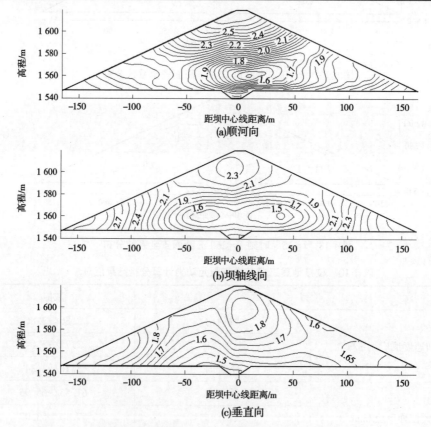

图 4-19　垂直坝轴线剖面($Y=260$ m)最大绝对加速度分布　(单位:m/s²)

计算结果表明,坝体的第一自振周期为 0.68 s。

1. 加速度反应

垂直坝轴线剖面($Y=260$ m)的最大绝对加速度分布如图 4-19 所示,包括顺河向、坝轴线向和垂直向最大绝对加速度分布;沿坝轴线剖面($X=0$ m)的最大绝对加速度分布如

图 4-20 所示,包括顺河向、坝轴线向和垂直向最大绝对加速度分布;坝顶砂砾石体的最大绝对加速度分布如图 4-21 所示,包括顺河向、坝轴线向和垂直向最大绝对加速度分布。这里,绝对加速度是指基岩加速度与加速度反应之和。

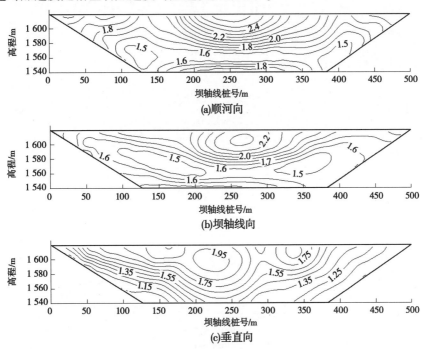

图 4-20　沿坝轴线剖面($X=0$ m)最大绝对加速度分布　（单位:m/s²）

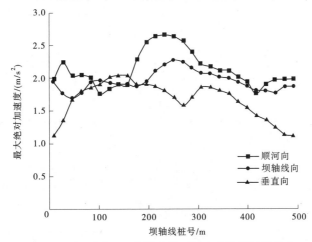

图 4-21　坝顶砂砾石体最大绝对加速度沿坝轴线分布

2. 位移反应

垂直坝轴线剖面($Y=260$ m)的最大动位移反应分布如图 4-22 所示,包括顺河向、坝轴线向和垂直向最大动位移反应分布;坝体沿坝轴线剖面($X=0$ m)的最大动位移反应分布如图 4-23 所示,包括顺河向、坝轴线向和垂直向最大动位移反应分布;坝顶砂砾石最大位移反应分布如图 4-24 所示。

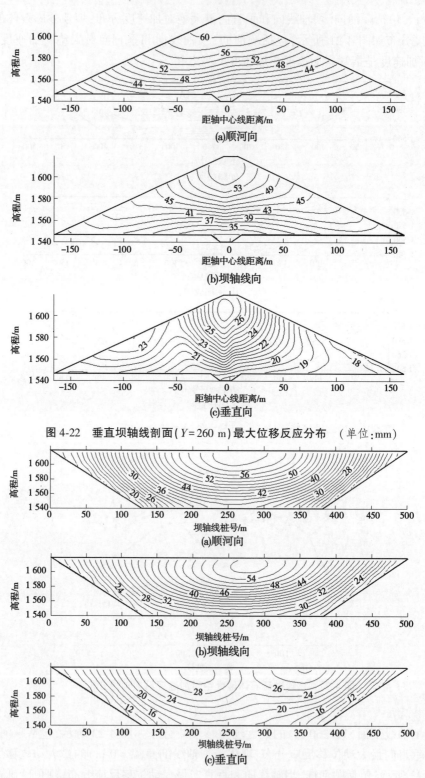

图 4-22　垂直坝轴线剖面($Y=260$ m)最大位移反应分布　（单位：mm）

图 4-23　沿坝轴线剖面($X=0$ m)最大位移反应分布　（单位：mm）

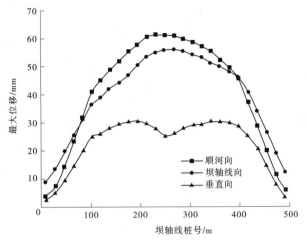

图 4-24　坝顶砂砾石最大位移反应分布

3. 应力反应

垂直坝轴线剖面($Y=260$ m)的最大动主应力反应分布如图 4-25 所示,包括最大第一动主应力反应、第二动主应力反应和第三动主应力反应分布;沿坝轴线剖面($X=0$ m)最大动主应力反应分布如图 4-26 所示,包括最大第一动主应力反应、第二动主应力反应和第三动主应力反应分布。

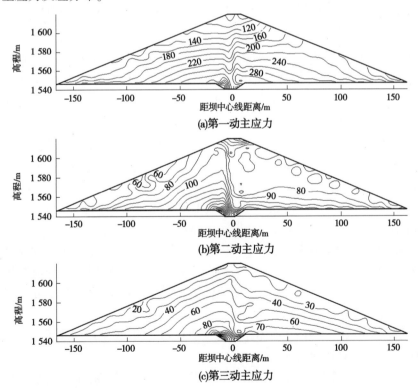

(a)第一动主应力

(b)第二动主应力

(c)第三动主应力

图 4-25　垂直坝轴线剖面($Y=260$ m)最大动主应力反应分布　（单位:kPa）

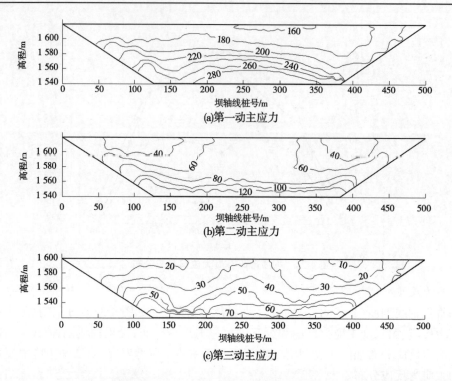

图 4-26　沿坝轴线剖面($X=0$ m)最大动主应力反应分布　(单位:kPa)

4. 地震永久变形

垂直坝轴线典型断面($Y=260$ m)的地震永久变形分布如图 4-27 所示,包括顺河向、坝轴线向和垂直向变形。坝体沿坝轴线剖面($X=0$ m)心墙的地震永久变形分布如图 4-28 所示,包括顺河向、坝轴线向和垂直向的地震永久变形。

地震后,坝体的最大永久水平位移顺河向为 233.87 mm、坝轴线向为 -356.01 mm,最大永久垂直位移即沉降为 -636.57 mm。按最大坝高 75 m 计算,地震永久沉降约为坝高的 0.82%。

5. 抗震稳定性

这里单元安全系数定义为单元潜在破坏面上的抗剪强度与剪应力(包括静剪应力和动剪应力)的比值。计算结果表明,地震期间,心墙单元各时刻的安全系数均大于 1,表明心墙未发生动力剪切破坏,其断面安全系数分布如图 4-29~图 4-31 所示。坝体堆石单元在地震期间局部时刻安全系数会出现小于 1 的情况,但由于持续时间占地震总历时的比例较小,考虑到坝体采取的一些抗震工程措施,可以认为坝体的安全性是满足要求的。

4.4.5.3　大坝动力有限元分析结论

(1)在设计三向地震作用下,坝体加速度反应在顺河向、坝轴线向和垂直向均较为强烈,且在河床坝段的坝顶附近达到最大。

采用基本烈度为Ⅶ度的模拟地震曲线作为基岩输入地震曲线(水平向峰值加速度为 0.178 g m/s ^{2}),由于深厚覆盖层的存在,纵然坝体高度不高,坝体加速度反应在顺河向、坝轴线向(横河向)和垂直向仍较为强烈,且在河床最深部位的坝顶附近最大。设计工况下

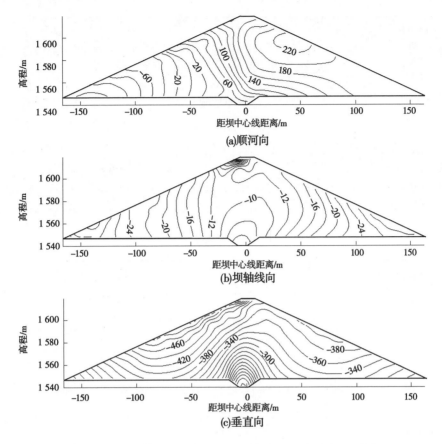

图 4-27　垂直坝轴线剖面（$Y=260$ m）地震永久变形分布　（单位：mm）

坝体顺河向的最大绝对加速度最大值为 2.72 m/s^2,放大倍数为 1.56;沿坝轴线向的最大绝对加速度最大值为 2.87 m/s^2,放大倍数为 1.65;垂直向的最大绝对加速度最大值为 2.56 m/s^2,放大倍数为 2.20。校核工况下坝体顺河向的最大绝对加速度最大值为 2.86 m/s^2,放大倍数为 1.19;沿坝轴线向的最大绝对加速度最大值为 3.75 m/s^2,放大倍数为 1.56;垂直向的最大绝对加速度最大值为 3.34 m/s^2,放大倍数为 2.09。

顺河向、坝轴线向加速度反应最大值满足从坝基到坝顶逐渐增大的规律,同时在 1/2 坝高以上,随着高程的增大,加速度增大速率较明显,在坝顶附近达到最大值,存在明显的鞭梢效应。垂直向加速度的最大值不仅满足从坝基到坝顶逐渐增大的规律,且在同一高程处,绝对加速度最大值存在坝体内部向坝坡方向逐渐增大的趋势。从计算结果来看,坝顶及坝顶附近坝坡区域的加速度反应是比较大的。

（2）从堆石体剖面的位移反应分布来看,其位移反应均不大,其中垂直向的位移反应最小,坝轴线向的位移反应较大,顺河向的位移反应最大。在设计三向地震作用下坝体顺河向最大动位移为-34.51 mm,坝轴线方向最大动位移为 27.11 mm,垂直向最大动位移为 13.18 mm。在校核三向地震作用下坝体顺河向最大动位移为-65.95 mm,坝轴线方向最大动位移为 57.15 mm,垂直向最大动位移为 31.12 mm。顺河向、坝轴线方向、垂直向最大动位移值均发生在河床坝段坝顶附近。坝顶各点数值接近,从坝顶向下动位移反应

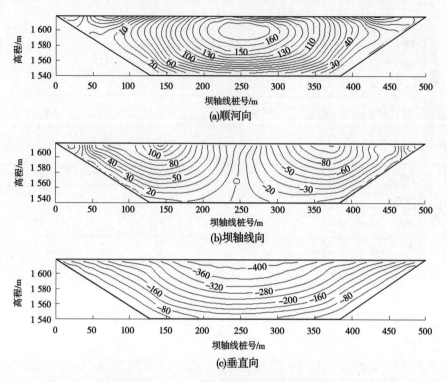

(a)顺河向

(b)坝轴线向

(c)垂直向

图 4-28　沿坝轴线剖面($X = 0$ m)心墙的地震永久变形分布　（单位:mm）

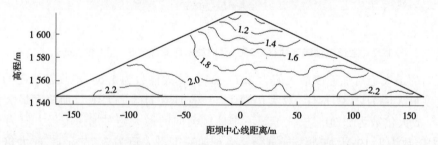

图 4-29　$t = 5$ s 时刻 $Y = 260$ m 断面安全系数分布

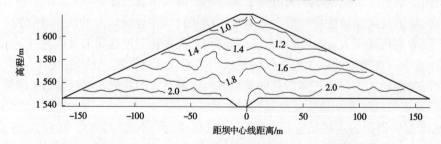

图 4-30　$t = 10$ s 时刻 $Y = 260$ m 断面安全系数分布

减小。从典型断面的动位移反应分布来看,其动位移反应不大,其中垂直向的动位移反应最小,坝轴线向及顺河向的动位移较大且较为接近。顺河向及坝轴线方向动位移相对垂直向动位移较大。由于河谷较为对称,坝基处深厚覆盖层分布均匀,顺河向、坝轴线方向、

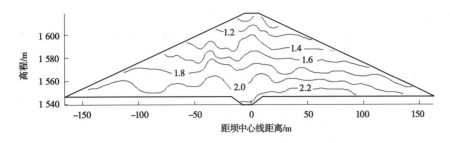

图 4-31　$t = 15$ s 时刻 $Y = 260$ m 断面安全系数分布

垂直向的正负最大动位移值较为接近,坝体各部分变形均匀,因此地震时基本不会出现平行于坝轴线方向或者垂直于坝轴线方向的裂缝。

(3)在设计三向地震作用下砂砾石坝体最大第一动主应力反应为 496.53 kPa;最大第二动主应力反应为 355.81 kPa;最大第三动主应力反应为 308.76 kPa。沥青混凝土心墙顺河向最大动压应力为 283.00 kPa,最大动拉应力为 -242.30 kPa;沿坝轴线向最大动压应力为 250.78 kPa,最大动拉应力为 -256.89 kPa;垂直向最大动压应力为 192.05 kPa,最大动拉应力为 -306.11 kPa。在采用低弹模防渗墙的情况下,沥青混凝土心墙顺河向最大动压应力为 170.04 kPa,最大动拉应力为 -199.41 kPa;沿坝轴线向最大动压应力为 149.20 kPa,最大动拉应力为 -215.33 kPa;垂直向最大动压应力为 138.13 kPa,最大动拉应力为 -223.55 kPa。在校核三向地震作用下砂砾石坝体最大的第一动主应力反应为 535.43 kPa;最大第二动主应力反应为 380.73 kPa;最大第三动主应力反应为 294.44 kPa。沥青混凝土心墙顺河向最大动压应力为 405.12 kPa,最大动拉应力为 -330.33 kPa;沿坝轴线向最大动压应力为 362.95 kPa,最大动拉应力为 -350.07 kPa;垂直向最大动压应力为 350.74 kPa,最大动拉应力为 -398.20 kPa。在采用低弹模防渗墙的情况下,沥青混凝土心墙顺河向最大动压应力为 348.18 kPa,最大动拉应力为 -263.77 kPa;沿坝轴线向最大动压应力为 315.61 kPa,最大动拉应力为 -280.61 kPa;垂直向最大动压应力为 287.79 kPa,最大动拉应力为 -350.91 kPa。

设计工况下坝体的最大动剪应力反应为 165.92 kPa。校核工况下坝体的最大动剪应力反应为 195.16 kPa。

从典型坝体断面($Y = 260$ m)上动主应力反应分布可知,动主应力最大值基本沿坝体及坝基两侧对称分布,且自坝体两侧向中部,动主应力最大值逐渐增大;动主应力反应在接近坝剖面处较小,离坝面距离越大,动主应力一般也越大。靠近基岩单元的动主应力反应比靠近坝顶单元的反应剧烈,这是因为靠近基岩的单元因地基约束而使其刚性增大,从而导致动应力反应加大。总体而言,最大动主应力在坝体分布较为均匀,在心墙底部位置及其附近动主应力最大,并出现局部应力集中现象。在采用低弹模防渗墙情况下,沥青心墙各个方向的主应力均有所增大,但与静力状态下的主应力相比所占比值不大。

对沥青混凝土心墙而言,在地震过程中,水压力仍小于心墙表面第一主应力,因此不会发生水力劈裂。

(4)在设计三向地震作用下坝体的最大永久水平位移顺河向为 175.38 mm、坝轴线向为 -287.43 mm,最大永久垂直位移即沉降为 -510.13 mm。按最大坝高 77.7 m 计算,地震永久沉降约为坝高的 0.66%。在校核三向地震作用下坝体的最大永久水平位移顺河向为 233.87 mm、坝轴线向为 -356.01 mm,最大永久垂直位移即沉降为 -636.57 mm。按最大坝高 77.7 m 计算,地震永久沉降约为坝高的 0.82%。

（5）地震期间,心墙单元各时刻的安全系数均大于 1,表明心墙未发生动力剪切破坏。坝体堆石单元在地震期间局部时刻安全系数会出现小于 1 的情况,但由于持续时间占地震总历时的比例较小,考虑到坝体采取的一些抗震工程措施,可以认为坝体的安全性是满足要求的。

综上所述,在采取一定的抗震措施后,大河沿沥青混凝土心墙砂砾石坝能满足抗震要求。

4.4.6　大坝抗震措施

通过地震危险性评价、区域稳定性研究、枢纽区地质勘查、枢纽布置方案比选、主要水工建筑物结构分析及枢纽区边坡稳定研究,对重要的水工建筑物开展了深入的结构抗震分析研究,对主要建筑物的抗震薄弱部位、破坏模式、结构设计的重点均有了较清晰的认识。在计算分析的基础上,根据建筑物的重要性、失事后果的严重性、结构破坏类型,分别进行抗震措施研究,包括改善结构体型、优化构造设计、加强支护、布置钢筋等措施,分别有针对性地提出了具体的抗震措施。

参考同类工程经验,本工程坝体的抗震措施结合坝址选择、地基条件、坝型选择、坝体结构、坝料以及施工质量等因素综合考虑,具体为以下几个方面:

（1）坝址选择上避免了博格达南缘活动断裂,水库蓄水后诱发地震的可能性小;上、中坝址库盆分界处背斜两翼,近场地最近的博格达南缘活动断裂（F_1）最近距离约 9.5 km,下坝址库内虽分别有区域断层 F_3、F_2、F_5 横切河谷通过,但均属非活动性断层,构成库盆的岩层总体为单斜构造,不具备储存较高地应力的条件,水库蓄水后产生诱发地震的可能性很小。

（2）大坝基础为第四系全新统砂卵砾石层,地震作用下不会产生振动液化。而且基础防渗采用的防渗墙形式,抗震性能较好。

（3）坝型方面采用沥青混凝土心墙砂砾石坝,坝体采用抗震性能和渗透稳定性好且级配良好的砂砾石料填筑,并用较高的标准控制大坝的填筑质量,即要求砂砾料的相对紧密度 $D_r \geqslant 0.85$,以提高坝体的密实程度,增强抗震能力;而且砂砾石料具有较强透水能力,从而保证地震时所产生的孔隙水压力迅速消散,有利于坝体稳定。

（4）坝体结构方面:适当加宽坝顶,坝顶宽度采用 10 m,降低坝顶地震力作用。上游坝坡采用 1:2.2,下游坝坡采用 1:2.0,采用较缓的坝坡对抗震有利。

（5）计算坝顶超高时,考虑了坝体和坝基在地震作用下的附加沉陷量和足够的地震涌浪高度,地震安全高度取 0.5 m,地震涌浪加附加沉陷取 2.5 m,共 3 m 超高。

（6）加强心墙与基座、坝体各分区与坝基和岸坡的连接,防止坝体特别是两岸边坡部分因地震而出现裂缝。

4.5　下坂地坝基防渗设计概要

下坂地水利枢纽工程位于新疆塔里木河流域叶尔羌河主要支流的塔什库尔干河上,距喀什市 315 km。该工程的任务是以生态补水及春旱供水为主,结合发电等综合利用的大(2)型Ⅱ等工程。水库总库容 8.67 亿 m³。枢纽建筑物由拦河坝、导流泄洪洞、引水发电洞和电站厂房组成。电站总装机容量为 150 MW,年发电量约 4.735 亿 kW·h。坝区地震基本烈度为Ⅷ度,地震加速度为 0.309g,坝基河床覆盖层厚度为 147.95 m,主要由具有高渗透性的冲积砂砾石层,湖积软黏土层、土砂层、冰碛及冰水积层组成,为典型的深厚覆盖层基础,因此坝基防渗是工程成败的关键。

4.5.1　下坂地坝基覆盖层工程地质条件

工程坝趾位于塔什库尔干河中下游哈木勒堤沟口上游约 300 m 处,河谷呈 U 形,两岸山高坡陡,基岩裸露,坝肩岩体完整,强风化较浅,河床覆盖层主要是由哈木勒提沟古冰川的推进和后退及"堰塞湖"的形成与溃决等因素形成的第四系冰碛、冰水堆积物。

坝轴线处河床宽约 280 m,坝基覆盖层最大厚度 147.95 m,成分复杂,渗透系数变化大,覆盖层自下而上为冰碛层、砂层、冲积层和坡积层。

坝基冰碛层厚 80~148 m,岩性复杂,结构极不均匀,主要以漂石、块石、砾石为主,成分以花岗岩、片麻岩、片岩及黑色变质岩组成。结构松散,夹有砂层透镜体,大孤石及块石架空现象。推荐坝址冰碛层室内试验饱和内摩擦角 42.8°,凝聚力 15 kPa,天然干密度 1.95 g/m³,压缩系数 a_{1-2} 为 0.01 MPa⁻¹。冰碛层天然状态颗粒级配:漂卵块石约占 32%;砾石含量约 52%;砂粒、粉粒、黏粒约占 16%。

砂层透镜体位于坝基左侧偏上游冰碛层中,顺河向长约 460 m 以上,宽 170~250 m,埋深 18~35.4 m,最大厚度 43.7 m,空间展布成"杏仁状"。其上下均为 Q₃ᵍˡ 冰碛碎石、块石层。用综合测定法(筛析法和比重计法)进行了颗分试验,粒质构成以细砂、粉砂为主,垂直方向砂层结构组成不均一,相差较大,砂层渗透性基本均一,属弱—中透水性,天然干密度 1.50~1.60 g/m³,为中密砂,平均粒径 0.078~0.103 mm,不均匀系数 10.1~13.60。

覆盖层透水性差异很大。在竖井、探坑、非完整井浅层(20 m)进行抽水试验及采用自振法抽水试验在两孔原位测试,共获得 11 段 47 个数据,其不同深度岩性渗透系数综合成果见表 4-11。采用智能化地下水动参数测量仪在三孔原位测试钻孔进行测试的综合成果见表 4-12。

综合以上冰积层渗透系数和不同试验方法获得的资料及室内试验分析,覆盖层渗透系数为 1×10⁻²~1×10⁻¹ cm/s,为强透水地层。

砂层透水性:根据野外钻孔抽水、提水试验及自振法试验获得的砂层的渗透系数,上部(20~50 m)8.3×10⁻³~1.4×10⁻² cm/s,下部(50~70 m)1.1×10⁻²~1.8×10⁻² cm/s。与野外抽水试验相比,室内试验结果得出的渗透系数偏小。砂层透水性基本均一,属弱—中透水性。

表 4-11　冰积层渗透系数选用值

孔深/m	含水层	测试方法	K/(m/d)
0~20	漂石层	抽水(SJ_3、SJ_6)	17.5
21~44	细砂层上部	ZS-1000A(自振法)	11.00
45~70	细砂层上部	ZS-1000A(自振法)	14.41
71~90	漂块石层	ZS-1000A(自振法)	20.40
91~100	含块卵砾块石层	ZS-1000A(自振法)	6.50
117~125	含块卵砾块石层	ZS-1000A(自振法)	18.00
132.78~135.38	含块卵砾石层	ZS-1000A(自振法)	18.00
143.65~146.25	含块卵砾石层	ZS-1000A(自振法)	18.00

表 4-12　冰积层地下水动态参数测量仪测得渗透系数统计

试验深度/m	地层岩性	平均渗透系数/(m/d)
12~28	漂块石层	8.57
28~48	中细砂层上部	3.58
40~60	中细砂层下部	21.6
100~138	含块卵砾石层	72.25(115.8)

基岩透水性及坝基渗量:基岩岩体较完整,钻孔压水试验分析结果,左坝肩基岩单位吸水量平均值 0.24 L/(min·m·m)、右岸 0.13 L/(min·m·m);水库建成后,库水主要通过坝基松散堆积物产生渗漏,其次通过左、右坝肩中透水的黑云母及长片麻岩产生绕坝渗漏。采用二维渗流计算可知该基础在无任何防渗措施时,坝基最大单宽渗漏量为 531.9 m³/(d·m),坝基总渗漏量为 11.78 万 m³/d,绕坝渗漏量为 0.2 万 m³/d,共计渗漏量 11.98 万 m³/d(1.39 m³/s),年渗漏量为 4 373 万 m³。三维有限元计算结果为:坝基不处理,正常蓄水位时大坝渗漏总量为 1.12 m³/s,年渗漏损失量 3 530 万 m³,达不到蓄水要求。

4.5.2　深厚覆盖层坝基防渗设计

为满足该工程坝基覆盖层渗透稳定及渗流要求,设计对其防渗形式研究了水平防渗方案和垂直防渗上墙下幕方案等多种方案的比选,并进行了相应的经济分析。经严格比选和分析后,认为垂直防渗是坝基防渗中最有效的工程措施。下坂地基础处理考虑到全部采用混凝土防渗墙,因墙深将达 150 m 量级,难以实施;若全部采用帷幕灌浆,则工作量太大,工期及造价均不允许。经比较研究认为,对于基础内的湖积淤泥质黏土及软黏土层,由于其强度低、压缩性高,可以做挖除处理。经技术经济比较,其他土层则用混凝土防渗墙及灌浆帷幕(上墙下幕)进行防渗处理。

混凝土防渗墙设计布置在大坝心墙下,墙顶轴线全长 280 m,墙厚 1 m,墙深 85 m,防渗墙面积 1.96 万 m²,在混凝土防渗墙顶部设灌浆廊道,从廊道中对混凝土防渗墙底部以下的覆盖层进行深层帷幕灌浆,帷幕直达基岩,从而彻底截断深厚覆盖层。

根据覆盖层上部存在厚达 43.7 m 粉细砂夹层、难以用灌浆处理的实际情况,决定采用混凝土防渗墙穿透上部砂层。由于该砂层底面的最大埋藏深度在 70 m 左右,而且考虑到混凝土防渗墙应留有一定的搭接长度,故最终决定该混凝土防渗墙深度最小也要达到 80 m 左右。在这一深度以下则采用帷幕灌浆方式进行防渗处理。由于目前在国内还没有大于 100 m 混凝土防渗墙工程施工的先例,加之下坂地工程地处高寒、高海拔、高地震地区,施工条件差,坝基覆盖层地质情况复杂,地层存在砂层、孤石以及漂卵石的架空等现象,工程施工的工艺及功效、工程造价等均难以确定。

经方案比选,下坂地水利枢纽坝基河床覆盖层主要由冲积砂砾石层、湖积软黏土层、土砂层、冰及冰水积层组成,渗透系数为 10 cm/s,采用"上墙下幕"垂直防渗形式,混凝土防渗墙深 85 m、墙厚 1 m。墙下设灌浆帷幕厚度 10 m,帷幕深 66 m,布置 4 排灌浆孔。

坝基渗流控制标准为:渗流量小于多年平均流量的 1%,即小于 0.346 m³/s;砂砾石层容许水力坡降小于 0.1;渗透系数小于 $1×10^3$ cm/s。现场试验检测表明,成墙质量和帷幕灌浆均能满足设计对坝基渗流控制预期目标。施工试验证明:"钻抓法"成槽工艺墙体深度(102 m)、预埋灌浆管深度(100 m)和头管起拔深度(72.7 m)均创造了当时国内新纪录。

4.5.3 坝基防渗结构现场施工试验

4.5.3.1 混凝土防渗墙的试验

混凝土防渗墙试验段布置在坝轴线覆盖层最深部位,进行 2 个试验段施工,其中 1# 混凝土防渗墙试验段布置在坝轴线上(桩号 0+228.00~234.00,长度 6.00 m),2# 混凝土防渗墙试验段布置在距坝轴线上游 5.00 m 处,其中心线与坝轴线平行(桩号 0+206.80~0+210.00,长度 3.20 m)。

混凝土防渗墙试验目的:试验研究包括国内现有施工机械在下坂地坝基覆盖层中可成墙的最大造孔深度;不同深度混凝土防渗墙的造墙功效及综合造价;表层(坡积层和洪积层)成墙需采用的工程处理措施;在漂卵石地层中成墙的施工方法、造价及工效;确定混凝土防渗墙和灌浆帷幕搭界的最优长度、墙段接头形式;施工机械以及混凝土防渗墙和帷幕灌浆深度的最优组合。

混凝土防渗墙试验的内容:深覆盖层中"钻抓法"成槽工艺、工效试验;深槽孔内预埋墙下帷幕灌浆管试验、深槽孔泥浆下混凝土浇筑工艺试验;接头孔施工的拔管法和"双反弧"接头法工艺试验;混凝土防渗墙墙体的强度和渗透系数检验;混凝土防渗墙墙体材料和固壁泥浆的材料、配合比及拌制工艺试验。

固壁泥浆材料试验:鉴于混凝土防渗墙试验段槽孔深,地质条件复杂,试验采用膨润土泥浆固壁,加大了泥浆的密度和黏度,其材料配比:膨润土 75 kg/m³,水 975 kg/m³,碱 2 kg/m³。现场试验实践证明,采用膨润土制成的泥浆具有良好的固壁性能。

4.5.3.2 帷幕灌浆试验

帷幕灌浆试验区布置:在桩号 0+243.00~0+252.00 处,设计帷幕厚度为 10 m,三排孔,孔排距均为 3.0 m,呈梅花形布置,即上、下游排各布置 3 孔,中间排布置 4 孔,总计 10

个灌浆试验孔。中间排位于坝址轴线上游 1.5 m 处。

帷幕灌浆试验目的及内容:包括研究砂砾石灌浆的综合施工功效、造价,确定合理的灌浆排数、排距;钻孔和适用于下坂地工程地质条件的灌浆施工的方式方法;施工机械最优组合形式;灌浆材料及浆液配比试验;灌浆后帷幕的渗透系数、允许水力坡降及帷幕与混凝土防渗墙搭接段灌浆效果;钻灌效果与工效分析;材料消耗及工程造价分析等。同时通过试验提出了深层帷幕实施效果的评价方法。

灌浆浆液采用水泥黏土浆。泥浆主要采用"乌恰"红土拌制。灌浆浆液配比:边排孔水泥:黏土 = 1:1,中排孔水泥:黏土 = 1:2,干料:水 = 1:4。

开灌配比固水比 1:40。

4.5.3.3　施工试验过程中的问题与处理方法

在 100 m 深的混凝土防渗墙现场试验成槽过程中,发现 4 处漏浆、串浆段;遇有大块石,块石坚硬致使造孔进度较低。块石在孔内呈"探头"状造成钻孔偏斜等施工问题。灌浆试验发现 6 段失浆、漏浆现象;两项试验揭示的漏、失、串浆段在高程和埋深上不一致。反映了坝基地层的强透水特征和不均一的特点。对此,在混凝土防渗墙试验中采用了国内外先进的设备和技术,合理搭配,利用冲击反循环钻机钻主孔(导向孔),抓斗抓副孔,对不适合抓斗抓取的大块石、漂石或密度高、深度大的地层采用冲击钻机劈副孔等施工方法,在恶劣的自然条件和复杂工程地质条件下成功地完成了各项试验工作。坝基下帷幕灌浆试验在深覆盖层 150 m 和地层结构复杂条件下,现场试验遇到失浆、卡钻、塌孔等问题,对钻进情况正常且孔口返浆时,段长可加长至 5 m;钻进遇块石、砂砾石层且不返浆时,立即停止钻进,作为一段灌浆,灌浆段长可采用 1~5 m 等施工方法。

4.5.3.4　施工试验的结论

(1)防渗墙和帷幕灌浆现场试验结果表明,采用先进的成墙技术和合理的灌浆方法可以满足设计对坝基渗流控制的目的。

(2)"钻抓法"成槽工艺墙体深度(102.0 m)、预埋灌浆管深度(100 m)和接头管(72.70 m)起拔深度上均创造了国内新纪录。

(3)混凝土防渗墙深度从左岸地面高程算起控制在 85 m(深度 1.0 m),墙下布置 4 排灌浆帷幕可以满足坝基防渗设计标准要求,在渗透系数变化较大地层钻灌孔深达 158 m,帷幕灌浆试验达到了预期目标。

(4)灌浆试验中钻进工艺合理,工效较高。灌后检测渗透系数(除一段外)均达到设计标准。24 h 耐压压水试验表明帷幕渗漏无明显变化,地层通过灌浆可形成良好防渗体。

现场试验成果表明,采用墙、幕结合的防渗处理方案是合理的,施工工艺可行,是防渗效果可靠的设计方案。

4.5.4　坝型选择与规划

经比选,挡水坝选用碾压式沥青混凝土心墙坝型,坝顶高程 2 966.00 m,最大坝高 78 m,顶宽 10 m。沥青混凝土心墙最大厚度为 1.2 m,顶部厚度为 0.6 m。心墙两侧设水平宽度 3 m 的过渡层。上游坝坡自上而下分别为 1:2.6、1:2.7、1:2.8;下游坝坡为 1:2、1:2.4、1:2.5,在高程 2 940.00 m 设 2 m 宽马道。心墙平均厚度 1.2 m,大坝上下游坝坡为厚 0.4 m 的干砌石护坡。

为了提高坝坡和坝基的稳定性,同时提高坝基砂层的上覆压重,在上、下游坝趾置镇压层,其顶部高程为 2 910 m,上游镇压层长为 40 m,下游镇压层长为 60 m,镇压层采用开挖石渣料填筑。

心墙下设混凝土防渗墙+帷幕进行坝基防渗,混凝土防渗墙顶部布设灌浆廊道。两岸坝坡坐落在已经清基处理的基岩上。深埋在坝基下的粉细砂层采用振冲挤密加固,淤泥层采用挖除置换进行处理。

4.5.5 坝体稳定分析

4.5.5.1 坝体材料的指标

在坝坡稳定计算的材料指标分析过程中,沥青混凝土心墙直接采用西安理工大学试验指标,其余材料(反滤砂、混合反滤料、砂砾石坝壳料、坝基砂砾石及坝基砂土)指标是结合地勘资料(水利部陕西水利电力勘测设计研究院地质队)和试验单位(水利部西北水利科学研究所)资料统计分析、同时参考工程类比确定。需要说明的是强度指标试验采用三轴剪切试验,试验的应力圆直径和圆心均用小值平均值,然后依据摩尔-库仑准则得出试验强度指标,强度指标采用低围压试验参数($\sigma_3 = 0.1 \sim 0.4$ MPa)试验值。坝体材料指标见表 4-13。

表 4-13 坝体各种材料物理力学指标统计

材料名称	设计干密度/ (g/cm³)	湿密度/ (g/cm³)	饱和密度/ (g/cm³)	抗剪强度	
				$\varphi/(°)$	c/kPa
砂砾石(水上)	2.17	2.30	2.35	38	0
砂砾石(水下)	2.17	2.30	2.35	36	0
开挖利用料	2.17	2.30	2.35	34	0
坝基砂卵石	2.00	2.12	2.22	38	0
坝基砂土	1.53	1.91	1.96	30	0
反滤砂	1.91	2.02	2.19	36	0
混合反滤料	2.16	2.29	2.35	38	0
心墙沥青混凝土	2.38	2.38	2.38	26	32

4.5.5.2 坝体材料的静力力学性能

在工程设计过程中,为了进一步确定坝体各种材料的力学特性,还进行了反滤砂、混合反滤料、坝壳料、坝基砂砾石的力学特性试验,包括相对密度试验、高压三轴压缩(CD)试验、剪后颗粒分析试验等。

试验得出以下结论:

(1)反滤砂的最松和最紧状态密度均小于混合反滤料和坝壳料相应的密度。对于混合反滤料,随着小于 5 mm 料含量的增加,其最松和最紧状态密度随着增加。对于坝壳料,随着小于 5 mm 料含量的增加,其最松和最紧状态密度随着减小(不含实测级配)。

(2)从三轴试验的应力-应变及体变曲线结果看出,在低围压下各种料均表现为剪胀性,高围压表现为弱剪胀性。反滤砂的抗剪强度和 $E\sim\mu$ 模型和 $E\sim B$ 模型参数的 K、n 值均小于混合反滤料和坝壳料。坝壳料 $E\sim B$ 模型参数的 K 值为 550~1 058,均值为 820;n 值为 0.452~0.562,均值为 0.524;参考有关土石坝资料,坝壳料在该状态下,K 值稍有偏小。

(3)从剪后颗粒分析试验看,反滤砂和混合反滤料的剪后级配变化小于坝壳料。

4.5.5.3　坝基和坝体材料的动力特性

为了获得坝基和筑坝材料的动力特性参数供动力分析,对坝壳料和坝基砂石的动力特性进行了试验研究工作。动力特性试验在 100 t 大型动静三轴试验机上进行,试样直径为 300 mm,高为 750 mm。

试验结果表明,动力残余体积应变和动力残余轴向应变与初始应力条件(土的类型、密度、固结应力条件)和往返加荷条件有关,在一定的初始应力条件和动剪应力作用下,动力残余体积应变和动力残余轴向应变都随振次的增大而增大,其增长速率随振次的增大而减小。初始应力条件一定时,作用在试样上的动剪应力越大,所引起的残余体积应变和残余轴向应变就越大。

4.5.5.4　坝体稳定分析

在对材料指标进行了相关分析后,采用拟静力法进行抗震稳定计算。计算程序是中国水利水电科学研究院陈祖煜编写的《土质边坡稳定分析程序 STAB95》,圆弧滑动稳定按简化毕肖普法进行计算,同时还采用瑞典圆弧法进行复核,非圆弧滑动稳定按摩根斯顿–普莱斯法进行计算。通过计算可知,坝坡最小抗滑稳定安全系数满足《碾压式土石坝设计规范》(SL 274—2020)规定的最小抗滑稳定安全系数要求,坝体属于浅层滑动。

由于基础砂层取样代表性和周围边界因素的影响,基础砂层的残余强度不一样,《水利水电工程地质勘察规范》(GB 50487—2008)附录 D 阐述了"对砂性土地基内摩擦角标准值可采用内摩擦角试验值的 85%~90%,不计凝聚力值。"因此,对坝基砂层内摩擦角,按不同折减系数取值分析对坝体稳定性的影响,折减系数分别按 0.85、0.90、0.95、1.0 取值,对应的内摩擦角为 26°、28°、30°、31°,由此可得对应的坝基抗滑稳定最小安全系数,计算工况:正常蓄水位 2 960 m+9 度地震上下游坝坡稳定,见表 4-14。

表 4-14　不同砂层摩擦角对应的大坝稳定安全系数统计

部位	砂层内摩擦角/(°)	最小安全系数				
		浅层滑动		深层滑动		
		毕肖普法	瑞典圆弧法	毕肖普法	瑞典圆弧法	摩根斯顿—普莱斯法
上游坡	26	1.053	1.025	1.023	1.208	1.239
	28	1.053	1.025	1.243	1.079	1.272
	30	1.053	1.025	1.278	1.115	1.305
	31	1.053	1.025	1.295	1.130	1.321
下游坡	26	1.110	1.104	1.184	0.988	1.431
	28	1.110	1.104	1.272	0.996	1.539
	30	1.110	1.104	1.364	1.078	1.641
	31	1.110	1.104	1.411	1.119	1.659

从表 4-14 中可以发现,砂层内摩擦角 φ 的取值对大坝表层滑动没有影响,只对深层滑动有影响,随着折减系数的减小,安全系数随之变小,当采用毕肖普法时,不同折减系数计算出的安全系数差值较大。当采用瑞典圆弧法时,折减系数取 0.85 和 0.90 对应的安全系数已小于 1.0(下游坡),但毕肖普法和摩根斯顿-普莱斯法计算的 K 值均大于 1.05,从敏感性对砂层内摩擦角来分析,坝基抗滑稳定安全也是可行的。综合考虑各种因素,砂层内摩擦角 φ 取不同的折减系数,大坝始终是安全稳定的。

4.5.6 大坝静力应力应变分析

4.5.6.1 坝体有效应力法二维和三维有限元分析

在拟静力法稳定计算基础上,为了多方面分析大坝的安全稳定性,研究大坝在施工期和蓄水期的坝体与防渗体应力和变形,分别做了有效应力法二维有限元分析和三维有限元分析,通过分析可知:

(1)坝体水平位移和垂直位移均在经验的范围内。三维计算分析显示,左岸坝基砂层分布较多,0+160 断面位移也较大。由于河谷的三维效应,三维计算位移值比二维计算的略小(南水模型)。采用邓肯-张模型三维分析所得的位移值均比南水模型大。

(2)心墙在竣工期和蓄水期均没有出现拉应力,心墙顺坡向应力均大于上游面水压力(没有考虑心墙的黏聚力,偏于安全),不会发生水力劈裂,抗劈裂能力较好。

(3)南水模型二维分析中。防渗墙应力在安全的范围内。南水模型的三维分析中,在靠近两岸处出现 1.2 MPa 的拉应力。邓肯-张模型的三维分析中,在防渗墙底部靠近两岸处出现 20.2 MPa 的压应力,在防渗墙靠近两岸处出现 1.8 MPa 的拉应力。较大的拉应力表明:坝基砂层的存在使坝体和坝基从两岸向砂层位置挤压,防渗墙横河向受到较大的摩阻力。

4.5.6.2 坝体总应力三维有限元分析

通过总应力法三维有限元分析,结论如下:

(1)大坝蓄水期的沉降量比竣工期有所增加,心墙向下游的水平位移增加较大。心墙有较明显的拱作用,但没有出现拉应力区。在大坝右岸的陡坡处,心墙中的小主应力较小,局部应力水平高。

(2)由于坝基为深覆盖层地基,且含有砂层,坝体的最大沉降发生在砂层上部;防渗墙上与砂层相邻部分及防渗墙与灌浆帷幕接触部分为高应力区。

(3)防渗墙模量的增大对坝体和坝基砂卵石的应力分布、应力水平和变形影响不大,但对防渗墙本身的应力分布、应力水平和变形影响很大。

(4)混凝土防渗墙内大、小主应力的最大值位于混凝土防渗墙与砂层及与灌浆帷幕接触的部位。混凝土防渗墙弹性模量小于 1 000 MPa 时,混凝土防渗墙弹性模量变化对防渗墙应力影响的敏感性大,而混凝土防渗墙弹性模量大于 1 000 MPa 时影响的敏感性小。

(5)混凝土防渗墙的最大垂直位移位于混凝土防渗墙顶部。增大混凝土防渗墙的弹性模量,可以减少防渗墙上产生的位移。混凝土防渗墙弹性模量大于 1 000 MPa 时,对防渗墙垂直位移影响的敏感性小,而小于 1 000 MPa 时影响的敏感性大。

4.5.6.3　动力应力应变分析

针对下坂地大坝工程的高强震、深厚覆盖层、坝基下深厚的粉细砂层的工程特点,在坝料静、动力特性试验和三维静力分析的基础上,对坝体和覆盖层地基进行了给定地震(8 度设计地震和 9 度复核地震)情况下的地震反应分析和评价。

1.8 度地震作用下动力分析主要结论

(1)根据三维非线性动力计算结果,在 8 度设计地震作用下,坝体加速度反应在顺河向最为强烈,顺河向加速度反应在河床中部最大。坝体顺河向最大加速度为 4.94 m/s²,最大加速度放大倍数为 1.97,发生在坝顶。坝体横河向(坝轴向)最大加速度为 4.61 m/s²,最大加速度放大倍数为 1.84,坝体最大竖向加速度为 3.21m/s²,最大加速度放大倍数为 1.92,从计算结果来看,坝顶及坝顶附近坝坡区域的加速度反应是比较大的,可考虑在上述区域采取适当的抗震加固措施。

(2)根据振动孔压计算结果,在 8 度设计地震作用下,振动孔压最大值为 158.3 kPa 最大孔压比为 0.348,砂层中的最大孔压比均小于 0.5,不会发生液化。

(3)在 8 度设计地震作用下,所得坝体及地基中最大动剪应力为 238.7 kPa。坝体中单元抗震安全系数均大于 1,不会产生动力剪切破坏。覆盖层地基砂层中出现了单元抗震安全系数小于 1 的区域,主要分布在上下游坡脚下的砂层上部,其厚度为 3~7 m,这部分区域的砂层虽然不会液化,但可能发生局部动力剪切破坏。

(4)在 8 度设计地震作用下,沥青混凝土心墙中的最大动剪应力为 221 kPa,按照沥青混凝土的强度指标 $\varphi = 26.10°$、$c = 320$ kPa,不会发生动力剪切破坏。

(5)在 8 度设计地震作用下,防渗墙垂直最大动压应力和最大动拉应力分别为 1.34 MPa 和 1.17 MPa;防渗墙顺河向最大动压应力和最大动拉应力分别为 0.92 MPa 和 0.80 MPa;防渗墙坝轴向最大动压应力和最大动拉应力分别为 1.55 MPa 和 1.27 MPa。因此,在地震作用下,防渗墙在上部出现了较大动拉应力,坝轴向动拉应力在岸坡处比较大。静动力叠加后防渗墙坝轴向靠近岸坡处出现了较大范围的拉应力区,最大拉应力为 1.53 MPa。

(6)在 8 度设计地震作用下,坝体最大顺河向残余位移中,向下游最大,为 20.4 cm,向上游的最大水平残余位移 12.8 cm;最大坝轴向残余位移中,右岸 11.4 cm,左岸 10.9 cm;最大垂直残余位移(沉降)为 38.3 cm。发生在坝顶处。坝体地震沉陷量为坝高(含覆盖层厚度)的 0.18%。

(7)在 8 度设计地震作用下,地震过程中按动力时程线法算得大坝上下游坝坡抗震稳定安全系数时程曲线最小值分别为 1.20 和 1.13,按动力等效值法算得的最小安全系数分别为 1.32 和 1.26。可见,上下游坝坡基本上是稳定的。

2.9 度地震作用下动力分析的主要结论

(1)根据三维非线性动力计算结果,在 9 度复核地震作用下,坝体加速度反应在顺河向最为强烈。顺河向加速度反应在河床中部最大。坝体顺河向最大加速度为 5.94 m/s²,最大加速度放大倍数为 1.80,发生在坝顶;坝体横河向(坝轴向)最大加速度为 5.64

m/s^2,最大加速度放大倍数为 1.71;坝体最大垂直加速度为 3.85 m/s^2,最大加速度放大倍数为 1.75。从计算结果来看,坝顶及坝顶附近坝坡区域的加速度反应是比较大的。可考虑在上述区域采取适当的抗震加固措施,如适当放缓顶部边坡等。

(2)根据振动孔压计算结果,在 9 度复核地震作用下,振动孔压最大值为 201.2 kPa。最大孔压比为 0.442,砂层中的最大孔压比均小于 0.5,不会发生液化。

(3)在 9 度复核地震作用下,所得坝体及地基中最大动剪应力为 288.3 kPa。坝体中单元抗震安全系数均大于 1,不会产生动力剪切破坏。覆盖层地基砂层中出现了单元抗震安全系数小于 1 的区域。主要分布在上下游坡脚下的砂层上部,其厚度 5~12 m,这部分区域的砂层虽然不会液化。但可能发生局部动力剪切破坏。

(4)在 9 度复核地震作用下,沥青混凝土心墙中的最大动剪应力为 273 kPa,按照沥青混凝土的强度指标 $\varphi = 26.1°$、$c = 320$ kPa,不会发生动力剪切破坏。

(5)在 9 度复核地震作用下,防渗墙垂直最大动压应力和最大动拉应力分别为 1.72 MPa 和 1.44 MPa;防渗墙顺河向最大动压应力和最大动拉应力分别为 1.18 MPa 和 1.04 MPa;防渗墙坝轴向最大动压应力和最大动拉应力分别为 1.88 MPa 和 1.59 MPa。在地震作用下,防渗墙在上部出现了较大动拉应力,坝轴向动拉应力在岸坡处比较大。静动力叠加后防渗墙坝轴向靠近岸坡处出现了较大范围的拉应力区,最大拉应力为 1.71 MPa。

(6)在 9 度复核地震作用下,坝体最大顺河向残余位移中,向下游最大,为 25.7 cm,向上游的最大水平残余位移 16.5 cm;最大坝轴向残余位移中,右岸 14.5 cm,左岸 14.1 cm;最大垂直残余位移(沉降)为 48.8 cm,发生在坝顶处。坝体地震沉陷量为坝高(含覆盖层厚度)的 23%。

(7)在 9 度复核地震作用下,地震过程中按动力时程线法算得大坝上下游坝坡抗震稳定安全系数时程曲线最小值分别为 1.09 和 1.04;按动力等效值法算得的最小安全系数分别为 1.22 和 1.18。可见,上下游坝坡基本上是稳定的,但安全富裕度不大。

3. 动力分析结论

(1)从大坝的动力计算分析结果看,在地震作用下,坝体边坡稳定。满足规范规定的最小安全系数。该坝的设计基本上是合理的。

(2)覆盖层砂砾石地基出现了单元抗震安全系数小于 1 的区域,主要分布在上下游坡脚下的砂层上部。其厚度 3~7 m(9 度复核地震下为 5~12 m),说明这部分区域的砂层虽然不会液化,但可能发生局部动力剪切破坏。根据计算分析,通过动力剪切破坏砂层的可能滑动面的安全系数比坝坡浅层滑动面的安全系数大,即通过动力剪切破坏砂层的可能滑动面并非是控制坝体稳定安全的滑动面;加上现有设计断面的上下游坝脚处均设有石渣盖层,因此可以不对这部分区域的砂层再另外进行专门处理。

(3)在地震作用下,防渗墙在上部出现了较大动拉应力,坝轴向动拉应力在岸坡处也比较大,静动力叠加后防渗墙坝轴向靠近岸坡处出现了较大范围的拉应力区,最大拉应力值较大,应予适当注意。

通过拟静力法稳定计算、砂层风险性分析、三维静力计算、三维动力计算,并参考类似工程实践,综合判断下坂地大坝设计是基本合理的,坝体边坡是安全稳定的。

4.6　下坂地大坝有限元分析与评价

2004 年 4 月江河水利水电咨询中心召开了专家咨询会议,对下坂地水利枢纽工程的大坝渗流计算与应力应变分析成果进行初步评价,现介绍如下。

4.6.1　各类本构模型计算参数与加载方式

4.6.1.1　各类本构模型计算参数

评价认为,在已完成的分析计算工作基础上,根据坝体和坝基防渗结构形式及筑坝料特点,参照同类工程经验和试验研究成果,统一确认静力分析计算参数是十分必要的。经查证,已完成的各项常规试验可基本满足稳定分析计算要求、其中邓肯-张 $E\text{-}B$ 模型参数见表 4-15、南水模型参数见表 4-16、双曲线接触面材料参数见表 4-17、线弹性接触面材料参数见表 4-18、防渗墙沉渣单元南水模型参数见表 4-19,可作为分析计算的依据。

表 4-15　邓肯-张 $E\text{-}B$ 模型参数

材料名	K	n	K_{ur}	n_{ur}	$\varphi_0/$ (°)	$\Delta\varphi/$ (°)	c/kPa	R_f	K_b	m
沥青心墙(配合比)	305	0.3	525	0.3	26.1	0	320	0.63	1 230	0
细反滤料(反滤砂)	653	0.534	1 040	0.692	45.9	0	0	0.77	350	0.325

表 4-16　南水模型参数

材料名	K	n	K_{ur}	n_{ur}	$\varphi_0/$ (°)	$\Delta\varphi/$ (°)	c/kPa	R_f	C_d	d	R_d
冰水积(卵砾石)	1 031	0.363	2 312	0.520	40.9	0	122	0.90	0.090	1.306	0.8
冰堆积(漂石)	1 031	0.363	2 312	0.520	40.9	0	122	0.90	0.090	1.306	0.8
大坝砂砾石	841	0.480	2 133	0.573	41.1	0	127	0.64	0.220	0.762	0.3
过渡层	841	0.480	2 133	0.573	41.1	0	127	0.64	0.220	0.762	0.3
粗反料(混合反滤)	754	0.622	2 177	0.618	40.9	0	78	0.76	0.116	0.885	0.5
心墙壤土	119.2	0.55	302.9	0.81	29.4	0	17.8	0.74	1.51	0.56	0.7
高塑性土	119.2	0.55	302.9	0.81	29.4	0	17.8	0.74	1.51	0.56	0.7
坝基砂层	180	0.75	270	0.75	30	0	10	0.6	2.99	0.282	0.6

表 4-17　双曲线接触面材料参数

材料名	K	n	R_f	c/kPa	$\varphi/$(°)
防渗墙与地基接触面(泥皮)	1 400	0.65	0.75	0	11

表 4-18　线弹性接触面材料参数

材料名		弹性模量/MPa	泊松比
混凝土防渗墙	刚性材料	30 000	0.167
	刚性材料	28 000	
	刚性材料	25 500	
	塑性材料	1 000	
	塑性材料	800	
	塑性材料	500	
廊道(混凝土)		25 500	0.167
灌浆帷幕		1 000	0.4
基岩		31 800	0.2

表 4-19　沉渣单元南水模型参数(坝基砂砾石 K 和 K_{ur} 折减到 70%)

K	n	K_{ur}	n_{ur}	$\varphi_0/(°)$	$\Delta\varphi/(°)$	c/kPa	R_f	C_d	D	R_d
721.7	0.363	1 618.4	0.520	40.0	0	122	0.90	0.090	1.306	0.817

注:防渗墙插入两岸基岩 1 m,沉渣单元厚 10 cm。

4.6.1.2　施工填筑与蓄水的加载模拟

根据施工组织设计成果,确定初期蓄水计算分级加荷过程:大坝第 4 年底下闸蓄水,最高水位为 2 915.0 m,相应的坝体填筑控制高程为 2 920.0 m;第 5 年汛后,最高水位为 2 914.5 m,相应的坝体填筑控制高程为 2 946.0 m;初期发电蓄水位为 2 941.0 m,坝体竣工期填筑至 2 966.0 m,最高蓄水位为 2 960.0 m。

施工期填筑分级工程计算单位自行确定。

4.6.1.3　防渗结构与边界单元的接触模拟

关于分析计算中沥青混凝土心墙和坝基混凝土防渗墙边界单元的约定:坝基混凝土防渗墙与两岸基岩接触部位应考虑施工期落淤影响,可采用过渡单元或古德曼单元;坝基混凝土防渗墙两侧与坝基料接触部位应设置泥皮单元;沥青混凝土心墙与两岸山体接触面应考虑沥青玛蹄脂滑移变形功能,设置接触单元,心墙两侧与过渡料接触部位是否设置连接由分析计算单位自定,但心墙与坝基接触面(涂沥青玛蹄脂)宜设置接触单元。

4.6.2　大坝三维渗流及垂直防渗结构可靠性分析与评价

4.6.2.1　计算模型确定

1.计算模型深度的确定

2003 年 11 月至 2004 年 2 月,南京水利科学研究院根据初设阶段两个坝型设计方案:

对黏土心墙和沥青心墙以及坝基"上墙下幕"方案进行了三维计算,对防渗方案的局部缺陷进行了二维和三维有限元模拟计算。2004年3月根据设计院最新资料,进行了两个防渗坝型的调整计算,防渗墙最大深度至2 812.00 m,帷幕灌浆厚度按10 m考虑(4排灌浆孔),防渗墙与帷幕的搭接按10 m计。

2. 计算模型边界的选用

根据基岩的分布情况,设定计算模型底部高程为2 650.0 m,顶部高程至坝顶。左岸边界,自中心最大剖面沿坝轴线向外延伸710 m;右岸边界,自中心最大剖面沿坝轴线向外延伸810 m。顺河向距坝轴线上、下游各取1 650 m和1 000 m,三维模型沿河流方向共划分27个断面(围堰前6个,围堰至大坝16个,坝后5个),每个断面剖分结点数均为293个,剖分三角形单元535个;每个三角形单元与相邻断面对应的单元组成空间三棱柱单元,总计划结点7 911个,四面体单元40 950个。

3. 混凝土防渗墙缺陷模拟

混凝土防渗墙的缺陷主要为墙体裂缝和墙体开叉两类,数值模拟计算中,混凝土防渗墙裂缝的模拟可采用局部加密裂缝附近单元以模拟急剧流态,裂缝取在墙下部1/4处或墙顶,贯穿缝,即墙体前后同时开裂,渗透系数K值取缝中无充填或充填情形。

混凝土防渗墙开叉计算,也采用三维局部加密单元法,取沿墙面向下部开叉,开叉部位渗透性同砂砾石覆盖层,比较了不同开叉宽度和开叉深度的影响。计算三维混凝土防渗墙局部损坏时又相应增加了一些剖面,以模拟局部损坏渗流变化。

4.6.2.2 主要参数与边界条件

坝基计算参数:坝基为深153 m的冰层,其中夹有最大厚43.7 m粉细砂透镜体和湖相沉积的淤泥质黏土、软黏土层。冰砂砾石层主要由漂石、块石、砾石、砂及泥粒组成。冰砂砾石层的允许水力坡降为0.1。不同埋藏深度不同的各透水层的渗透系数分别为:0~20 m冰渣漂石与块石层,$K = 15.4$ m/d;20~44 m细砂层,$K = 12.4$ m/d;45~70 m砂砾石,$K = 15.9$ m/d;71~90 m漂石层,$K = 8.5$ m/d;91~100 m含卵石块,$K = 6.5$ m/d;117~125 m含卵石块,$K = 11.4$ m/d;天然软土夹层,$K = 1.36 \times 10^{-6}$ cm/s;基岩,强风化透水性$K = 4 \times 10^{-4}$ cm/s,弱风化$K = 1 \times 10^{-4}$ cm/s,微风化和新鲜基岩$K = 4 \times 10^{-5}$ cm/s。

坝体及防渗料参数:坝壳砂砾石$K = 1 \times 10^{-2}$ cm/s;斜心墙填土及铺盖填土$K = 1 \times 10^{-5}$ cm/s。

混凝土防渗墙$K = 1 \times 10^{-7}$ cm/s;灌浆帷幕(10 m厚)$K = 1 \times 10^{-5}$ cm/s或1×10^{-4} cm/s;沥青混凝土心墙$K = 1 \times 10^{-7}$ cm/s,以上参数(除坝壳砂砾石外)基本符合勘测设计资料,可用于大坝渗流和防渗结构可靠性分析计算。

计算边界条件:上游水位2 960 m;坝址下游天然地下水水位受上游来水、山体渗水和哈沟来水的影响,一般在河床或河床下1~2 m,考虑到蓄水后防渗措施对河床渗漏传递的作用及大坝两岸渗漏对坝后地下水水位抬高影响不大,因此计算中仅考虑坝后受山体天然地下水渗漏和哈沟来水补给,以大坝下游1 000 m边界处为河地面渗出,形成明流。同时综合大坝泄洪洞出口高程2 879.65 m。结合比较确定大坝下游1 000 m边界处地下水水位为2 879.65 m。

在正常蓄水2 960 m,大坝下游坝脚地下水水位在2 888.0~2 890.0 m,水库天然地下水类型有第四纪孔隙及基岩裂隙潜水,第四纪孔隙承压水和基岩裂隙承压水,潜水位低于河床水位,河水补给潜水,右岸基岩斜坡 ZK_{28},孔地下水水位高程 2 889.11 m,左坝肩基岩斜坡 ZK_{22} 孔地下水水位高程 2 889.55 m 左右,水头分别低于河床水位10.17 m 和9.73 m。

如考虑蓄水后两岸天然地下水对坝后地下水水位的影响,防渗体下游侧地下水水位约 2 889.0 m,因此设计综合给定下游 2 888.0 m 是合适的。

4.6.2.3　计算方案与风险性分析假定

稳定渗流期大坝与坝基渗流计算比较了土心墙与沥青混凝土心墙坝方案,比较了帷幕渗透系数为 1×10^{-5} cm/s 和 1×10^{-4} cm/s 两种情形下的渗流场影响。

根据已建工程的运行经验,坝基渗漏风险在于:一是混凝土防渗墙产生裂缝,二是施工过程中混凝土防渗墙产生"开叉",为此对防渗墙开裂、开叉情况下的三维渗流模拟与风险性分析:取坝中心剖面,考虑防渗墙以下 1/4 处为开裂位置及防渗墙顶开裂情形。经初步分析计算选取 0.5 mm 缝宽进行了 7 组不同缝长的局部三维模拟计算。开叉计算取宽度 6~60 cm 四级,开叉高度为墙高 1/4~1/60 中 6 个级别寻找危及坝体安全的最小开叉高度。

4.6.2.4　渗透计算成果评价与建议

(1)心墙与防渗墙接头廊道部位坡降值最大,心墙底部水平坡降为 0.06,底部下出口坡降为 0.36,底部下游处坡降为 0.1。由此心墙底部混凝土防渗墙下游段是否采取反滤保护,尚需从工程实际出发论证后确认。

(2)混凝土防渗墙和帷幕灌浆(上墙下幕)设计方案能够起到较好的防渗作用。土心墙坝混凝土防渗墙所承受的渗透坡降顶部最大为 61,沥青混凝土心墙坝相应为 76。灌浆帷幕起到一定的防渗作用。土心墙方案帷幕灌浆 $K = 10^{-5}$ cm/s 时,下游剩余水头约 5%;$K = 10^{-4}$ cm/s 时,下游剩余水头约 10%;而沥青心墙方案帷幕灌浆 $K = 10^{-5}$ cm/s 时,下游剩余水头约 4%;最大剖面帷幕的渗透坡降最大值为 7.0(帷幕厚 10.0 m)。

(3)目前采用垂直防渗设计方案均能满足渗流稳定性要求,较为合理可行;设计 85 m 防渗墙和其下灌浆采用 10 m 搭接也是合理的。防渗墙承受的最大渗透坡降在顶部,墙体设计厚度满足允许坡降要求。灌浆帷幕顶部最大坡降达到 5 以上,该部位地层稳定性应结合设计方案予以评价确认。

(4)模拟深覆盖层混凝土防渗墙开叉和开裂对整个渗控措施效果影响研究结果表明,混凝土防渗墙微裂缝对防渗效果影响不大。混凝土墙开叉宽度在 6 cm 以下、开叉深度在墙高 1/4~1/6 以下对防渗功能影响不大,渗量约增加 2 倍。模拟计算成果合理性有待分析确认。

建议施工期严格控制混凝土墙的施工质量;混凝土防渗墙与心墙搭接、基岩与帷幕搭接是渗流控制的重要部位,设计应予注意;坝体与坝基防渗效果应布设较完整的监测设施以评价运用期防渗效果。

4.6.3　平面静力有限元分析计算成果与评价

大连理工大学承担的沥青混凝土和壤土心墙坝方案最大断面静力变形分析:有限元网格采用 8 结点四边形单元和 6 结点三角形单元,混凝土防渗墙分为 4 层单元,并在防渗墙与泥皮的交界面设置平面 6 结点古德曼单元是合适的。

筑坝砂砾料和坝基材料采用南水模型,沥青混凝土采用邓肯-张 E-B 模型,混凝土防渗墙、廊道和灌浆帷幕均采用线弹性材料模型,古德曼单元的材料本构采用了克拉夫和邓肯建议的双曲线模型是合理的。

计算中主导参数已在评价会上予以调整,结果尚可定性说明两种坝型在施工期和运行期的基本状态,分析计算的最终成果可为设计参考。

4.6.3.1 防渗墙模量对应力的影响

平面有限元初步计算结果表明,随防渗墙模量的降低,其最大拉、压应力呈减小的趋势,塑性防渗墙对防渗墙应力改善较大。当防渗墙模量为 25 500 MPa 时,沥青心墙方案的防渗墙竣工期和蓄水期最大压应力分别为 19.0 MPa、18.2 MPa,最大压应力的位置均在防渗墙与灌浆帷幕的交界处下游面,两种工况均没有出现拉应力。壤土心墙方案的防渗墙在竣工期的最大拉、压应力分别为 1.37 MPa 和 19.3 MPa,蓄水期最大拉、压应力分别为 1.37 MPa 和 7.7 MPa,两种工况的最大压应力位置均在防渗墙与灌浆帷幕的交界处下游面,拉应力出现在靠近廊道底部的下游面。两种方案最大应力均在安全范围内。

4.6.3.2 坝体位移

沥青混凝土心墙坝方案:竣工期坝体上、下游最大水平位移分别为 0.26 m、0.5 m,位于上、下游坡脚处;上、下游垂直位移最大值分别为 0.59 m、0.49 m。蓄水期坝体上游最大水平位移略有减小(约 0.2 m),下游水平位移略有增大(约 0.72 m);上游最大垂直位移略有增大(约 0.62 m),下游最大垂直位移为 0.49 m。坝体在竣工期和蓄水期的最大垂直位移占坝高不足 1%,属正常范围。

壤土心墙坝方案:竣工期坝体上、下游最大水平位移分别为 0.36 m、0.45 m,位于上、下游坡脚处;上、下垂直位移最大值分别为 0.65 m、0.48 m。蓄水期坝体上游最大水平位移略有减小(约 0.34 m),下游水平位移略有增大(约 0.50 m);上游最大垂直位移为 0.65 m,下游最大垂直位移略有减小(约 0.46 m),坝体在竣工期和蓄水期的最大垂直位移占坝高不足 1%,属正常范围。

4.6.3.3 坝体与坝基应力

沥青混凝土心墙坝方案:竣工期坝体最大主应力 $\sigma_1 = 1.38$ MPa,最大小主应力 $\sigma_3 = 0.64$ MPa;蓄水期坝体 $\sigma_1 = 1.41$ MPa,$\sigma_3 = 0.81$ MPa。计算两种工况中沥青心墙没有出现拉应力。

壤土心墙坝方案:竣工期坝体 $\sigma_1 = 1.17$ MPa,$\sigma_3 = 0.58$ MPa;蓄水期坝体 $\sigma_1 = 1.14$ MPa,$\sigma_3 = 0.65$ MPa。计算两种工况中壤土心墙没有出现拉应力。

两种方案的坝体应力均在合理的范围内。

沥青混凝土心墙坝方案:竣工期上游坝基 $\sigma_1 = 1.7$ MPa,$\sigma_3 = 0.9$ MPa;下游坝基 $\sigma_1 = 2.2$ MPa,$\sigma_3 = 1.2$ MPa。蓄水期上游坝基 σ_1 和 σ_3 均略有减小,分别为 1.65 MPa、0.89 MPa;下游坝基 σ_1 和 σ_3 均略有增大,分别为 2.3 MPa、1.29 MPa。

壤土心墙坝方案:竣工期上游坝基 $\sigma_1 = 1.8$ MPa,$\sigma_3 = 0.9$ MPa,下游坝基 $\sigma_1 = 2.2$ MPa,$\sigma_3 = 1.2$ MPa。蓄水期上游坝基 σ_1 和 σ_3 均略有减小,分别为 1.7 MPa、0.9 MPa;下游坝基 σ_1 和 σ_3 均略有增大,分别为 2.3 MPa 和 1.3 MPa。

两种方案的坝基应力均在合理的范围内。

4.6.3.4　混凝土防渗墙位移

沥青混凝土心墙坝方案:竣工期防渗墙水平位移最大值 0.304 m,位于防渗墙顶;蓄水期防渗墙水平位移增大,最大值 0.455 m。竣工期防渗墙最大垂直位移 0.095 m,蓄水期防渗墙垂直位移略有减小,最大值为 0.076 m。

壤土心墙坝方案:竣工期防渗墙水平位移最大值 0.27 m;蓄水期防渗墙水平位移增大,最大值 0.32 m。竣工期防渗墙最大垂直位移 0.098 m;蓄水期防渗墙垂直位移略有减小,最大值为 0.094 m。

4.6.4　大坝三维静动力有限元分析计算与初步评价

4.6.4.1　计算方法及三维静动力有限元分析模型

西安理工大学根据设计院提供坝壳堆石料、心墙黏土、坝基砂土的静三轴试验成果,三维静力有限元采用邓肯-张 8 参数模型。对地基部分在河流上、下游方向各延伸 300 m,并在端部施加了河流方向的自由度约束,对模型底部进行了全部约束,模型左右侧施加了沿坝轴线方向的约束。在坝体数值分析过程中考虑了预应力效应,采用施加初始应力的方法加以解决。

计算中在坝两端和基岩之间、防渗墙与坝基土体之间、灌浆帷幕与坝基土体之间增加了接触单元,以模拟二者之间的滑移。各材料分区计算参数和填筑蓄水过程采用统一标准,对沥青混凝土心墙方案剖分单元 44 908 个(结点 8 961 个),对黏土心墙坝方案剖分单元 45 223 个(结点 9 056 个)。

采用常规工程类比参数进行动力计算。动力二维计算采用双向地震输入,动力三维计算采用顺河向地震输入,静动力计算需按本次会议要求调整复核。

4.6.4.2　初步计算结果与分析

为了解大坝整体的应力、应力水平及大坝的变形情况,取大坝防渗墙的模量为 800 kPa 时的计算结果进行整理分析。分别给出了竣工期、蓄水期坝体和坝基 3 个典型横剖面及防渗墙的分析结果,3 个横剖面分别为最大剖面(0+220 剖面)、含厚砂层剖面(0+140 剖面)、不含砂层剖面(0+300 剖面),计算结果均在正常范围。

防渗墙模量变化对大坝应力变形的影响:从计算结果可知,黏土心墙蓄水期防渗墙模量值为 25 500 MPa 时,防渗墙模量增大对坝体和坝基砂卵石层的应力分布、应力水平、变形影响不大,如防渗墙的模量为 800 MPa,坝体最大横剖面的小主应力最大值 $\sigma_3 = 300$ kPa、应力水平 $S = 0.27$、最大垂直位移 $\delta_{ymax} = 120$ cm;坝基 $\sigma_3 = 900$ kPa、应力水平 $S = 0.28$、最大垂直位移 $\delta_{ymax} = 69$ cm;而当防渗墙的模量为 25 500 MPa 时,坝体最大横剖面 $\sigma_3 = 350$ kPa、应力水平 $S = 0.26$、最大垂直位移 $\delta_{ymax} = 118$ cm。模量改变对防渗墙与廊道的接触部位的应力产生较大的影响,如当防渗墙材料的模量由 800 MPa 增大至 25 500 MPa 时,坝体最大横坝体最大横剖面 σ_1 由 1 100 kPa 增大至 1 200 kPa。

防渗墙材料模量的增大对防渗墙本身的应力分布、应力水平、变形影响很大。当防渗墙的模量为 800 MPa 时,竣工期防渗墙 $\sigma_1 = 8\ 000$ kPa,$\sigma_3 = 500$ kPa,$S_{max} = 0.19$,$\delta_{ymax} = 53$ cm。当防渗墙材料的模量由 800 MPa 增大至 25 500 MPa 时,防渗墙上 σ_1 由 500 kPa 增

大至 27 000 kPa，$S_{max}=0.34$，δ_{ymax} 减小至 15 cm。

4.6.4.3　初步评价与建议

（1）沥青心墙坝和黏土心墙坝两种方案的计算结果表明，大坝蓄水期与竣工期相比，大坝沉降量有所增加，心墙向下游的水平位移增加较大，且沥青心墙墙体部分的偏移位移比黏土心墙更大；两种心墙坝的坝体、坝基、混凝土防渗墙心墙应力差别不大，心墙有较明显的拱效应，但未出现拉应力区，不过在大坝右岸陡坡处，心墙中的小主应力较小，局部应力水平较高，应综合设计进一步分析论证。

（2）由于坝基为深覆盖含砂层地基，计算结果表明，坝体最大沉降发生在砂层上部，黏土心墙坝和沥青心墙坝下的混凝土防渗墙与砂层相邻部分及防渗墙与灌浆帷幕接触部位为高应力区。

（3）防渗墙模量增大对坝体和坝基砂卵石层的应力分布、应力水平、变形影响不大，但对防渗墙本身的应力分布、应力水平、变形影响很大。

（4）两种动力计算中，均没有考虑坝基土在自重下固结变形的影响，也没有考虑坝体在蓄水过程中可能湿化变形的影响。其影响一个使计算值偏大，另一个使计算值偏小，两者经过抵消补偿后可使计算沉降量与实际沉降量之间的误差相对减小，计算结果尚有一定参考价值。两种动力计算所得的坝顶最大累计沉降量约为 1.3 m，而静力三维计算所得的最大累计沉降量为 0.81 m，后者因考虑了修坝前坝基覆盖层自重固结的影响，计算值偏小，但它同样没有考虑蓄水湿化的影响，故实际上的沉降量应有所增大。

（5）动力二维计算最大（剖面）坝基砂层应力水平可达 0.75~0.902。静力三维计算和动力三维计算的最大应力水平分别为 0.41 和 0.50。显然三维计算的结果比二维计算的结果小得多。可能与三维计算中沿坝轴线方向上出现明显侧向移动有关，这种侧向挤压可使坝的中间最大断面受到挤举作用而降低应力水平，因此实际的应力水平应该比二维动力计算值偏小。但即使是计算值为 0.75~0.902，也不会发生塑性破坏区。

（6）计算包括了三个设计方案（黏土心墙方案、沥青心墙方案和斜心墙方案），其计算结果中坝体、坝基的应力和变形具有相同的特性规律，并没有实质性的差异，所产生的静应力水平、坝顶沉降、坝基砂层的动孔压比以及动力稳定安全系数等相差不大，均能满足设计基本要求。

4.6.5　坝料动力试验

由中国水利水电科学研究院承担的坝基粉细砂（$\gamma=1.53$ t/m³）、混合反滤料的动模量和阻尼比特性试验、动强度试验、动残余变形特性试验以及坝壳砂砾料和坝基砂砾料的动模量和阻尼比特性试验、动强度试验、动残余变形特性试验以及坝壳砂砾料和坝基砂砾料的动模量和阻尼比特性试验、坝壳砂砾料和坝基砂砾料动残余变形特性的低固结比两个应力条件下的试验已完成，其成果满足试验任务和设计要求，相应试验参数已提供给动力计算采用。

坝基粉细砂的补充试验：根据承担单位坝料试验初步成果，2004 年 2 月在陕西省水利电力勘测设计研究院召开的坝工设计技术协调会认为：现场取样坝基粉细砂相对密度为 0.5~0.65，天然干密度变化范围为 1.50~1.60 g/cm³。试验控制值干密度为 1.53

g/cm^3,相对密度为0.5,考虑到现场工程地质条件等因素,为进行比较研究,要求补充进行 $\rho=1.60\ g/cm^3$ 坝基粉细砂动力试验,其动模量和阻尼比特性试验、动强度试验、动残余变形特性试验。

根据已经完成的试验项目,汇总主要动力特性参数见表4-20~表4-24。

表4-20 坝料的最大动剪模量参数

材料	K_c	c(系数)	n(指数)
粉细砂 ($\rho=1.53\ g/cm^3$)	1.0	571	0.669
	1.5	680	0.644
	8.5	720	0.589
混合反滤料 ($\rho=2.20\ g/cm^3$)	2.0	5 073.8	0.418 9
坝壳料 ($\rho=2.18\ g/cm^3$)	1.5	3 974.5	0.416 2
	2.5	4 552.2	0.466 1
坝基砂石料 ($\rho=1.53\ g/cm^3$)	1.0	3 399.8	0.440 9
	2.5	1 600.1	0.456 4

表4-21 坝基粉细砂的剪切模量比 G/G_{max}(%)和阻尼比 D(%)数值

围压力 σ_3/kPa	200		200		700		700	
固结比 K_c	1.5	2.5	1.5	2.5	1.5	2.5	1.5	2.5
γ	G/G_{max}/%		D/%		G/G_{max}/%		D/%	
2×10^{-6}	99.52	99.59	1.50	1.46	99.77	99.78	1.10	1.40
5×10^{-6}	98.10	98.39	1.54	1.50	99.10	99.20	1.19	1.43
1×10^{-5}	95.80	96.45	1.62	1.58	98.00	98.18	1.24	1.49
3×10^{-5}	87.89	89.42	1.94	1.89	93.86	94.27	1.44	1.70
5×10^{-5}	81.34	83.38	2.25	2.21	90.08	90.25	1.66	1.92
1×10^{-4}	69.17	71.45	3.25	3.01	80.92	81.92	2.23	2.48
3×10^{-4}	46.92	49.05	5.86	5.79	60.82	61.73	4.85	4.42
5×10^{-4}	39.53	40.53	8.24	7.80	50.07	53.18	6.45	5.73
1×10^{-3}	29.05	31.22	9.10	8.71	40.60	44.20	7.69	6.77

表 4-22　混合反滤料的剪切模量比值 G/G_{max}(%)与阻尼比 D(%)数值

围压力 σ_3/kPa	200	1 000	200	1 000
固结比 K_c	2.0		2.0	
γ	G/G_{max}/%		D/%	
$4.28×10^{-6}$	100	100	2.10	2.01
$4.90×10^{-6}$	99.43	99.53	2.16	2.16
$8.93×10^{-6}$	98.01	2.21	2.24	2.15
$1.35×10^{-5}$	97.21	8.86	2.28	2.28
$2.14×10^{-5}$	94.12	90.62	2.88	2.78
$5.0×10^{-5}$	80.45	—	2.56	3.56
$1.0×10^{-4}$	79.97	3.17	4.12	3.82
$2.0×10^{-4}$	66.89	65.89	5.97	4.17
$5.0×10^{-4}$	46.45	48.85	8.45	5.15
$1.3×10^{-3}$	30.06	97.00	13.62	6.87
$2.5×10^{-3}$	24.44	4.11	16.52	9.21

表 4-23　坝基砂砾料的剪切模量比 G/G_{max}(%)和阻尼比 D(%)数值

围压力 σ_3/kPa	200		200		1 200		1 200	
固结比 K_c	1.5	2.5	1.5	2.5	1.5	2.5	1.5	2.5
γ	G/G_{max}/%		D/%		G/G_{max}/%		D/%	
$2.5×10^{-6}$	100	100	2.39	2.41	100	100	2.26	2.15
$4.6×10^{-6}$	98.61	98.57	2.42	2.34	99.82	99.98	2.26	2.15
$8.0×10^{-6}$	96.08	97.57	2.44	2.38	97.66	98.74	2.27	2.23
$1.2×10^{-5}$	90.84	94.29	2.47	2.41	96.64	97.76	2.28	2.36
$3.0×10^{-5}$	81.61	89.50	3.61	2.56	93.37	93.75	2.33	2.39
$5.0×10^{-5}$	72.45	79.97	3.77	2.62	87.63	88.28	2.38	2.41
$1.0×10^{-4}$	58.85	66.89	4.17	3.67	80.53	81.98	2.51	2.46
$2.0×10^{-4}$	46.47	46.45	5.62	4.87	71.62	73.88	2.76	2.51
$5.0×10^{-4}$	32.51	30.06	7.93	6.62	52.26	58.59	3.48	2.39
$1.3×10^{-3}$	22.72	26.82	9.89	9.18	28.45	38.43	6.02	5.02
$2.5×10^{-3}$	19.20	24.44	14.47	13.95	16.18	28.43	7.68	6.53

表 4-24　坝壳料的剪切模量比 G/G_{max}(%)和阻尼比 D(%)数值

围压力 σ_3/kPa	200		200		1 000		1 000	
固结比 K_c	1.5	2.5	1.5	2.5	1.5	2.5	1.5	2.5
γ	G/G_{max}/%		D/%		G/G_{max}/%		D/%	
2.5×10^{-6}	100	100	2.24	1.64	100	100	2.22	2.01
4.6×10^{-6}	99.91	99.89	2.22	2.20	99.99	99.91	2.22	1.88
8.0×10^{-6}	99.85	99.88	2.21	2.36	98.95	99.96	2.21	2.21
1.2×10^{-5}	98.82	98.87	3.08	2.44	98.93	98.62	2.58	2.44
3.0×10^{-5}	93.68	94.57	4.08	3.68	95.88	97.68	2.63	2.46
5.0×10^{-5}	86.36	87.46	6.26	4.56	92.36	95.36	5.28	2.85
1.0×10^{-4}	78.86	80.36	8.57	5.88	84.86	89.69	7.22	3.02
2.0×10^{-4}	67.58	72.48	11.55	7.25	76.71	86.97	8.21	3.74
5.0×10^{-4}	56.46	60.46	14.82	10.28	65.46	73.36	10.22	4.38
1.3×10^{-3}	45.78	48.60	20.74	13.71	54.78	63.01	12.26	6.16
2.5×10^{-3}	39.99	42.41	23.61	14.84	41.99	52.72	13.91	6.82

4.7　深厚覆盖层混凝土防渗墙选型

4.7.1　刚性与塑性防渗墙

混凝土防渗墙指利用钻孔、挖槽机械,在松散透水地基或坝(堰)体以泥浆固壁,挖掘槽形孔或连续桩柱孔,在槽(孔)内浇筑水下混凝土或回填其他防渗材料成具有防渗功能的地下连续墙。它是防止渗漏、保证地基稳定和堤坝安全的工程措施。防渗墙材料按照抗压强度和弹性模量,可以分为刚性混凝土和柔性混凝土。

大量研究表明,防渗墙处于受压状态,且受力条件非常复杂。防渗墙的受力主要有以下 3 个方面:其一,防渗墙承受上部传来的部分坝体的重量。由于坝体和坝基都存在着拱效应,显著地减小了墙承受的荷载,因此并不是全部的坝体重量都作用在墙顶和坝基。其二,由于坝体部分荷载作用在砂砾石基础上,引起基础沉陷,防渗墙与周围土体产生相对位移,使防渗墙表面产生摩擦力作用。其三,防渗墙承受上游的水压力作用。土石坝在蓄水后,墙体受到上游巨大的水压力作用。

用于防渗墙材料的主要是普通混凝土,又称为刚性混凝土,弹性模量一般在 10 000

MPa 以上。过去国外针对水库大坝坝基防渗墙普遍都采用刚性混凝土,但后来发现在高土石坝下刚性混凝土存在不少缺点,其中最主要的就是弹性模量太高,极限应变太小。目前刚性混凝土的弹性模量比周围地基高出几百倍甚至上千倍,在上部荷载作用下,防渗墙顶部和周围地层的沉降差和变形往往很大(加拿大马尼克 3 号坝的沉降差高达 1.4~1.6 m,墙内应力超过 $2.6×10^7$ Pa,结果防渗墙被压碎),使防渗墙受到额外的巨大垂直压力和侧摩阻力,致使墙体内部的实际应力值有时会大大超过混凝土允许抗拉强度,墙体的实际应变也超过混凝土的极限应变,从而导致刚性混凝土内部产生裂缝甚至被压碎,防渗效果大为降低。其次是刚性混凝土防渗墙水泥、钢筋用量大,造价高。还有一个缺点是刚性混凝土防渗墙强度大,一期槽孔接头施工困难,容易形成渗漏隐患部位。

　　基于这样的背景,在上部荷载作用较大的情况下有必要用一种新的柔性材料代替刚性混凝土防渗墙,这样就产生了塑性混凝土这种新型的墙体材料。通过大量的试验研究发现,在刚性混凝土中掺入黏土或膨润土,会降低它的强度和弹性模量,使其变形能力大为增加,这就是低弹塑性混凝土。塑性混凝土是用膨润土或者黏土取代普通混凝土中的部分水泥而形成的一种柔性材料,其性能介于土和普通混凝土之间,有时为了改善混凝土性能、节约水泥、降低成本,还会掺入粉煤灰和外加剂。按胶凝材料组成的不同,塑性混凝土可分为膨润土塑性混凝土、黏土塑性混凝土以及黏土加膨润土塑性混凝土三种类型。塑性混凝土的弹性模量与地基弹性模量相近,能适应地基变形,使构筑物与地基联合受力,因而承受比普通混凝土大得多的变形,且拌和物工作性好,流动性、黏聚性良好,不易离析,不堵管,易于泵送且不需振捣或稍微振捣,能比较容易地流平及密实,初凝时间和终凝时间比普通混凝土长,另外塑性混凝土早期强度低,后期强度上升快,水泥用量少,能节约大量水泥,降低工程造价。因而它具有刚性混凝土不可比拟的优点。

　　国外利用塑性混凝土防渗墙作为坝基防渗的工程自 20 世纪 50 年代就开始了,如英国的巴能巴尔赫德心墙堆石坝,最大墙深 46.4 m,在当时该墙深为最大墙深。20 世纪 70 年代至 21 世纪初期,塑性混凝土防渗墙作为坝基防渗的工程越来越多,目前墙深最大的工程是伊朗的卡尔黑心墙堆石坝,坝高 127 m,塑性混凝土防渗墙的最大深度为 80 m。

　　在我国,塑性混凝土是在 20 世纪 80 年代后期才首次应用成功的,首次应用于山西册田水库南副坝除险加固工程,工程中首次对塑性混凝土进行了耐久性试验研究,结果表明,塑性混凝土的耐久性是可以完全满足工程要求的。90 年代先后建成的小浪底水利枢纽上游围堰的塑性混凝土防渗墙,该墙深 73.4 m,厚 0.8 m,成墙面积达 13 832 m^2;长江三峡水利枢纽工程二期围堰的坝基塑性混凝土防渗墙,墙深 74 m,1998 年建成,2003 年完成使命,拆除,这期间对墙体进行了大量的检测试验,这在当时代表了我国塑性混凝土防渗墙技术的最高水平。进入 21 世纪,我国开始了大规模的水库除险加固工程。据不完全统计,我国采用塑性混凝土防渗墙作为坝基防渗处理的已超过 60 座,其中最大墙深超过 50 m 的永久性工程有风亭水库、天生桥水库、岳城水库;最大墙深超过 50 m 的永久性除险加固工程有长潭大坝加固;最大墙深超过 50 m 的临时工程有小浪底上游围堰、三峡二期主围堰、沙湾电站围堰、向家坝围堰。表 4-25 统计了国内采用塑性防渗墙的工程特性,表 4-26 统计了几座水库防渗墙材料配合比及物理力学性能。

表 4-25　国内采用塑性防渗墙的工程特性

序号	工程名称	所在地	建成年份	最大墙深/m	墙厚/m	成墙面积/m²
1	册田水库南副坝	山西	1991	32.5	0.8	1 157
2	十三陵下池围堰	北京	1992	37.8	0.8	—
3	小江水库	广西	2000	42.0	0.6	—
4	横山水库	江苏	2002	19.3	0.3	15 200
5	岳城水库	河北	2000	56.0	0.8	49 000
6	绿茵湖水库	贵州	2003	47.8	—	—
7	希尼尔	新疆	2003	13.0	0.3	18 800
8	象山水库	黑龙江	2004	40.0	—	—
9	红兴水库	黑龙江	2000	31.0	0.4	—
10	天生桥水库	陕西	1998	51.1	0.8	—
11	门楼大坝加固	山东	1997	32.0	0.8	21 797
12	长潭大坝加固	浙江	2003	68.0	0.8	17 895

表 4-26　防渗墙材料配合比及物理力学性能

序号	工程名称	材料用量/(kg/m³)							物理力学性能			
		水泥	黏土	膨润土	砂子	石子	水	外加剂	密度/(kg/m³)	抗压强度/MPa	弹性模量/MPa	渗透系数/(cm/s)
1	册田水库南副坝	80	140	50	700	740	370	—	2 080	1.17	379	2×10^{-6}
2	十三陵下池围堰	120	40	120	770	630	410	—	2 090	2.32	560	7×10^{-7}
3	小江水库	160	80	30	763	827	260	0.83	2 120	2.60	<500	1×10^{-7}
4	横山水库	154	—	54	1 004	711	270	1.16	2 194	2.00	<1 000	$<10^{-8}$
5	岳城水库	199	57	28	835	860	245	2.85	2 226	5.50	—	$<10^{-8}$
6	绿茵湖水库	160	—	80	848	848	260	0.60	2 196	2.50	800~1 000	$<10^{-8}$
7	希尼尔	128	116	45	627	794	305	0.75	—	4.20	859	7.8×10^{-6}
8	象山水库	280	100	—	1 341	72	282	—	—	4.50	500~700	10^{-7}
9	沙河水库	240	—	70	818	818	255	—	—	7.20	1 000	8.1×10^{-8}
10	大同水库	160	—	50	1 021	680	260	0.70	—	5.30	2 200	3.5×10^{-7}

4.7.2　混凝土防渗墙设计中应关注的几个问题

4.7.2.1　防渗墙的有限元计算问题

防渗墙作为土石坝防渗体系中重要的一部分,其应力变形对整个防渗体系有着重大的影响。目前的设计手段主要是工程类比和有限元分析,在有限元计算中,影响防渗墙应力变形的因素很多,主要考虑以下几个方面:

(1)结构形式对防渗墙应力位移的影响很明显,防渗墙顶刺入坝体的深度、高塑性黏土的尺寸及防渗墙底的嵌岩量等对防渗墙的应力位移均有不同程度的影响。

(2)在大坝竣工期,接触面参数(Goodman 接触面单元)对防渗墙应力的影响不明显。但在正常洪水期和非常洪水期,防渗墙应力随接触面参数的变化非常明显。

(3)墙体材料的弹性模量,墙承受的荷载大小及方向、布置位置的不同也影响防渗墙的应力和变形。

(4)在进行应力变形有限元分析时,防渗墙与基岩的接触条件分为嵌固和非嵌固两种情况,嵌固对防渗墙的应力条件极为不利,使防渗墙底部产生高度应力集中现象,且防渗墙中拉应力较大。

(5)防渗墙顶和墙底的预留压紧量,坝体向下传递的边界效应及防渗墙与其两侧土的相对位移均影响防渗墙的应力变形。

(6)坝体形式对防渗墙应力和水平位移影响较为显著。三维效应对防渗墙的中间断面应力位移影响较小,最危险断面转移至两岸陡坡处,即对于深陡的河谷,三维效应比较突出。

此外,在有限元计算中,影响防渗墙应力变形的因素还有加载顺序(先建防渗墙后填筑坝体和先填筑坝体后建防渗墙两种加载顺序)、中主应力、廊道纵向刚度及墙体厚度等。

4.7.2.2　刚性与塑性防渗墙问题

目前大坝坝基防渗墙大多为刚性防渗墙,而采用塑性混凝土作为坝基防渗墙的工程很少,据不完全统计,土石坝坝高大于 100 m,防渗墙深大于 60 m 的工程,在国外仅有 2 个工程,一个为智利的柯巴姆心墙堆石坝,坝高 116 m,塑性混凝土防渗墙最大墙深 68 m,墙厚 1.0 m,成墙面积 12 800 m²;另一个为伊朗的卡尔黑心墙堆石坝,坝高 127 m,塑性混凝土防渗墙最大墙深 80 m,墙厚 1.0 m,成墙面积 190 000 m²。国内采用塑性混凝土防渗墙最大墙深为 68 m。

目前新疆已建成的 100 m 级坝均采用刚性混凝土防渗墙,中小型水库及除险加固工程有个别工程采用塑性混凝土防渗墙,据调查有希尼尔水库,最大墙深 13 m,墙厚 0.3 m;蘑菇河大坝加固工程,最大墙深 24.5 m,墙厚 0.3 m;阿克达拉水库,最大墙深 6.51 m,墙厚 0.3 m。

塑性混凝土防渗墙作为坝基防渗的工程只有少数,但塑性混凝土具有较低的弹性模量和较低的模强比,且可人为控制;其初始模量不随围压的加大而增大,具有较大的极限应变;其具有与土料相似的应力应变关系和破坏形式;其强度在三向受力条件下有很大提高,且强度增长系数大;具有良好的抗性、抗震性和耐久性;其水泥用量小,有利于环境保护,降低能源消耗。这些特性是刚性混凝土不具有的优势,值得更深入的开展研究,发挥其优势,在保证质量的前提下,节省工程投资。

4.7.2.3 防渗墙墙体上下游侧处理问题

为了增强土质心墙或沥青混凝土心墙下部覆盖层的防渗性能以及抗变形能力,在心墙基底的覆盖层中有进行铺盖式固结灌浆的,但并非所有工程均设置了固结灌浆,可见对防渗墙墙体的上、下游侧是否进行处理,是值得关注的一个问题。

1. 土料防渗的土石坝

对土料防渗的土石坝,已建成的狮子坪水电站大坝基础河床部位为透水性较强的覆盖层,坝基河床覆盖层厚度为 90~102 m,结构复杂,表层为粗粒土,下部依次为粉质壤土、粉细砂层、粗粒土、含碎砾石粉砂、粗粒土。防渗墙为全封闭形式,建设中心墙底部进行了深 15 m 的固结灌浆。满拉水利枢纽位于西藏境内,大坝为土心墙堆石坝,坝高 76.3 m,河床坝基为砾卵石覆盖层,厚度为 13.4~31.6 m,为极透水层,坝址地下水以基岩裂隙水为主,地下水埋深:左岸 0.97~17.79 m,右岸 25.82~47.31 m。河床段防渗墙为封闭形式,最大深度 31.6 m,成墙面积 1 510 m²,入岩深度 1 m,建设中心墙底部与覆盖层之间未设置固结灌浆。

徐村水电站位于云南省境内,大坝为土心墙堆石坝,河床冲积层的最大厚度 17 m,为含漂石的卵石混合土,未发现有粉细砂层和淤泥层。河床部位心墙基础置于河床冲积层上,清除其表层的淤泥、大孤石等,河床冲积层采用混凝土防渗墙防渗,墙厚 0.8 m,底部要求嵌入弱风化基岩内 1 m,顶部插入心墙内深度为 4.5 m,建设中心墙底部与覆盖层之间未设置固结灌浆。

2. 沥青混凝土心墙坝

冶勒水电站,坝址右岸及河床下部由第四系中、上更新统卵砾石层、粉质壤土和碎石土夹块石组成,厚度大于 420 m,大坝为沥青混凝土心墙堆石坝,最大坝高 124.5 m。坝基处理中左坝肩基岩埋深浅,为全封闭形式,最大墙深 53 m,墙厚 1 m,入岩深度为 1~2 m;右岸因深厚覆盖层采用悬挂式防渗处理,最大墙深 140 m,墙厚 1~1.2 m。建设中心墙底部上、下游侧与覆盖层之间未设置固结灌浆,但心墙底部设置了钢筋混凝土垫座,宽约 3 m,厚 3 m,垫座下为混凝土防渗墙,沥青混凝土心墙与钢筋混凝土垫座,钢筋混凝土垫座与混凝土防渗墙之间均为刚性连接,垫座与防渗墙采取整体浇筑方式。

尼尔基水利枢纽沥青混凝土心墙砂砾石坝,最大坝高 41.5 m,主坝坝基砂砾石层厚20~40 m,采用混凝土防渗墙防渗,为全封闭形式,墙厚 0.80 m,最大槽孔深度 38.50 m,防渗墙混凝土设计强度等级为 R=18 MPa,底部嵌入基岩 1 m,顶部通过混凝土底座与沥青混凝土心墙相接,建设中心墙底部上、下游侧与覆盖层之间未设置固结灌浆。

下坂地水利枢纽沥青混凝土心墙砂砾石坝,最大坝高 78 m,坝基砂砾石层最大厚度150 m,采用混凝土防渗墙+帷幕灌浆防渗,混凝土防渗墙为悬挂式,墙厚 0.6~1.2 m,最大槽孔深度 85 m,防渗墙混凝土设计强度等级为 C25W8,顶部通过混凝土底座与沥青混凝土心墙相接。建设中心墙底部上、下游侧与覆盖层之间设置固结灌浆。

托帕水库沥青混凝土心墙砂砾石坝,最大坝高 61.5 m,坝基砂砾石层厚 20~40 m,采用混凝土防渗墙防渗,为全封闭形式,墙厚 0.5~0.7 m,最大槽孔深度 110 m,防渗墙混凝土设计强度等级为 C30W10,底部嵌入基岩 1 m。心墙基础与坝基之间设置混凝土基座,建设中心墙底部上、下游侧与覆盖层之间设置固结灌浆。

3. 混凝土面板坝

察汗乌苏混凝土面板砂砾石坝,坝高 110 m,坝顶长 337.6 m。由于坝址区砂砾石料丰富,大坝填筑料主要为阶地砂砾石料。上游坝面坡度采用 1:1.5,下游坝面坡度采用 1:1.25。河床及左岸高漫滩覆盖层由上更新统和全新统组成。河床、高漫滩河床覆盖层最大厚度 47.0 m,一般为 34~46 m,主要由漂石、砂卵砾石组成,磨圆度好,分选性差。根据其颗粒组成的不同及物理力学性质和工程特性的差异,可分为三大层,即上部、下部含漂石砂卵砾石层,中部含砾中粗砂层。上部和下部为同一岩组,以含漂石砂卵砾石为主,上部平均层厚 25.3 m,下部平均层厚 11.2 m,含漂石砂卵砾石层结构紧密,属中等密实—密实状态。河床覆盖层采用厚 1.2 m 的混凝土防渗墙进行防渗处理。防渗墙为刚性墙,混凝土强度等级 C35W10,最深 46 m,两侧通过左右岸连接墙(现浇墙)同河床和两岸趾板连接。固结灌浆布置在趾板和高趾墙基础范围内,固结灌浆孔深入基岩 8 m(竖直孔),间排距 3 m,在趾板处排距 1.5~2 m。柯克亚水库混凝土面板砂砾石坝,坝高 41.5 m,河床覆盖层最大深度为 37.5 m,主要为冲积砂砾层,防渗采用全封闭形式。拱形连接板与混凝土防渗墙连接,防渗墙的下游未设置固结灌浆。

吉尔格勒德水利枢纽混凝土面板砂砾石坝,坝高 101.5 m,河床覆盖层最大深度为 37.5 m,主要为冲积砂砾层,防渗墙采用全封闭形式。河床段基础清除表层厚 0.5 m 的覆盖层,并进行强夯处理。河床段趾板开挖至清基面以下 5 m,覆盖层防渗采用钢筋混凝土防渗墙,墙厚 1 m,底部嵌入基岩 1 m。防渗墙的上、下游设置了 10 m 深的固结灌浆。通过上述实例发现,有的工程防渗墙上、下游均设置固结灌浆进行地基加固处理,有的工程未考虑上下游的固结灌浆,但工程均是安全可靠的,这是今后设计混凝土防渗墙要关注的一个问题,值得进一步深入研究。

4.7.2.4　封闭式防渗墙入岩深度问题

按照《碾压土石坝设计规范》(SL 274—2020)中对混凝土防渗墙的设计原则中要求墙底宜嵌入基岩 0.5~1 m,对风化较深和断层破碎带可根据坝高和断层破碎带的情况加深。在《地下连续墙的设计施工与应用》一书中写到入岩一般指岩石破碎则入岩较深,在岸坡处则浅一些。在确定防渗墙深度时,考虑墙底与基岩或相对不透水层之间接触带的渗透稳定和水量损失。如坝基表层岩石破碎,则墙底伸入基岩可大一些,以避免孔内掉块或卡塞困难,影响灌浆工作,通常将防渗墙底部入岩石或土内一定深度,以保证有足够的嵌入深度和防渗效果,至于其数值大小,则视地质条件、水头大小和灌浆与否而定。通常将墙底伸入弱风化(半风化)岩石内 0.5~0.8 m 或伸入黏性土层内 1.5~2 m 或更大。

如果孔淤积物厚度小于规范规定的 10 cm,防渗效果是有保证的,如果淤积物厚度很厚而且抗渗能力差,在较小水头下就可能失去稳定而形成漏水通道,对此应进行专门论证和处理,一种办法是结合对基岩的灌浆体系,把这部分淤积物通过灌浆加固;另一种办法是采用优质泥浆,采用专门的清孔设备,将槽孔底淤积物彻底清除干净。

四川小江电站坝高 35 m,墙厚 0.8 m,深 15 m,墙底岩性为砂岩、石英岩,实际施工中入岩深度为 1.5 m,冲击钻孔;北京路云水源坝高 20 m,墙厚 0.8 m、深 30 m,墙岩性为安山岩,实际施工中入岩深度为 30 m,冲击钻施工;美国的纳瓦工程,坝高 110 m,墙厚 1 m,墙深 120 m,墙底岩性为砂岩,入岩深度为 1.2 m,双轮铣施工。

防渗墙嵌入新鲜完整的基岩,一般为 0.3~1.2 m。嵌入基岩太深,对防渗有好处,但给施工带来很大困难,同时增加了对墙体的约束,这对于墙体受力并不利。对于风化程度高、裂隙发育的岩石,一种是穿过破碎岩石伸入新鲜基岩,另一种则是伸入一定深度后下接帷幕灌浆进行处理。近年来的工程实践表明,设计越来越趋向于防渗墙本身的柔性化,墙底约束程度也趋于减弱。

通过分析发现嵌岩深度并不是完全固定的,要结合岩石的坚硬完整性或岩石的破碎程度考虑入岩深度,并要注意清理孔底的淤积物,在较高水头下,防止淤泥失去稳定而形成漏水通道。

4.7.2.5 防渗墙顶部是否布设钢筋问题

坝基混凝土防渗墙设计时,考虑防渗墙顶部与心墙之间的变形问题,有些工程会在防渗墙的上部设置不同长度的钢筋笼,以抵抗防渗墙发生变形产生拉裂等问题。但有些工程设计未做此项设计,运行也是良好的。我们认为应该开展这方面的研究,设置在防渗墙顶部的钢筋笼是否可以真正解决防渗墙的变形问题。表 4-27 列出了部分工程防渗墙顶部设置钢筋的实例。

表 4-27 部分工程防渗墙顶部处理形式

工程名称	坝型	最大坝高	最大防渗墙深度/m	防渗墙厚度/m	墙体材料	钢筋笼设置情况
直孔水电站	碎石土心墙堆石坝	47.6	79.0	0.8	C20W8F200	明浇段设置钢筋笼
狮子坪水电站	碎石土心墙堆石坝	136.0	101.8	1.2	W12F100	厚 100 cm,高 500 cm
下坂地水库	沥青混凝土心墙砂砾石坝	78.0	85.0	1.0	C25W8	无
硗碛水电站	砾石土直心墙堆石坝	125.5	70.5	1.2	C40W12	首部 6 m 深
托帕水库	沥青心墙坝	61.5	110.0	0.7	C30W10	首部 10 m 深

4.8 砂砾石地基帷幕灌浆效果分析

4.8.1 大石门水库左坝肩古河床地质条件

大石门水利枢纽工程碾压式沥青混凝土心墙坝最大坝高 128.8 m,库区左岸古河道较宽,正常高水位 2 300 m 时,古河道宽 2.6 km,古河道两岸基岩出露,河道内沉积了深厚层的砂卵砾石,上部岩性为第四系上更新统 Q_3,砂卵砾石层,厚 34~40 m,分布高程 2 364~2 342 m,且全部位于正常高水位以上,下部岩性为巨厚层的 Q_2 砂砾石层,泥质半胶结,厚度达 295 m。库区古河道底低于正常高水位最大 205 m,蓄水后库水位主要位于 Q_2,泥质半胶结的砂卵砾石层,该地层是影响水库渗漏的主要地层,存在渗漏的可能。经计算分析,库区左岸古河槽渗漏量对库区影响不大,但设计应考虑坝后建筑物的安全,以近库岸边坡不产生渗透破坏为准,并应采取相应的防护措施以保证建筑物安全,0-570~0+000 m 段:地面上部出露的岩性为第四系上更新统砂卵砾石,厚 34~40 m;下部为深厚层中更新统的冲积砂砾石层,泥质半胶结,此段层厚 20~254 m,下伏基岩,岩性为下元古界变绿岩,基岩面由坝址区向库区上游逐渐下降,在古河道中心位置达到最深,约 295 m。岩体强风化层厚 2~3 m,纵波速度 Y_p = 2 500 m/s 左右;弱风化层厚 10~15 m,纵波速度 Y_p = 2 800~4 000 m/s;微—新鲜基岩 V_p = 4 000~5 500 m/s。据钻孔试验资料,岩体透水率小于 3 Lu 值界限均在基岩面以下埋深 15 m 左右。

4.8.2　左岸古河床防渗帷幕灌浆及排水设计

坝 0+000~坝 0-063 为岩石段,在灌浆廊道内设 2 排帷幕灌浆孔,孔、排距均为 2 m,呈梅花形布置,孔深按 3 Lu 以下 5 m 控制。

坝 0-063~坝 0-570(古 0+000~古 0+507)属于左坝肩沿坝轴线方向的灌浆段,在砂卵砾石地层中采取灌浆防渗帷幕,在灌浆廊道内设 2 排帷幕灌浆孔,孔距为 3 m,排距为 2 m,呈梅花形布置,孔深按入岩以下 5 m 控制,注浆后渗透系数小于 3 Lu。左岸坝后排水设计:在坝顶高程处左岸灌浆洞号 0-063 m 处沿岩石面向下游设一主排水洞,排水洞与下游 1# 永久交通洞及 2# 临时交通洞相汇。在高程 2 230 m 处灌浆廊道与下游 1# 永久交通洞之间设一排水洞,施工期作为临时交通洞用,后期为排水洞。2# 临时交通洞后期改为排水洞,1# 永久交通洞后期兼顾排水洞作用。同时在 1# 永久交通洞及 2# 临时交通洞上部 40 m 各设一条排水洞,顶部排水洞用排水孔与底部排水洞相连,排水孔内设滤水花管,使其在坝后边坡内侧形成一道排水幕。具体效果还有待工程实践考验。

表 4-28、表 4-29 给出了国内外一些工程对砂砾石地基进行帷幕灌浆的主要技术参数。

由表 4-28、表 4-29 可以看出,对砂砾石坝基采用水泥灌浆形成的帷幕,其渗透性仍然比较大,帷幕渗透系数大都在 $A×10^{-4}$ cm/s 左右,这种处理方案的防渗效果是较差的。

4.8.3　大石门左岸古河床渗流场分布

根据大坝渗流安全监测资料,选取 2021 年 12 月 23 日渗流监测成果为代表,研究其平面渗流场等势线(等水位线)分布规律,检查渗流场渗透介质的均匀性。图 4-32 给出了 2021 年 12 月 23 日的渗流监测成果,相应库水位为 2 260.52 m。

表 4-28　国外砂砾石坝坝基灌浆工程统计

工程名称	国家	完成年份	水头/m	覆盖层最大深度/m	帷幕灌浆孔、排距/m			灌浆压力/MPa	心墙与坝基接触处比降	灌浆孔总进尺/m	坝基理论灌浆量/m³	坝基实际灌浆量/m³	每立方米坝基吃浆量/m³	平均渗透系数/(cm/s)	
					排距	总排数	孔距							灌浆前	灌浆后
阿斯旺	埃及	1967	110	250	2.5~5.0	15	2.5	3.0~6.0	1.9	321 000	1 650 000	6 680 000	0.14	$10^{-3} \sim 10^{-1}$	3×10^{-4}
米松·大沙基	加拿大	1980	60	150	3.0	5	3.0~4.5	3.0~3.6	5.0	8 000	95 000	47 000	0.49	2×10^{-1}	4×10^{-4}
霍尔卡约	阿根廷	—	95	150	—	6	—	—	—	—	—	—	—	5×10^{-0}	2.5×10^{-4}
昔尔文斯登	西班牙	1958	40	120	3.0	7	2.0~3.0	1.2~2.4	2.2	8 000	60 500	40 000	0.66	5×10^{-1}	1.3×10^{-4}
谢尔邦松	法国	1957	100	115	2.0~2.5	19	2.5~4.0	6.0~8.0	3.4	16 200	97 000	50 000	0.51	$9 \times 10^{-2} \sim 3 \times 10^{-1}$	2×10^{-5}
马特马克	瑞士	1967	110	110	3.0	10	3.5	2.0~2.5	3.3	49 000	500 000	190 000	0.38	10^{-2}	6×10^{-3}
斯塔门梯佐	意大利	1959	60	100	—	4	—	—	—	—	—	—	—	—	—
奥尔多·托柯依	苏联	1962	40	85	6.2	6	2.0~4.0	—	6.0	13 200	165 000	42 000	0.25	—	—
杜尔啦斯波登	奥地利	1968	70	75	2.5~3.0	8	3.0	—	3.5	20 500	240 000	540 000	0.45	3.5×10^{-3}	8×10^{-5}
阿米耶圣母	法国	1963	35	70	3.0	5	3.0	1.5	2.4	12 400	90 000	32 400	0.175	3×10^{-2}	2×10^{-4}
蒙-谢尼	法国	1967	74	70	2.6	6	3.0	2.2	2.7	8 000	60 000	10 700	0.19	$10^{-4} \sim 10^{-2}$	9×10^{-5}
船明水库坝肩	日本	1975	15	60	2.5	18	2.5	1.2~1.5	—	14 204	—	52 600	—	10^{-1}	$10^{-3} \sim 10^{-2}$

表 4-29　几个砂砾石地基帷幕灌浆技术参数质量标准统计

工程名称	坝高/ m	覆盖层厚度/m	允许比降	灌浆帷幕厚度/m	灌浆排数	灌浆排距/m	灌浆孔距/m	灌浆压力/MPa	灌浆质量标准	
									渗透系数/10^{-5} cm/s	透水率/Lu
杜伯华	48.5	60	4	6	3	1.0	1.5	—	0.74~6.6	
横溪	30.7	20	5	4	2	1.5	2.0	—		<10
卧牛湖	28.0	15	—	—	3	2.5	3.0	—		<5
威虎山电站	71.8	6			1		2.0		<10	
密云	66.4	44	6	11	3	3.5	2.0	0.5~1.5	5.5~62.5	
下马岭	33.2	40	3.6	—	3	3.0	3.0	3.0		
岳城	55.5	8	6	8	3	1.7~3.3	2.5	0.3~1.5	—	
科克塔斯	88.0	20	—	0.5	1				12	

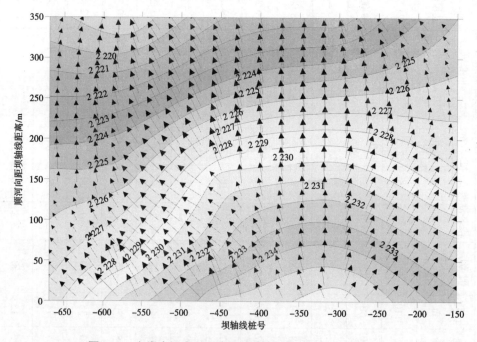

图 4-32　左岸古河床平面渗流场等水位线分布　（单位:m）

渗流场的规律：

（1）左岸全线皆为渗流入口，但主流入口位于 0-250~0-400 一带；

（2）渗流进入左岸古河床后以 0+300 为分界线，其右侧渗流开始向右下方流动，受古河床与现代河床分界线处的基岩阻隔，转向向下，继之向右偏离；分界线左侧渗流先向左侧流动，继之转向古河床下游,因监测点数量较少,末端渗流趋向合理；

（3）在桩号 0-400~桩号 0-550,距坝轴线 100~300 m 范围内,渗流方向变化较大,可能是受边界条件的影响,正常情况渗流应直接流向下游；

(4)各测点等水位线分布均匀、缓变,表明渗流场介质渗流特性稳定少变。

总体上看渗流场工作正常。

4.8.4　左岸古河床砂砾石地基帷幕灌浆效果分析

4.8.4.1　帷幕灌浆防渗效果评判标准

古河床砂砾石透水层防渗,采用水泥灌浆形成防渗帷幕,防渗线布置在主河床大坝坝轴线的延伸线上,为监测帷幕灌浆的防渗效果,在帷幕灌浆下游布置有渗流监测点。

帷幕灌浆效果可用防渗有效系数评估,为评价大坝防渗体系(包括坝体防渗、防渗墙防渗)形成的垂直防渗结构的防渗效果,通常在防渗体系上、下游分别对应设置渗压计(测压管),以监测库水位与各测点的水位折减特性,分析防渗体的防渗效果。

防渗效果通常可用防渗体有效防渗系数 E_H 来表示:

$$E_H = \frac{\Delta H}{H} \times 100\% \tag{4-4}$$

式中:ΔH 为防渗体系上、下游相对应的两渗压计水位差,m;H 为水库上、下游水位差,总水头,m。

防渗体有效防渗系数 E_H 值越大,防渗效果越好。其防渗效果评价标准为:$0.75 \leqslant E_H$,防渗效果优良;$0.5 \leqslant E_H < 0.75$,防渗效果较好;$0.3 \leqslant E_H < 0.5$,防渗效果较差;$E_H < 0.3$,防渗效果不佳。

4.8.4.2　左坝肩古河床砂砾石帷幕灌浆防渗效果分析

库水位均按 2021 年 12 月 23 日实测水位计算(库水位为 2 260.52 m),计算结果见表 4-30。

表 4-30　古河床防渗帷幕效果评价

测压管编号	桩号	距坝轴线距离/m	防渗体有效系数 E_H	帷幕防渗效果
P1	—	—	0.70	防渗效果较好
P2	—	—	0.71	防渗效果较好
UP10	0-300	0	0.36	防渗效果较差
UP11	0-450	0	0.40	防渗效果较差
UP12	0-570	0	0.42	防渗效果较差
UP25	0-670	0	0.47	防渗效果较差
UP26	0-670	50	0.47	防渗效果较差
UP21	0-150	350	0.49	防渗效果较差
防渗有效系数平均值			0.43	防渗效果较差

根据表 4-30 计算结果可知,古河床砂砾石帷幕灌浆防渗效果较差,这必将导致左岸绕渗渗透流量略显偏大。

P1、P2 位于基岩中是其灌浆效果较好的原因。

UP21 是位于大坝下游最远的一个监测点,距坝轴线距离为 350 m,在库水位为

2 268.69 m 时,其渗透位势占总水头的 51%,渗透压力偏大,当其处于渗流出口时,极易引起渗透失稳而导致边坡坍滑。库水位升高时应加强监测,出现异常及时处理。

4.8.5　砂砾石地基帷幕灌浆效果的讨论

超深覆盖层中多数工程采用混凝土防渗墙结合水泥帷幕灌浆的方案进行防渗处理。已建工程尚未见到有关墙下深部的帷幕渗流的监测报道,其防渗效果如何也很难确切进行评价。

对砂砾石坝基采用水泥灌浆形成的帷幕,其渗透性仍然比较大,帷幕渗透系数大都在 $A×10^{-4}$ cm/s,这种处理方案的防渗效果是较差的。有关砂砾石坝基帷幕灌浆的适用性,《碾压式土石坝设计规范》(DL/T 5395—2021)和《碾压式土石坝设计规范》(SL 274—2020)均指出:1958 年以来成功的只有密云、下马岭和岳城水库,近年来基本上没有用此方法进行砂砾石坝基处理。但国外成功的实例较多,如埃及的阿斯旺坝灌浆深度达 250 m,加拿大的米松太沙基坝灌浆深度 150 m,法国的谢尔邦松坝灌浆深度 115 m 等。当覆盖层较深,用混凝土防渗墙困难时,只有用灌浆帷幕才能解决,因此仍将砂砾石灌浆列出。这显然是一种无可奈何的表述。

关于灌浆帷幕的允许渗透比降,对于水泥-黏土浆,建议采用不大于 3~4。国外实际采用的比降在 1.8~10。几个较大的工程如阿斯旺采用 1.9,瑞士的谢尔邦松采用 2.9,瑞士的马特马克采用 3.3,加拿大的米松·太沙基采用 5,苏联的奥尔多·托柯依采用 6,瑞士还有两座坝采用 5.5。因此,砂砾石地基灌浆帷幕的允许比降采用 3~4 是在正常范围内的。一些高坝的砂砾石地基帷幕灌浆采用多排、低比降是成功的经验。

《碾压式土石坝设计规范》(SL 274—2020)明确指出:"工程实践表明,以往采用明挖回填截水槽和砂砾石灌浆帷幕出现问题较多,近年来不大采用,因此本次修订不推荐"明挖回填截水槽"和单独采用"灌浆帷幕"的形式。对砂砾石地基的水泥帷幕灌浆持否定态度。

混凝土防渗墙墙体厚度仅 1 m 有余,在其下进行帷幕灌浆很难达较低的比降,也无法进行多排灌浆,防渗效果预计不会很好。而且墙下帷幕施工困难,投资较高。

根据以上经验,是否需设置混凝土防渗墙的水泥帷幕灌浆是一个值得认真讨论的问题。

第 5 章　沥青混凝土心墙施工技术进展

5.1　低温环境下沥青混凝土心墙施工技术

5.1.1　研究背景

　　碾压式沥青混凝土心墙施工大多数是在常温环境下进行的,心墙在连续施工条件下,碾压结合层层面质量是有保证的。如为满足来年防洪度汛需要赶工期,或因工程所在地区地理位置处于常年低温时,碾压式沥青混凝土心墙的施工需要在低温环境下进行。低温环境下沥青混凝土散热速度加快,基层沥青混合料碾压完成后,施工中断时间长将使基层沥青混凝土温度下降明显,进行上层沥青混合料的铺筑时,基层沥青混凝土表面温度经常会低于《水工碾压式沥青混凝土施工规范》(DL/T 5363—2016)中 70 ℃的规定。即使在施工中采用一些保温措施,减小基层沥青混凝土温度损失,或采用红外线加热或喷灯烘烤等手段进行升温,工程应用中效果并不理想,严重阻碍了低温环境下心墙施工的进度。当碾压结合面温度低于规范规定的温度时,能否保证沥青混凝土结合层面有效结合,成为低温环境下心墙施工亟须解决的关键问题。

　　施工规范中规定基层沥青混凝土表面温度不宜低于 70 ℃的要求是根据三峡、尼尔基和冶勒、日本御所二期围堰等工程的施工经验确定的,党河、碧流河及茅坪溪等工程施工经验是利用上层新铺沥青混合料(140 ℃)的热量,停滞 30 min 左右,可将基层 50 mm 处的沥青混凝土熔化,结合面温度可达 70 ℃以上。碧流河水库在结合面温度约为 70 ℃的条件下进行钻芯取样,肉眼几乎观察不到结合面的存在。但是,这些研究尚缺乏结合面强度及渗透性能的试验成果,所以在低温环境下施工心墙结合面温度能否低于规范中 70 ℃的要求,适当降低基层沥青混凝土表面温度限制能否保证心墙结合面的质量成为工程技术人员关注的问题。围绕这些问题,结合新疆几座沥青混凝土心墙坝的施工进行了以下研究工作。

5.1.2　基层温度对层间结合质量的影响

　　通过室内试验进行了不同沥青用量的芯样力学性能试验,阐明沥青用量的增加对沥青混凝土心墙性能的影响,研究了不同基层温度对结合面处力学性能的影响规律以及结合面温度适当降低后对沥青混凝土心墙结合质量的影响。对原材料和低温气候条件下配合比进行优选,研究了不同基层温度下碾压结合面的劈裂抗拉强度、恒定正应力下抗剪断强度、弯曲应力和应变、拉伸应力和应变变化规律,以及上层热沥青混凝土摊铺对基层沥青混凝土的加热效应进行了分析。

　　经不同基层温度下结合面的劈裂试验可得,劈裂抗拉强度随结合面温度的降低而降低,结合面温度降低对沥青混凝土的层间结合质量有影响,但影响不大。以结合面温度为 30 ℃ 所成型试件的劈裂抗拉强度与本体试件相比下降了约 10.6%,下降幅度相对较小。试件抗剪断强度、抗弯强度、拉伸强度均随结合面温度降低而下降,结合面温度为 30 ℃ 时与本体相比分别下降了 8.1%、4.5%、6.2%,下降幅度也较小,能够满足规范要求。结合面温度为 −25 ℃ 时的直接剪切试验及小梁弯曲试验后试件断面较平整,试件逐渐呈现脆性破坏,而结合面温度为 30 ℃ 的试件断面粗糙不平,层间有大颗粒骨料相互嵌入,试件逐渐呈现延性破坏,层间结合情况较好,结合面情况见图 5-1。

(a)基层温度−25 ℃　　　　　　(b)基层温度30 ℃　　　　　　(c)基层温度70 ℃

图 5-1　不同结合面温度的小梁弯曲试验后断面

5.1.3　上层混合料温度对结合面质量的影响

随着上层沥青混凝土终碾温度的降低,成型试件的孔隙率逐渐增大,为保证冬季施工质量以及上层沥青混凝土的压实性,低温环境下施工终碾温度宜控制在 100 ℃ 以上。室内试验表明,上层热沥青混合料的加热传递效率较高,当基层沥青混凝土表面温度为 40 ℃ 时,上层摊铺的热沥青混合料在 35 min 后可将结合面温度提升至施工规范要求的 70 ℃ 以上。

现场碾压结合面试验也表明,基层沥青混凝土温度为 30 ℃ 时,结合面的抗剪断强度、抗弯强度、抗拉强度分别达到母材力学性能的 88%、98% 和 90%,表明结合面质量能够得到保证。在低温环境下,当基层沥青混凝土表面温度为 30 ℃ 时,进行上层热沥青混合料摊铺碾压,心墙沥青混凝土的结合面良好,结合面处力学性能变化较小,沥青混凝土的施工质量可以得到保证。

5.1.4　低温环境施工质量控制要点

碾压式沥青混凝土施工受外界气温影响大,根据新疆库什塔依水电站、阿拉沟水库大坝的气候条件,在新疆地区冬季气温低于 −20 ℃ 时,心墙沥青混凝土施工采取如下措施,达到了较好效果。

(1)选择适合低温条件施工的沥青混凝土配合比。根据工程经验,低温条件下油石比宜比正常施工条件高 0.3%~0.5%。

(2)适当提高骨料加热温度和沥青混合料的出机口温度。出料口温度最高不宜超过 180 ℃,骨料加热温度不宜超过 200 ℃。

(3)减少沥青混合料运输、摊铺过程中的温度损失。沥青混合料运输及摊铺设备应增加适当的保温设施,保证沥青混合料在运输过程中的封闭,沥青混合料入仓摊铺后及时进行帆布覆盖。

(4)适当提高沥青混合料的摊铺厚度,延长温降时间。可将沥青混凝土心墙的铺筑层厚由规范的 20~30 cm 增加至 35~40 cm,但需进行现场试验论证,选择合适的碾压机械和碾压工艺。

(5)适当减短摊铺碾压段长度,提高初碾温度和控制碾压时机。初碾温度宜控制在 145~155 ℃,使沥青混合料在较高温度下碾压密实,摊铺段长度控制在 20 m 以内,时机成熟及时进行碾压,也可以在帆布上进行碾压。

(6)尽量做到连续摊铺碾压施工,缩短沥青混凝土碾压结合层面间断时长。随时监测沥青混凝土结合面温度,及时铺筑上一层沥青混合料,实现夜间不间断施工,但要做到"晚间要比白天亮,作业层面无阴影"。

(7)施工间断时,应做好碾压后沥青混凝土表面的保温措施。可采用 1 层帆布+2 层棉被的保温工艺,可使沥青混凝土温度在 1~2 d 内保持在 70 ℃ 以上,有利于和上一层沥青混凝土的结合。

(8)各单位应加强施工组织管理,使各工序紧密衔接。施工单位更应做好施工组织设计,沥青混合料做到及时拌和、运输、摊铺碾压,同时应加强施工结合面的质量控制。

5.1.5　沥青心墙越冬保护

沥青混凝土心墙在冬季停工后应对心墙表面进行保护,防止沥青混凝土表面温度过低而冻裂。试验表明,当温度低于沥青脆点温度(-10 ℃)时,沥青混凝土表面易出现较多的微裂隙,在这些裂隙当中,有的在上层热沥青混合料摊铺后可自动愈合,有的不能很好愈合,从而影响结合层区的防渗性能。具体做法为:先用帆布覆盖沥青混凝土心墙,再覆盖 2 层 1.5 m 宽的棉被,棉被上面覆盖一层宽 2.5 m 的三防帆布,三防帆布上再填筑 1.2 m 厚过渡料,如图 5-2 所示。在合适的位置可埋设电子温度计,在整个越冬期可以对心墙内部的温度变化过程进行观测,新疆的几座工程心墙均采用了此方案进行越冬,来年揭开覆盖层厚,沥青表面并未发现异常。

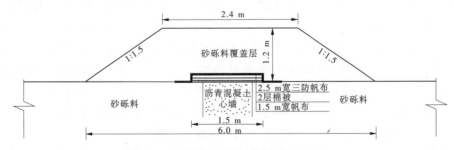

图 5-2　心墙越冬保护覆盖横断面示意图

5.1.6　沥青心墙表面快速升温

沥青混凝土心墙越冬结束后,在天气晴朗无风时揭开覆盖于沥青混凝土心墙上的棉被,此时,心墙温度远低于施工规范要求的结合面温度 70 ℃ 的要求,需要进行升温处理。工程实践表明,利用加热过渡料的方法进行心墙表面升温是一种行之有效的方法。可利用沥青混凝土拌和站加热过渡料(粒径要求不大于 20 cm),温度升至 220~230 ℃,将过渡料铺设于耐热帆布上,铺设厚度为 30 cm,2~3 h 后过渡料可使心墙表面以下 1~2 cm 处温度升至 60 ℃ 以上,心墙表面明显变软发亮。采用人工清理模板内过渡料,沥青混凝土表面先涂刷一层沥青玛蹄脂,再进行上一层热沥青混合料的摊铺和碾压,见图 5-3。此项工作需要几个工序紧密配合,揭开一段处理一段,避免加热后的沥青混凝土温度再次降低。肉眼观察外观几乎看不到结合面,应通过对结合面取芯检测,结合面的抗剪断强度接近本体,且结合面的渗透性也满足规范要求,结合效果较好。

图 5-3　心墙表面的升温过程

5.2　高温环境下沥青混凝土心墙施工技术

5.2.1　研究背景

碾压式沥青混凝土心墙是沿坝轴线不分段分层摊铺碾压施工的,在心墙中不可避免地形成较多不连续的结合层面。在新疆大河沿水库、阿拉沟水库等工程的心墙施工中,高温环境给施工带来一些难题。在高温环境下心墙沥青混凝土连续两层铺筑时,基层沥青混凝土降温变得缓慢,达到规范规定的结合面温度上限值 90 ℃ 需较长时间(一般 6 h 以上),一层沥青混凝土碾压结束后,需要等待较长时间才能进行上一层沥青混合料摊铺和碾压,造成心墙施工中断。坝轴线较短时,这种施工不连续性更为突出,大大影响心墙的施工速度。因此,深入研究心墙沥青混凝土高温碾压效果及侧胀变形规律,提出在不影响施工质量的前提下,将施工规范中的基层沥青混凝土温度上限值适当提高,对加快施工进度、保证高温环境下沥青混凝土心墙施工的连续性尤为重要。

新疆地处西北寒冷干旱地区,气候特点为夏季高温、冬季寒冷。在夏季 6~8 月,平均温度在 30 ℃ 左右,最高温度可达 40 ℃。心墙沥青混凝土为热施工,初碾温度一般控制在 130~145 ℃,碾压结束后沥青混凝土温度仍然维持在 120 ℃ 左右。由于心墙沥青混凝土为大体积施工,高温环境下温度损失缓慢,这是由于心墙施工与过渡料为同步碾压,碾压完成后两侧过渡料形如一层保温层减缓了心墙的散热。

高温环境下沥青混凝土心墙施工的问题国内研究较少,规范仅根据 2 个工程进行了经验总结,一是四川冶勒沥青混凝土心墙坝(坝高 124.5 m),二是四川金平水电站(坝高91.5 m)。冶勒沥青混凝土心墙坝在坝体上进行了结合面不高于 90 ℃ 的多层碾压取得了成功,金平水电站则在结合面温度为 91~93 ℃ 条件下进行连续碾压,现今坝体均运行良好。四川冶勒水电站沥青混凝土心墙进行了连续施工工艺的研究,其试验研究的目的主要是确定心墙沥青混凝土的初碾温度,试验采取温度分别为 70 ℃ 、90 ℃ 、110 ℃ 基层沥青混凝土温度进行连续两层碾压。试验结果表明,基层沥青混凝土温度在 110 ℃ 时碾压上一层后的孔隙率小于 3%,但初碾温度在 150~165 ℃ 会出现陷碾的问题。当初碾温度控制在 145~160 ℃ 时,基层沥青混凝土温度在 70 ℃ 和 90 ℃ 时的孔隙率均小于 3%,由于温度降至 70 ℃ 以下等待时间较长,无法实现每日两层铺筑,故最终确定基层温度为不大于 90 ℃ 。

5.2.2　基层温度对心墙侧胀变形的影响

通过控制基层沥青混凝土温度,试样周围填 15 cm 厚的过渡料,对上层沥青混合料进行击实,以模拟沥青混合料在无侧限条件下的压实效果。结果表明,当基层温度为 90 ℃ 和 100 ℃ 时,试件竖向应变相对较小,分别为 0.28% 和 0.56%;当基层温度为 110 ℃ 时,试件竖向应变明显增大,达到 1.51%。从基层沥青混凝土试件的侧胀量看,基层温度为 90 ℃ 和 100 ℃ 的试件侧向应变较接近,基层温度为 110 ℃ 的试件侧向应变明显增加,且试件上部侧向变形明显比下部大。基层温度越高,在上层沥青混合料击实过程中,基层沥青混凝土将发生一定的侧向变形,且在两侧过渡料的约束下,试件上部和下部侧胀量差异明显。

现场试验表明,经过连续两层碾压后,上层和基层沥青混凝土存在一个相同特点:随着深度的增加,沥青混凝土的相对侧胀量逐渐减小。沥青混凝土在碾压过程中,上部沥青混凝土受到较大激振力产生侧胀变形,表现出"松塔效应",此现象在心墙施工中普遍存在。由于基层温度的差异,连续两层碾压过程中心墙相对侧胀量也有所不同,随着基层温度的升高,基层沥青混凝土在同一深度的相对侧胀量不断增大。温度越高基层沥青混凝土越软,上层温度较高的沥青混合料对基层沥青混凝土再次加热升温,连续两层碾压时,基层沥青混凝土在上层沥青混合料的振动碾压过程中,产生"二次侧胀"变形,温度越高基层沥青混凝土"二次侧胀"越大,碾压层高度也随之减小,如图 5-4 所示。

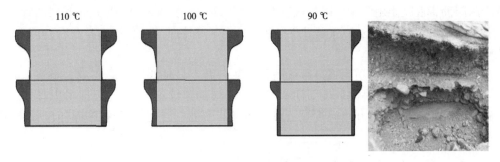

图 5-4　不同基层温度心墙碾压侧胀情况

5.2.3　基层温度对上层沥青混凝土压实性的影响

室内试验表明,在上层沥青混合料击实功相同的条件下,基层温度 90 ℃时,上层击实后试件外观孔隙相对较少,而基层温度为 100 ℃和 110 ℃时,上层外观孔隙较多。如图 5-5 所示。基层温度高于 90 ℃时,基础较软,上层沥青混凝土的击实效果明显下降。

(a)基层温度90 ℃　　　　　　(b)基层温度100 ℃　　　　　　(c)基层温度110 ℃

图 5-5　不同基层温度的上层沥青混合料击实效果

由于基层沥青混凝土的温度过高,在上部沥青混合料击实过程中表现出较大的塑性。在这样的软基础上进行击实,一部分的击实功被基层沥青混凝土所吸收,剩余部分才用于当前层的沥青混合料击实,表现出基层温度越高,上层沥青混凝土孔隙率越大。

5.2.4　心墙侧胀变形后的孔隙率变化

通过现场钻取芯样的试验结果可以看出,随着基层温度的升高,碾压结合区和侧胀部位沥青混凝土的孔隙率均有所增加,基层温度为 110 ℃的沥青混凝土结合区孔隙率平均达到 3.4%,说明高温连续两层碾压心墙沥青混凝土时,基层温度过高造成沥青混凝土心墙的侧胀量增大,随之结合区孔隙率不断增大,将影响沥青混凝土防渗性能。

现场基层温度 110 ℃时,心墙平均侧胀量接近 20%,在此基层温度下进行上层沥青混合料的碾压将造成沥青混凝土用量增大。从沥青混凝土的压实效果上看,基层温度在 100 ℃以下,可以保证上层沥青混合料的压实,且结合面的力学性能和防渗性都是有保证的。将基层沥青混凝土温度控制在 100 ℃以下,可有效加快高温环境下的心墙施工速度,减少两层沥青混凝土施工中的降温等待时间。当环境温度高于 35 ℃时,将基层沥青混凝土温度由施工规范要求的 90 ℃提高至 100 ℃,施工等待时间可减少 2 h 左右,可有效加快施工进度。

应该说明的是,上述适当提高基层沥青混凝土温度只是解决高温环境心墙施工的一个方法。为更好地解决高温环境下沥青混凝土心墙的连续施工问题,还应考虑其他施工措施,如在沥青混凝土拌和物温度上考虑适当降低出机口温度、延长摊铺碾压段长度、降低初碾温度等措施。

5.2.5　高温环境施工质量控制要点

在夏季高温环境下,尤其是当气温在 35 ℃以上时,沥青混凝土施工也是很困难的。

高温气候下沥青混合料的摊铺温度容易控制,但受环境影响摊铺后的沥青混合料降温缓慢,高温碾压容易出现沥青混凝土碾压侧胀。同时,连续施工时基层沥青混凝土温度过高,还会影响上一层沥青混合料的碾压密实度。尤其是碾压后沥青混凝土温度要下降至规范规定的 90 ℃时,需要等待数小时,严重影响了沥青混凝土的施工连续性,给施工和质量控制带来了诸多困难。结合新疆吐鲁番地区阿拉沟水库、大河沿水库的施工,总结了高温环境下沥青混凝土的施工方法和质量控制措施,叙述如下:

(1)选择适合高温环境下施工的沥青混凝土配合比。根据工程经验,高温环境下油石比可采用比正常施工条件低 0.3% 左右。

(2)适当降低骨料加热温度和沥青混合料的出机口温度。出机口温度最高不宜超过 160 ℃,骨料加热温度不宜超过 180 ℃。

(3)适当延长摊铺碾压段长度,降低初碾温度。可适当延长混合料摊铺碾压段长度在 50 m 以上,初碾温度宜控制在 130~140 ℃。

(4)可适当提高基层沥青混凝土表面温度限制值,尽可能保证连续摊铺碾压施工。将下层沥青混凝土温度上限值提高至 100 ℃,减少心墙每层施工的降温等待时间 2 h 以上,可有效加快施工速度。

(5)适当减小沥青混合料摊铺厚度,做到连续摊铺碾压施工。夜间环境温度相对较低,沥青混合料摊铺后散热相对较快,适当减小摊铺厚度,可有效加快施工进度。

(6)采取碾压后沥青混凝土快速散热的降温措施。可利用过渡料中冷水降温,也可采用心墙和过渡料施工高程高出两侧坝壳料 3~5 m,利用自然风降温的办法。

5.3　大风环境下沥青混凝土心墙施工技术

5.3.1　研究背景

沥青混凝土心墙施工大多数都是在正常气候条件下(非降雨降雪时段或日降雨降雪量宜小于 5 mm、施工时风力宜小于 4 级、沥青混凝土心墙施工时气温宜在 0 ℃以上)进行的。但有时为满足坝体来年汛期的度汛安全、大坝工期等要求,碾压式沥青混凝土心墙需要在特殊气候条件下进行施工。

大河沿水库位于新疆大河沿镇北部山区,大坝为碾压式沥青混凝土心墙坝。此工程地理位置特殊,地处"百里风区",年平均 8 级以上大风 108 d,最多达 135 d。施工中尽管采取了很多防风措施,还是会出现以下问题:风的表面降温作用强,严重影响沥青混合料入仓后的温度均匀性;沥青混合料在运输过程中温度散失加快,入仓后的混合料几乎没有时间排气,碾压后沥青混凝土内部气孔明显增多,影响施工质量;同时,由于表面温度降低过快,在沥青混合料表面容易形成一个硬壳层,一方面会影响当前层的碾压效果,另一方面由于表层碾压质量缺陷还会影响与上一层的结合,结合区易形成薄弱面,影响沥青混凝土心墙的防渗安全可靠性;大风环境下空气易裹挟沙尘流动,心墙作业面受扬尘污染,影响施工进度和工程质量。

大风环境条件给碾压式沥青混凝土心墙的施工带来较大困难,也会影响施工质量。

研究大风环境下心墙沥青混凝土施工防风技术,保证沥青混凝土心墙连续碾压施工具有重要的工程应用价值,可以降低消耗,增加有效施工天数,使工程提前完工并发挥经济效益和社会效益。

5.3.2 风速对沥青混凝土温度场的影响

室内模拟试验表明,不同风速对沥青混合料表层降温总体差异明显,风速越大,沥青混合料表层温度降至终碾温度所需时间越短,表层温度达到终碾最低温度时,表层温度与中心温度的差值越大。相同时间内,各风速下沥青混合料中心温降情况总体差异较小。这是因为风的表面降温作用很强,风速的增大使沥青混合料表层温度散失加快,且风速越大,流通的低温空气流入量越多,可带走的热量越多,严重影响了沥青混合料入仓后的温度均匀性,降低碾压效果。

工程现场实践表明,大风环境下心墙铺筑后覆盖帆布和棉被可延缓沥青混合料的温度散失,有利于沥青混合料和心墙温度的控制;现场散热情况相比室内试验耗时更长,主要因为沥青混合料现场施工体积大、热容量高;沥青混凝土表层经封闭、压实后,改变了降温条件。现场风力为 4 级时,无覆盖形式下沥青混合料温度降至终碾最低温度 110 ℃需 95 min,覆盖一层帆布后降温时间增长至 193 min。说明心墙覆盖帆布可延缓沥青混合料散热,有利于沥青混凝土心墙温度的控制。风力增大至 6 级时,心墙覆盖一层帆布和棉被,沥青混合料降至终碾最低温度 110 ℃所需时间为 256 min,采用帆布+棉被覆盖温控效果较好。大风气候条件下现场施工时,若心墙施工区风力能控制在 4 级以下,则可延长沥青混凝土适宜摊铺和碾压的时间,且能保证沥青混合料在规范规定的碾压温度下连续施工,保证施工质量。

5.3.3 利用坝体与心墙填筑高差形成的防风结构

碾压式沥青混凝土心墙坝在大风气候环境下填筑时,为降低心墙施工区风速,使风力等级达到规范要求的施工要求,提出了利用坝体与心墙填筑高差形成的防风结构。利用坝体自身分区填筑,使坝壳料铺筑高度和心墙铺筑高度产生一定高差,保证心墙和过渡料在凹槽内施工,两侧填筑的坝壳料形成类似的"土堤式挡风墙"(简称防风结构)。其中,防风结构高差即坝壳料与心墙填筑高程的差值,记作 h,设置距离即防风结构背风侧坡脚距心墙中心的距离。大坝防风结构填筑如图 5-6 所示。

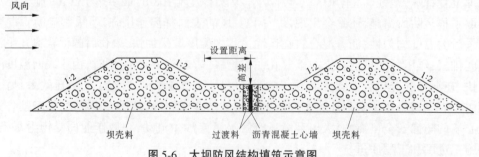

图 5-6 大坝防风结构填筑示意图

通过大坝二维绕流数值计算模型,对风场计算域的设置条件进行分析,在给定风场边界条件下,大坝模型对周围风场的影响高度应不小于 20h,来流长度应不小于 15h,尾流长度应不小于 15h,可得到与风场计算域大小无关的计算结果。最终确定计算域高度 H=20h,来流长度 L_1=15h,尾流长度 L_2=15h。对现场坝体填筑结构做坝体流场的数值模拟计算,对比得出数值模拟计算结果和现场实测数据有较好的一致性,可对大坝防风结构进行优化分析。在此基础上对优化方案进行大坝风场数值模拟,模拟主要对防风结构的防风效果进行仿真分析,探明设置距离、高差对大坝防风效果的影响,得出设置距离和大坝防风有效最小高差的关系。同时对防风结构在不同风级、风速条件进行风场的数值模拟,研究不同风级、风速下大坝的防风效果,得出风级、风速和大坝防风有效最小高差的关系。

坝体与心墙填筑高差的施工技术具有一定防风功效。防风结构高差的增大有利于心墙近地表施工区的防风,而设置距离的增大则作用相反。8 级风力条件下,防风结构高差为 10 m 时,设置距离为 5 m 和 10 m 能有效防风。设置距离为 10 m 时,填筑高差为 10 m、15 m 和 20 m 可有效防风。防风结构设置距离和防风有效的最小高差高度拟合为线性关系,拟合方程 y=0.524x+3.85,其中 x 为设置距离,y 为防风结构高差。防风结构高差和设置距离一定时,风级、风速对防风效果基本无影响,但风级、风速越大,有效遮蔽系数取值越大,施工防风要求越高,越不易满足施工要求。

5.3.4 大风环境施工质量控制要点

大风环境对沥青混凝土心墙施工的影响较大,《水工碾压式沥青混凝土施工规范》(DL/T 5363—2016)规定,风速大于 4 级不宜施工。然而,新疆大石门水库、大河沿水库等一些沥青混凝土心墙坝有风时段很长,且风速较大,年有效施工时间受到很大制约,严重影响这类工程的正常施工进度和工程质量。通过研究与工程实践提出了大风气候条件下碾压式沥青混凝土施工质量控制要点如下:

(1)利用坝体与心墙填筑高差的施工防风技术。利用坝体自身填筑,把上、下游坝壳料的铺筑超前心墙与过渡料,使心墙在坝壳料形成的凹槽内施工。大河沿水库在大风季节采用了该施工技术,达到较好的效果,见图 5-7。

图 5-7 工程现场应用

（2）加强拌和系统计量设施维护。定期检查拌和系统计量设施，及时更换有问题的传感器，确保计量精度。

（3）加强各施工环节的温度控制。在强风气候环境下施工时，拌和系统的加热温度与沥青混合料的出机口、入仓、初碾、终碾温度均采用施工规范规定的上限值。

（4）对沥青混合料储运和摊铺设备加设保温措施。沥青混合料要求采用带电加热板的保温罐储存，车斗四周及底板带保温的自卸车运输，在保温车、保温料斗和摊铺机的料斗上架设方便拆卸的可活动保温篷布。

（5）控制摊铺机和振动碾行驶速度。选取摊铺速度和碾压速度上限，摊铺后先用碾压机械静压两遍，对表层进行压实和封闭，防止表面温度散失过快。

（6）控制施工段长度，过渡料下风侧备料。可缩短施工段长度，做到随铺随碾，过渡料备料前关注风向变化情况，在下风侧备料。

（7）沥青混凝土心墙摊铺后覆盖防风帆布和保温棉被。沥青混凝土心墙摊铺后覆盖防风帆布，上层再加棉被保温，整体上延缓心墙温度的损失，延长沥青混合料的排气时间，且防止扬尘污染心墙，保证施工质量。

（8）加强施工组织管理。加强施工组织管理，使各工序紧密衔接，并保证拌和楼和施工现场的联系，做到及时拌和、及时运输、及时摊铺、及时碾压，尽量缩短每一阶段的作业时间，减少沥青混合料在施工过程中的热损。

5.4　沥青混凝土厚层摊铺碾压施工技术

5.4.1　研究背景

施工规范中规定的沥青混凝土心墙的摊铺厚度宜控制为 20~30 cm。若心墙摊铺层太薄，层面处理量加大，立模、拆模等工作也会相应增加，同时沥青混凝土结合层属于心墙的薄弱环节，摊铺太薄将会增加沥青混凝土心墙的薄弱面数量；若摊铺太厚，必须用重碾碾压，重碾碾压过程中容易发生陷碾，使振动碾难以正常工作，并且如果碾压遍数未精确控制，将会引起超碾现象，造成经济浪费和沥青混凝土离析现象。因此，研究沥青心墙施工中适当提高碾重，将摊铺厚度增加至 35 cm 或 40 cm，可有效减小沥青混凝土心墙的薄弱层数量，提高沥青混凝土的防渗安全性；同时，厚层摊铺也可以提高心墙施工效率，缩短施工周期。

5.4.2　不同碾压设备的压实功分析

《水工碾压式沥青混凝土施工规范》（DL/T 5363—2016）规定沥青混凝土心墙在碾压时采用小于 1.5 t 的振动碾。而提高摊铺厚度后，为了避免因碾压遍数过多而引起沥青混凝土降温过快，产生碾压不密实的情况，选用 LA-1.5T 和 BW438AD-3.0T 的振动碾进行压实功对比分析，通过对不同型号振动碾的单位压实功进行理论分析，确定出 3.0T 的振动碾在不同摊铺厚度下的碾压参数。通过对 2 种振动碾相关参数计算可得，在摊铺厚度为 30 cm 时，3.0T 振动碾碾压 1 遍后的单位体积压实功为 2.951×10^4 J/m³。同时，以实际工程中常用的 1.5T 振动碾在摊铺厚度为 30 cm、碾压 8 遍后的单位体积压实总功为 1.607×10^5 J/m³。因此,在相同摊铺厚度下,将振动碾质量从 1.5T 提高到 3.0T 后,只需用 3.0T 振动碾碾压 6 遍即可。将摊铺厚度提高到 35 cm、40 cm 时,采用 3.0T 振动碾只需碾压 8 遍、10 遍即可,相比于 1.5T 振动碾碾压遍数均减少 2 遍。由此可见,摊铺厚度增加后,采用适当增大振动碾质量的措施,并以此确定合理的碾压遍数,可达到 1.5T 相同的压实效果。

由于试验段沥青混凝土心墙宽度为 70 cm,而 1.5T 振动碾的碾轮宽度为 80 cm,通常采用骑缝碾压的方法进行施工。在过渡料摊铺时略高于沥青混凝土 2~3 cm,在骑缝碾压过程中过渡料会起到骨架作用,从而降低了振动碾对沥青混凝土心墙的作用力,将振动碾的工作质量从 1.5T 提高到 3.0T,其振动碾碾轮宽度也从 80 cm 增加至 120 cm,工作质量为 1.5T 的振动碾有 88% 的力作用在心墙上,对心墙的单位面积压实功为 5.272×10^3 J/m³。而工作质量为 3.0T 的振动碾只有 58% 的力作用在心墙上,对心墙的单位面积压实功为 5.164×10^3 J/m³。将振动碾质量从 1.5T 提高到 3.0T 后作用到沥青混凝土心墙上的单位面积压实功变化都较小。因此,在增加摊铺厚度的同时适当提高振动碾的质量,可以有效避免因振动碾的质量过重而引起陷碾。

5.4.3 不同碾压设备的压实功分析

根据沥青混凝土施工规范对摊铺厚度的推荐,结合新疆某工程的实际情况,选择三种摊铺厚度(30 cm、35 cm、40 cm),初碾温度选择 130 ℃,碾压遍数选择为:振动碾先静碾 2 遍+动碾 N 遍+静碾 2 遍(其中动碾遍数 N 根据单位压实功计算确定)。

为使试验条件更接近现场施工条件,将沥青混凝土心墙碾压试验场地布置在某工程沥青混凝土实验室前一处平整的场地,距离沥青混凝土拌和站约 6.5 km,场地平面尺寸为 25 m×20 m,试验场地用 CLG4180 型平地机整平、26 T 自行式振动碾碾压 8~10 遍至水准仪测不出沉降量为止。共分 3 个碾压试验段,每个试验段基座采用 C25 混凝土浇筑,基座混凝土几何尺寸为 15 m×1.5 m×0.3 m(长×宽×高),基座混凝土与沥青混凝土心墙结合区采用冲毛处理后,刷 2 道冷底子油和 2 mm 厚沥青玛琋脂。基座上部沥青混凝土心墙宽 0.7 m,两侧过渡料宽 2 m,现场碾压试验段如图 5-8 所示。

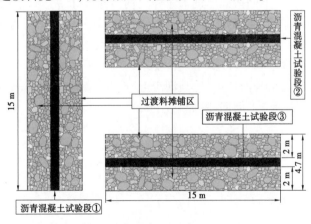

图 5-8 现场碾压试验段示意图

通过测定不同碾压条件下沥青混凝土芯样的密度、孔隙率、渗透系数,并进行统计分析,再结合水利工程施工及设计规范对沥青混凝土的施工质量做出评价。不同摊铺厚度条件下密度质量控制图如图 5-9 所示,不同摊铺厚度下分离度的试验结果如表 5-1 所示。

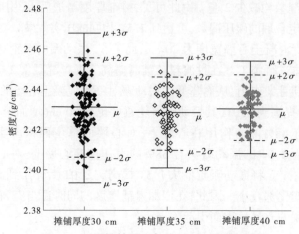

图 5-9　不同摊铺厚度条件下密度质量控制图

表 5-1　不同摊铺厚度下分离度的试验结果

摊铺厚度/cm	样本数量/个	密度/(g/cm³)		分离度最大值	密度/(g/cm³)		分离度最小值	极差
		上部	下部		上部	下部		
30	108	2.443	2.455	1.005	2.453	2.456	1.001	0.004
35	72	2.443	2.465	1.009	2.451	2.458	1.003	0.006
40	72	2.451	2.469	1.007	2.449	2.454	1.002	0.005

　　研究结果表明,采用 3.0T 的振动碾对三种摊铺厚度的心墙沥青混凝土进行碾压,碾压后密度无显著性差异,不同摊铺厚度下芯样的均匀性较好,将摊铺厚度增加至 40 cm 不会产生离析现象。不同摊铺厚度下碾压后的孔隙率平均值分别为 1.81%、1.92% 和 1.84%,差异较小,在不同摊铺厚度下用 3.0T 的振动碾碾压 6 遍、8 遍、10 遍后对沥青混凝土的压实性能无明显影响,可以满足规范要求。施工中将摊铺厚度增加至 40 cm,可以减小沥青混凝土心墙的结合面数量,提高沥青混凝土心墙的防渗安全性;同时厚层摊铺也可以提高施工效率,缩短施工周期,降低工程造价。

第6章　沥青混凝土心墙坝病害及处理

　　沥青混凝土心墙作为土石坝的防渗系统在世界范围内得到广泛运用,沥青混凝土心墙坝成为重要的坝型之一。沥青混凝土心墙具有良好的适应变形能力、抗冲蚀能力、抗老化能力及整个心墙无须设置结构缝,因此可在任何气候条件下和任何海拔使用。理论分析和工程实践均表明沥青混凝土心墙坝的安全性很高,是一种极有发展潜力的坝型。

　　在国外,沥青混凝土心墙作为防渗体已用于较高的土石坝工程中,如奥地利的Finstertal 沥青混凝土心墙坝建于 1977~1980 年,坝高 150 m,其中沥青混凝土斜心墙高度 96 m。而国内设计中的去学水电站坝高虽然达到了 165.4 m,但沥青混凝土直心墙高度为 132 m。新疆在建和拟建的沥青混凝土心墙坝达 70 余座,其中坝高百米以上的有 11 座。新疆沥青混凝土心墙坝建设和工程实践的过程中,在设计、施工、质量控制方面均积累了很多的经验,技术水平有了较大的发展,已建成的大石门水库最大坝高为 128.8 m,在建的尼雅水库,最大坝高达到了 131.8 m。沥青混凝土心墙坝的坝高能否向 150 级发展,设计和研究人员也在不断地努力探索。

　　沥青混凝土心墙坝的建设尽管取得了较大成功,但现有研究成果大多是材料配合比、体型设计和施工工艺方面的,材料变形特性与结构设计理论仍不能满足高坝发展的需要,使这种坝型的设计与建设仍然具有较大的经验性。沥青混凝土心墙存在渗漏缺陷和发生事故的工程实例仍可多见,这无疑对工程安全产生重大影响。截至目前,国内外尚无沥青混凝土心墙坝发生溃坝的事故,仅有一些可修复的病害报道,这些病害虽然没有影响坝体安全,但却影响了工程效益的发挥。

　　根据已建沥青混凝土心墙坝的渗漏原因分析,可总结为以下四个方面。

　　第一,狭窄河谷坝址高陡边坡与沥青混凝土心墙结合面出现较大的相对位移,心墙产生拉裂失去防渗功能;

　　第二,沥青混凝土心墙与过渡料的变形不协调,拱效应严重时可能发生"水力劈裂",使心墙产生严重渗漏;

　　第三,低温季节施工时,因工艺控制不佳,导致心墙碾压层面结合不良,形成集中渗漏通道;

　　第四,随着沥青混凝土应力的不断增大,材料产生较大剪胀变形,孔隙率的增大、剪胀裂隙出现和扩展形成渗漏。

　　前两类渗漏可通过坝址选择和沥青混凝土材料设计来解决,第三类渗漏可通过改变施工工艺和加强施工质量控制解决,第四类渗漏涉及沥青混凝土材料的物理-力学本质,还有待进行深入研究。表 6-1、表 6-2 分别给出了国内外一些沥青混凝土心墙坝的渗漏情况统计。

表 6-1　国内沥青混凝土心墙坝渗漏量统计

工程名称	建成年份	坝高/m	坝顶长/m	心墙厚度/cm	渗透流量/(L/s)	处理后渗透流量/(L/s)	备注
洞塘	2000	48.0	—	50	29	—	
马家沟	2002	38.0	267	50	70	5.2	
霍林河	2007	26.1	1 230	50	136.8	1.4	
阳江	2007	43.4	395	50/80	710	6	
大竹河	2011	61.0	206	40/70	23.2	1.5	
头道沟	2014	52.4	210	40/100	14	—	
石门水电站	2014	106.0	312.5	60/90/120	0	—	
茅坪溪	2000	104.0	1 480	50/120	5 水位 135 m	—	
麦海因	2012	52.6	120	30/50	40	5~10	浇筑式沥青心墙
大库斯台	2012	33.7	131	30/50	109.0	10	浇筑式沥青心墙
乌雪特	2013	49.4	220	30/50	25	—	浇筑式沥青心墙
象山	1997	50.6	385	30	217	26	浇筑式沥青心墙
喀英德布拉克	2017	59.6	607	60/80	50	—	
米兰河	2015	83.0	415	50/80	600	51	右岸破碎带灌浆失效，补灌后渗流立即减小
八大石	2020	115.7	312.9	60/80/120	30	—	
碧流河	2016	84.8	175	50/70/100	70	—	
奴尔	2021	80.0	740	50/80	130	—	补强灌浆后渗漏量未见明显减少

注:渗透流量列中仅统计了某些水库的初期蓄水渗透流量,水库并未达到正常蓄水位。

表 6-2　国外几座沥青混凝土心墙坝渗透流量统计

工程名称	国家	建成年份	坝高/m	坝长/m	心墙厚度/cm	心墙坡度和面积/m²	渗透流量/(L/s)
芬斯特脱尔	奥地利	1980	坝壳 150斜心墙 96	652	70/60/50	1:0.440 000	3~9
麦杰脱	英国	1980	56	570	90/70/60	1:026 000	1.5~3.3
小金器	德国	1981	77	350	70/50		0.9
大丢恩	德国	1980	60	398	60	1:0~1:0.2510 000	0.1
斯特拉迈	挪威	1987	90	1 460,其中800 m 为直线,其余为"S"形	80/70/60/50	1:0.248 000	8~10其中 2 L/s为地表水
法伊斯特里茨巴赫	奥地利	1991	85.5	420	70/60/50	1:0.1~1:0.214 100	右坝肩 2~20 L/s,心墙和坝基渗漏量小

6.1　沥青混凝土心墙坝渗漏检测

沥青混凝土心墙坝发生渗漏,首先应分析渗漏原因、性质及部位。针对设置在坝体内部的沥青混凝土心墙渗漏,目前尚无单一、有效、可靠的检测方法和技术,一般多在心墙上、下游侧布置钻探孔,以水为媒介,采用水下声呐、孔内电视观测、示踪连通试验、物探检测、超低频探地雷达和安全监测坝体内水位分析等多种检测方法,根据检测成果综合分析、判定渗漏情况。常用的检测方法如下。

6.1.1　水下声呐检测

水下声呐检测是利用声波在水中的优异传导特性,实现对水流渗漏场的测量。利用水下声呐检测获取心墙上、下游钻孔和垂直心墙断面的渗漏水流声场,通过解析渗漏场流速数学模型,测量坝体的渗漏通道及其竖向分布情况,结合渗漏部位的渗漏流速,可将坝体心墙渗漏强弱情况在平面和铅直向上进行分区界定。

6.1.2　孔内电视观测

应用孔内电视观测孔内水流悬浮物或标示物的运动状态以获得直观信息,可确定渗漏水流流向,初估水流速度,从而确定渗漏部位分布高程。利用全孔壁数字电视功能采集孔壁及孔内渗漏水流流态完整图像信息,通过观察图像信息来判定孔内地下水流流态和地层信息。

6.1.3　示踪连通试验

现场示踪连通试验主要采用在心墙上、下游钻探孔内分孔分时投放示踪剂,在心墙下游钻探孔内及坝脚排水沟观测出逸情况,为便于观测及分析,宜在坝脚排水沟出水点依序预先布设观测点。通过现场示踪连通试验成果分析判定坝体渗漏水流的流向,初估渗漏流速,并结合上述检测方法成果综合分析判定心墙渗漏部位及其渗漏强弱。

6.1.4　物探检测

物探检测采用地震映像或声波对渗漏进行测试。地震映像利用在沥青混凝土心墙顶部激发的地震波,在心墙介质传播过程中遇到分界面时会产生一定能量的反射波原理,对反射波振幅、频率、速度等信息进行计算,分析差异界面埋深及结构形态;声波测试通过在心墙钻孔内进行单孔或跨孔不同频率波速测试,以声波波速来分析判断检测范围内的心墙质量情况。

6.1.5　超低频探地雷达

超低频探地雷达法是地球物理方法中的一种高分辨率、高效率的探测方法,是将电磁波(1~100 MHz)以脉冲的形式通过发射天线定向地送入地下。电磁波在地下介质中传播,当遇到存在电性差异的地层或目标体时,发生反射和折射,反射回地面的电磁波被接收天线所接收,由探地雷达系统采集并显示。采集到的电磁波数据经处理后,根据电磁波波形、振幅强度和时间的变化特征,推断地下介质的空间位置、形态和埋藏深度,从而达到对地下地层或目标体探测的目的。

6.1.6　坝体内水位分析

根据坝体各类钻孔终孔水位观测资料,绘制坝体内水位等值线图,分析心墙前、后坝内地下水水位及其对应的变化关系,心墙渗漏部位一般会在紧靠心墙上游侧局部形成"降落漏斗",渗漏较弱或者渗漏不明显部位,水位无明显变化;心墙下游侧相反,终孔水位偏高则表明该处得到较大渗漏补给。通过分析心墙前、后地下水水位等值线图,可判断心墙渗漏部位及其强弱的分布。

6.2　沥青混凝土心墙渗漏修复技术

6.2.1　沥青混凝土心墙修复的难点

对土石坝沥青混凝土心墙直接进行修复存在以下困难:

(1)沥青混凝土心墙位于坝体内部,目前上述的检测方法难以对心墙所有渗漏通道的具体位置、分布和状态进行精准测定。

(2)沥青混凝土心墙结构单薄,厚度一般在 1 m 以内,若对心墙进行钻孔灌浆处理,对钻孔孔斜精度要求极高,难度极大,稍有不慎就可能打穿心墙,造成更大的破坏。

(3)由于沥青混凝土与灌浆材料难以紧密结合,对心墙进行灌浆处理的难度极大,采用灌注热沥青的方法在心墙顶部一定深度范围尚可,但在心墙下部则无法实施。

综上所述,对土石坝沥青混凝土心墙本身无法进行直接、有效的修补。根据国内几座沥青混凝土心墙坝渗漏处理经验,大多采用了混凝土防渗墙和过渡层控制灌浆两种处理方案。前者是在存在严重渗漏的条件下,在沥青混凝土心墙的上游侧建造广为应用的混凝土防渗墙,形成新的防渗体进行坝体防渗;后者是在上游过渡层内及其周边进行灌浆,以降低过渡层的透水性,并使部分浆体进入沥青混凝土心墙的缺陷(包括裂缝、层间施工缝和其他渗漏通道),堵塞渗漏通道进行防渗。

6.2.2　采用混凝土防渗墙的修复技术

混凝土防渗墙(又称槽孔混凝土防渗墙)施工技术近年来在我国被广泛用于坝基防渗,该技术也被用于土石坝坝体病害处理。早期主要采用冲击钻造孔,成墙厚度 0.8~1.0 m,20 世纪 80 年代后引进了液压抓斗、铣槽机等多种成槽设备,防渗墙体深度也愈来愈深,吐鲁番大河沿水库已成功建成了覆盖层深度达 186 m 的混凝土防渗墙,堪称世界之首,彰显了其技术的成熟。

6.2.2.1　防渗墙轴线布置

土石坝沥青混凝土心墙上、下游侧均设置有过渡层,坝体通常采用透水料填筑。在坝体心墙上游侧设置混凝土防渗墙,其轴线布置应考虑如下因素:

(1)考虑坝壳结构、性质及过渡料层厚度,防渗墙轴线确定在心墙上游侧合适位置布设,以利墙体成槽、防止漏浆及塌孔,避免施工对心墙造成不利影响。

(2)防渗墙施工需拆除坝顶结构,形成一定宽度的施工平台以满足造孔成槽、渣料运输等施工要求,其轴线布置应考虑尽量降低开挖坝体的高度。

(3)防渗墙轴线布置宜尽量靠近心墙,避免施工过程中因机械荷载、槽孔泥浆作用等影响上游坝坡变形和稳定。

(4)防渗墙轴线端头布置应与坝体原防渗体系衔接和封闭。

6.2.2.2　墙体材料及其物理力学指标

我国 20 世纪 80 年代中期开始研究和应用塑性混凝土防渗墙,对其特性取得了一些共识,90 年代以前建造防渗墙使用最多的为黏土混凝土防渗墙,约占已修建的防渗墙工程的约 76%。在沥青混凝土心墙坝设置防渗墙时,墙体材料的选择主要考虑如下因素:

(1)防渗墙的抗渗等级、耐久性、允许渗透坡降等应满足坝体渗漏处理的需要。

(2)墙体防渗物理力学指标应满足墙体受力安全运行要求。墙体弹性模量、刚度与坝体材料存在差异,蓄水后在水荷载的作用下墙体可能产生拉应力,尤其是坝体自身变形尚未趋于稳定及高坝深墙情况下,应进行墙体应力应变计算分析,慎重确定墙体材料及其物理力学指标。

(3)防渗墙厚度主要根据墙体抗渗性能及施工条件确定。满足墙体抗渗性能的厚度按防渗墙上、下游水头差与墙体允许渗透水力比降的比值计算确定,同时考虑防渗墙最大墙深及墙下灌浆帷幕施工需在墙体内预埋灌浆钢管等因素。

6.2.2.3　工程实例

1. 重庆马家沟水库

大坝为沥青混凝土心墙堆石坝,最大坝高 38.0 m,坝顶长 267.0 m,沥青混凝土心墙上、下游侧各设厚 2.0 m 人工灰岩过渡料层,最大粒径 80 mm。水库开始蓄水大坝即出现明显渗漏,并随库水位升高明显增大,最大出露渗透流量达 70 L/s 左右。对坝体心墙采用多种方法检测,结果表明沥青混凝土心墙存在局部渗漏通道。经研究论证采用在心墙上游侧过渡层中实施黏土混凝土防渗墙修复坝体防渗体系方案,防渗墙墙厚 60 cm。2008 年 5 月开工,同年 12 月底完工验收,防渗体系修复处理后渗透流量约 5.2 L/s。

2. 四川大竹河水库

大坝为沥青混凝土心墙石渣坝,最大坝高 61.0 m,坝顶长 206.0 m,沥青混凝土心墙上、下游侧各设厚 3.0 m 的过渡层,过渡层采用强-弱风化石英闪长岩填筑,坝壳层采取强风化石英闪长岩填筑。大坝于 2011 年 7 月填筑完成,蓄水接近正常蓄水位时,大坝下游坝坡出现平行坝轴线的散浸带,并在局部形成流淌状,采用在上游坝壳层中距心墙轴线 4.5 m,平行坝轴线设置黏土混凝土防渗墙方案进行修复,防渗墙墙厚 80 cm,最大墙深 64.0 m。2014 年 4 月开工,同年 6 月中旬完工,坝体防渗体系修复处理后,水库已正常蓄水运行,坝脚渗透流量约 1.4 L/s,监测资料表明墙体应力状态良好。

6.2.3　采用控制灌浆的修复技术

控制灌浆是在沥青混凝土心墙上游侧的过渡层内进行水泥灌浆,形成一层透水性较弱的防渗层加强坝体防渗。

《土石坝沥青混凝土面板和心墙设计规范》(DL/T 5411—2009)要求过渡料质密、坚硬、抗风化、耐侵蚀,且颗粒级配连续,最大粒径不宜超过 80 mm,小于 5 mm 粒径含量宜为 25%~40%,小于 0.075 mm 粒径含量不宜超过 5%。针对过渡料层颗粒细、松散、易塌孔等问题,在过渡料层中采用控制灌浆以形成防渗幕体与沥青心墙联合防渗的修复方案时,应重点考虑过渡层的可灌性、灌浆浆液浓度、灌浆压力、钻灌方法、灌浆幕体渗透系数、允许渗透比降及幕体厚度等因素。

6.2.3.1　过渡层可灌性

在心墙上游过渡料层进行控制灌浆时,应首先了解过渡料的物质组成、性质、渗透性及颗粒级配等。采用可灌比值对过渡料能否接受某种灌浆材料和能否有效灌浆进行初判,进一步根据过渡料渗透系数的大小来选择不同的灌浆浆液浓度,一般认为渗透系数大于 25 m/d 的砂砾石层能接受水泥黏土浆液或经过磨细的水泥膨润土混合浆液。工程实践经验表明,粒径小于 0.1 mm、颗粒含量低于 5%的砂砾石层采用水泥黏土浆可进行有效灌注。普通硅酸盐水泥粒径 d_{95} 多小于 80 μm,可以灌入宽度为 0.25~0.4 mm 的较小裂隙中;黏土(或膨润土)具有细度小、分散性强、稳定性高等特点,在水泥中掺入黏土制浆可增加浆液的稳定性和可灌性,且可避免堵管事故。

6.2.3.2　灌浆浆液

国内外在过渡层控制灌浆方面的经验很少,我国 20 世纪 50 年代曾在密云水库、岳城水库等工程地基覆盖层进行帷幕灌浆试验及应用,心墙过渡层控制灌浆与覆盖层控制灌浆存在一定差异,借鉴覆盖层灌浆成功的经验,针对沥青混凝土心墙坝过渡层特点,重点对膏状浆液和混合稳定浆液配比、性能进行了室内试验研究和现场灌浆试验,提出适合过渡层料灌浆浆液的力学性能指标见表6-3。

表 6-3　膏状浆液与混合稳定浆液性能指标

浆液名称	浆液性能				结石性能	
	密度/ (g/cm^3)	吸水率/%	抗剪屈服 强度/kPa	塑性黏度 η	渗透系数/ (cm/s)	抗压强度/MPa
膏状浆液	≥1.58	<5	20~35	0.1~0.3	≤1×10^{-6}	≥7.5
混合稳定浆液	≥1.40	<5	<20	<0.10	—	12.5

6.2.3.3　钻孔与灌浆

针对过渡层料质地坚硬、颗粒细、级配连续、松散及钻孔时孔壁易坍塌等特点,为提高钻孔工效及钻孔质量,可采用护壁钻进方式。护壁钻进分为泥浆循环护壁钻进和套管护壁钻进,为避免孔壁形成的泥皮对过渡料控制灌浆产生不利影响,可采用套管护壁钻进、清水或风洗孔;对深厚地层或含较大砾石过渡层,可采用潜孔冲击回转跟管钻进方法,该法施工方便,工效较高。

在过渡层灌浆可采用孔口封闭法和套阀管法灌浆。孔口封闭法灌浆在过渡层中自上而下逐段进行钻孔和灌浆,钻灌工序交替进行,每段灌浆都在孔口封闭,灌浆段可得到复灌,灌浆质量好,但难以针对不同深度部位物质组成变异时调整灌注浆液;套阀管法灌浆先钻出灌浆孔,孔内下入带有孔眼的灌浆管(花管),灌浆管与孔壁之间填入特制的填料,然后在灌浆管里安装双灌浆塞分段进行灌浆,套阀管法灌浆孔可一次连续钻完,灌浆在花管中进行,可分段隔离采用不同灌浆压力和调整灌注浆液。

6.2.3.4　灌浆幕体控制指标

1. 灌浆幕体渗透系数

《碾压式土石坝设计规范》(SL 274—2001)对防渗土料的要求是:均质土坝渗透系数不大于1×10^{-4} cm/s,黏土心墙渗透系数不大于1×10^{-5} cm/s。过渡层灌浆幕体与沥青混凝土心墙形成联合防渗体的渗透系数可参照土石坝防渗体渗透性要求。在砂砾石料中灌浆形成幕体的防渗效果与受灌层成因、可灌性关系较大,如新疆下坂地水库在砂砾石覆盖层中进行灌浆试验,渗透系数为1.7×10^{-6}~1.8×10^{-4} cm/s,密云水库在砂卵石层中灌浆,帷幕渗透系数为5×10^{-5}~5×10^{-4} cm/s,大石门水库对左岸古河槽内沉积的深厚砂卵砾石层采用帷幕灌浆防渗处理,布置了2排帷幕灌浆孔,最大帷幕灌浆深度达到203.6 m,灌后渗透系数小于1×10^{-4} cm/s。分析国内类似工程实施效果及按照目前施工经验,在过渡料层中采用水泥黏土灌浆后要使幕体渗透系数小于1×10^{-5} cm/s存在较大难度。综合考虑满足渗流安全和坝体渗流量要求的条件下,在过渡料层中控制灌浆幕体的渗透系数以不大于5×10^{-5} cm/s为宜。

2. 灌浆幕体允许渗透比降及厚度

砂砾石覆盖层水泥黏土灌浆,允许渗透比降一般采用3.0~6.0,密云水库、岳城水库采用 6.0,法国的克鲁斯登坝采用 8.3,印度的吉尔纳坝采用 10.0;心墙上游过渡层为碎石或砂砾石料,灌浆形成幕体的允许渗透比降可取 6.0~10.0。灌浆幕体与沥青混凝土心墙形成联合防渗体,其厚度可按防渗体上、下游水头差与其允许渗透比降计算确定。表 6-4 给出了几座大坝的砂砾地基控制灌浆的技术参数及控制标准统计。

表 6-4　几座大坝的砂砾石地基控制灌浆的技术参数及控制标准统计

工程名称	坝高/m	覆盖层厚度/m	允许比降	灌浆帷幕厚度/m	灌浆排数	灌浆排距/m	灌浆孔距/m	灌浆压力/MPa	灌浆质量标准	
									渗透系数/10^{-5} cm/s	透水率/Lu
杜伯华	48.5	60	4	6	3	1.0	1.5	—	0.74~6.6	
横溪	30.7	20	5	3.88	2	1.5	2	—	—	<10
卧牛湖	28.0	15	—	—	3	2.5	3.0	—	—	<5
威虎山电站	71.8	6	—	—	1	—	2	—	<10	—
密云	66.4	44	6	11	3	3.5	2.0	0.5~1.5	5.5~62.5	—
下马岭	33.2	40	3.6		3	3	3	3	—	—
岳城	55.5	8	6	8	3	1.7~3.3	2.5	0.3~1.5	—	—
科克塔斯	88.0	20		0.5	1				12	—

由表 6-4 可以看出,对砂砾石坝基采用水泥灌浆形成的帷幕,渗透性仍然比较大,帷幕渗透系数大都在 $A×10^{-5}$ cm/s 左右,这种处理方案的防渗效果是比较差的。有关砂砾石坝基帷幕灌浆的适用性,《碾压式土石坝设计规范》(DL/T 5395—2007)指出:1958 年以来成功的只有密云、下马岭和岳城水库,近年来基本上没有用此方法进行砂砾石坝基处理。《碾压式土石坝设计规范》(SL 274—2020)指出:随着混凝土防渗墙施工技术的发展,一般情况下均用防渗墙作为砂砾石坝基垂直防渗措施。近年来,新疆建设的大河沿沥青混凝土心墙坝,采用了 186 m 超深防渗墙一墙到底的防渗方案,阿尔塔什面板砂砾石坝采用 90 m 深防渗墙进行坝基防渗。坝基砂砾石特别深厚时,也有在防渗墙下设灌浆帷幕作为辅助处理措施的形式。如新疆早期建设的下坂地沥青心墙坝,坝基覆盖层厚约 150 m,防渗墙深 85 m,墙下帷幕深 65 m;四川的冶勒沥青心墙坝,坝基覆盖层厚度最大超过 420 m,防渗墙深 140 m,墙下帷幕深 60 m。西藏的旁多水利枢纽大坝采用沥青混凝土心墙砂砾石坝型,坝基为超深厚覆盖层,最深处达 400 m,设计采用 150 m 深混凝土悬挂式防渗墙方案进行坝基防渗处理。

工程实践表明,在过渡层内建造灌浆帷幕,若想以此全面截断坝后的渗流是很难实现的。同时尚有控制灌浆帷幕的耐久性问题未予研究,作为沥青混凝土心墙处理措施应持审慎态度。

6.2.3.5　工程实例

1. 广东阳江某水库

大坝为沥青混凝土心墙堆石坝。沥青混凝土心墙上、下游侧设计两层厚 3.0 m、含少量细砂的花岗岩碎石过渡料Ⅰ区和Ⅱ区,过渡料Ⅰ区设计最大粒径 80 mm,小于 5 mm 的颗粒含量大于 20%,级配连续孔隙率小于 20%;过渡料Ⅱ区设计最大粒径 150 mm,小于 5 mm 的颗粒含量大于 20%,级配连续,孔隙率小于 22%,坝壳采用爆破料填筑。大坝建成开始蓄水坝脚即出现渗漏,最大渗透流量约 710 L/s。通过在坝顶心墙上、下游过渡层内钻孔,采取孔内彩电观测、示踪连通试验、水位观测、注水试验等检测方法,综合分析判定心墙渗漏通道的分布情况。经室内浆材试验、现场灌浆试验,研究确定采取在过渡料层进行控制灌浆方案修复坝体防渗体系,于 2013 年 9 月开始施工,2015 年 1 月完工,共计完成钻灌工程量约 5.56 万 m,处理后水库成功蓄水至正常蓄水位,坝脚渗透流量降为 6 L/s,防渗效果显著。

2. 新疆大库斯台水库

大库斯台水库工程由拦河坝、导流兼放水涵洞、溢洪道等建筑物组成。最大坝高 36.0 m,坝顶长 482 m,大坝为浇筑式沥青心墙砂砾石坝。坝顶高程 1 298.8 m,上游坝坡 1∶2.0,下游坝坡 1∶1.8。沥青混凝土心墙位于坝体中部,心墙厚 0.3 m。两岸覆盖层较厚位置坝体直接坐落在砂砾石基础上,坝基设置 0.45 m 厚的混凝土防渗墙进行防渗处理,采用槽孔成墙,混凝土防渗墙伸入基岩 0.5 m,向岸坡方向延伸直至与 1 298.2 m 高程基岩相接。大坝建成初期蓄水坝脚即出现渗漏,最大渗透流量约 109 L/s。2014 年对水库两岸混凝土防渗墙接触带进行防渗处理,左岸桩号 B0-231~B0+017 段及右岸桩号 B0+225~B0+489 段基岩面以下 4 m 采用帷幕灌浆,基岩面以上 3 m 采用双液注浆,利用灌浆孔,在靠近混凝土防渗墙槽段接缝部位以及混凝土防渗墙与沥青混凝土心墙连接处,进行自基岩至混凝土防渗墙顶的双液注浆。河床段对存在集中渗漏通道的 B0+105~B0+170 段、混凝土基座底板以上 0.3~0.5 m 至高程 1 288 m 以下采用双液注浆进行处理。处理后,防渗效果显著。

6.3　马家沟沥青混凝土心墙坝病害及加固处理

6.3.1　工程概况

马家沟水库是重庆铜罐驿长江调水西部供水区的中转、囤蓄水库,位于九龙坡区石板镇附近的大溪河支流干河沟中游。水库集水面积 11.85 km²,正常蓄水位 250.80 m,总库容 891 万 m³,为小(1)型Ⅳ等工程,由大坝、溢洪道、引水渠、进水泵站及灌溉取水塔等建筑物组成。

大坝为沥青混凝土心墙石渣坝,最大坝高 38.0 m,坝顶高程 252.0 m,坝顶宽度 9.0 m,坝顶长 267.60 m。沥青混凝土心墙厚 50 cm,底部通过混凝土齿槽与基岩连接。坝基以砂质泥岩为主,采用单排帷幕防渗,向下深入相对不透水层($q<3~5$ Lu)3~5 m,心墙两侧设 2 m 厚过渡料,上、下游坝壳填筑料的岩性主要为砂质泥岩。

6.3.2　大坝渗漏情况

马家沟水库工程于 2000 年 10 月开工,2002 年 12 月完成导流洞封堵试蓄水。水库蓄水伊始大坝即出现明显渗漏,渗漏量随库水位的升高明显增大,库水位 237.0 m 时渗透流量达 70 L/s 左右,且下游坡大面积渗水。为此,先后于 2003 年 11 月和 2004 年 12 月进行了两次坝基和坝体防渗处理。

第一次坝基河床部位的基岩补充灌浆防渗处理效果不明显。第二次坝体上游反滤过渡料区旋喷防渗墙和沥青混凝土心墙间塑性灌浆处理未达到预期效果。实测 2006 年 7 月 1 日库水位为 241.02 m 时,渗透流量为 30.4 L/s;2006 年 12 月 23 日库水位为 235.11 m 时,渗透流量为 18.11 L/s;2007 年 4 月 14 日库水位为 229.58 m 时,渗透流量为 5.09 L/s。近似推算正常蓄水位 250.80 m 时,水库年渗透流量可能达 200 万 m³ 以上。

坝体的严重渗漏不仅影响工程效益的正常发挥,也直接影响工程安全运用。鉴于 241 m 水位以上坝体尚未经受蓄水检验,因此要求对大坝渗漏采取进一步的处理措施,达到降低渗漏量、满足工程安全运用的目的。

6.3.3　大坝防渗处理方案选择

6.3.3.1　拟定原则

分析大坝防渗处理有关检测、设计和施工资料,防渗处理方案拟订考虑以下主要因素:①满足水库施工期运用要求,宜考虑从坝顶加固;②沥青混凝土心墙本身不具有加固处理可行性;③沥青混凝土心墙上游反滤过渡层已经旋喷和灌浆处理;④混凝土齿槽强度较低,坝基以软岩和较软岩为主;⑤现有资料表明,水库渗漏以坝体防渗体、混凝土齿槽和浅部基岩为主;⑥大坝建成蓄水 5 年,最高水位 241.02 m,坝体大部分沉降已完成。

6.3.3.2　大坝防渗处理方案

鉴于马家沟水库大坝防渗处理的可靠性要求,结合以往的防渗处理经验,本次大坝防渗除险拟定以下三种方案。

方案一:坝体、混凝土齿槽和浅层基岩均采用混凝土防渗墙防渗处理。混凝土防渗墙紧贴沥青心墙上游侧布置,设计墙厚 0.6 m,墙底根据水头大小分别深入基岩 4 m、3 m 和 2 m。

方案二:坝体、混凝土齿槽采用混凝土防渗墙,浅层基岩采用水泥灌浆防渗处理。混凝土防渗墙紧贴沥青心墙上游侧布置,设计墙厚 0.6 m,墙底至混凝土齿槽底部;下部基岩水泥灌浆孔采用单排布置,孔距 0.8 m,孔深根据水头大小分别深入基岩 6 m、5 m 和 4 m。

方案三:坝体采用双排旋喷防渗墙,混凝土齿槽和浅层基岩采用水泥灌浆防渗处理。旋喷防渗墙紧贴沥青心墙下游侧布置,有效厚度 0.6 m,墙底至混凝土齿槽顶部;下部混凝土齿槽和浅层基岩水泥灌浆单排布置,孔距 0.8 m,孔深根据水头大小分别深至基岩 6 m、5 m 和 4 m。

6.3.3.3　处理方案选择

上述三种方案技术上均可行,但可靠性及施工工艺等方面有一定差别。方案一混凝土防渗墙位于已处理的心墙上游反滤过渡层内,造孔成墙难度不大,主要问题是需要在混凝土齿槽和浅层基岩内造孔成墙;方案二、方案三则施工难度相对较小,但施工工艺相对复杂。

鉴于方案一混凝土防渗墙处理可靠性较高,避免了不同防渗体间连接可靠性差的问题,同时混凝土齿槽和浅层基岩强度较低、具备造孔成墙的条件,以及工程投资与其他方案差别不大,设计选择大坝防渗处理采用混凝土防渗墙方案。

6.3.4 防渗处理设计

6.3.4.1 防渗墙设计

马家沟水库大坝沥青混凝土心墙上、下游分别设有 2.0 m 宽的反滤过渡层,反滤过渡料为人工灰岩料,最大粒径 80 mm,小于 5 mm 的占 35%。上游反滤过渡区已经有旋喷和水泥灌浆处理,凝结体渗透性降低、强度提高、刚度增加,适于布置防渗墙。

心墙垫座混凝土齿槽强度较低,施工期已出现裂缝;齿槽基础浅层基岩强度较低,未进行固结灌浆,混凝土齿槽及浅层基岩存在渗漏通道,因此设计考虑坝体、混凝土齿槽和浅层基岩的整体防渗要求,将混凝土防渗墙底部深入基岩一定深度。马家沟水库最大坝高 38.0 m,混凝土防渗墙厚 0.6 m,满足防渗墙混凝土容许渗透比降要求,混凝土强度等级 C15,渗透系数 $K<i×10^{-8}$ cm/s($1<i<10$),抗渗等级为 W8。

6.3.4.2 防渗墙渗流分析

混凝土防渗墙可以有效减小坝体和坝基的渗漏量,为了解防渗墙不同入岩深度的防渗效果,采用北京理正软件进行防渗墙渗流分析。坝体及坝基的渗透参数如下:基岩弱风化带为 $1×10^{-3}$ cm/s,基岩微风化带为 $5×10^{-4}$ cm/s,基岩相对不透水层为 $5×10^{-5}$ cm/s,坝基帷幕灌浆体为 $5×10^{-5}$ cm/s,上游坝体石渣料为 $5×10^{-2}$ cm/s,心墙反滤过渡料为 $5×10^{-3}$ cm/s,沥青混凝土心墙体为 $1×10^{-7}$ cm/s,下游坝体石渣料为 $5×10^{-3}$ cm/s,下游坝脚堆石护坡为 $5×10^{-2}$ cm/s,混凝土防渗墙为 $5×10^{-8}$ cm/s。

根据渗流计算材料分区情况,计算结果见表 6-5。混凝土防渗墙深入基岩 2~6 m,与原设计情况相比,可减少渗漏量 28%~43%,深入 4 m 时可减少渗透流量约 36%。

表 6-5 马家沟水库大坝渗流计算成果　　　　单位:m³/(d·m)

设计状况		单宽渗漏量	
		正常蓄水位 250.80 m	校核洪水位 251.16 m
原始设计状况		9.22	9.40
防渗墙入岩深度/m	2	6.58	6.65
	4	5.85	5.90
	6	5.24	5.29

6.3.4.3 防渗墙应力应变分析

为了解混凝土防渗墙的应力应变状态,采用水工结构有限元分析系统 AutoBANK(v 4.5)软件进行了水库在正常蓄水位 250.8 m 和校核洪水位 251.16 m 两种工况下的应力应变分析。模拟的加载顺序为:增建混凝土防渗墙、分期蓄水至计算水位,计算采用的参数见表 6-6,应力和变形特征值的计算结果见表 6-7。

表 6-6　基岩及混凝土防渗墙的本构模型参数

线弹性材料	容重/(kN/m³)	E/MPa	μ	$R_压$/MPa	$R_拉$/MPa	N_f
基岩	25	$2.0×10^4$	0.2	25	−1.8	2.5
混凝土防渗体	24	$2.2×10^4$	0.167	13.5	−0.91	2.5

表 6-7　混凝土防渗墙应力和变形特征值

部位	项目		计算工况	
			正常蓄水位 250.80 m	校核洪水位 251.16 m
混凝土防渗墙	水平位移/cm	向上游	0	0
		向下游	6.7	6.94
	垂直位移/cm	沉降	−0.15	−0.16
	大主应力/MPa	最大	2.77	2.89
	小主应力/MPa	最大	−1.22	−1.33

应力变形计算结果表明,防渗墙应力和变形符合其受力特征的一般规律。从表 6-7 可以看出,防渗墙垂直位移较小,最大水平位移位于墙顶部位;防渗墙上部向下游变形,上游面顶部、下游面底部产生压应力,最大主压应力位于下游面底部;上游面底部、下游面顶部产生拉应力,最大主拉应力位于上游面底部。

综合防渗墙应力特别是拉应力情况,防渗墙采用 C15 混凝土,同时考虑坝体心墙上游过渡料区已采用高喷灌浆凝结体强度提高,其刚度增加对防渗墙应力和变形是有利的,防渗墙本身结构安全。

6.3.5　防渗处理效果及结论

马家沟水库大坝防渗除险工程于 2008 年 5 月开工建设,同年 12 月底完工验收,混凝土防渗墙成墙面积 7 712 m²。2009 年实测水库蓄水位 250.35 m 时,折算坝体年渗漏量为 16.5 万 m³,渗漏量明显减小,防渗处理取得预期效果,工程运用情况良好。

通过马家沟水库沥青混凝土心墙石渣坝防渗处理的研究,可以得到以下结论:

(1)沥青混凝土心墙施工技术要求高,墙体加固处理困难,因此提高沥青混凝土心墙施工质量对沥青混凝土心墙坝正常运用至关重要。

(2)沥青混凝土心墙坝不同防渗体间易形成渗漏通道,不同防渗体的防渗质量和连接质量直接影响沥青混凝土心墙坝的整体防渗质量。

(3)深入基岩一定深度的混凝土防渗墙,可以有效解决不同防渗体的防渗缺陷,减少渗漏,提高整体防渗效果。

(4)马家沟水库混凝土防渗墙利用坝体高喷凝结的过渡料区造孔成墙,降低了墙体施工难度,有效保证了墙体结构的安全性。

6.4 大库斯台浇筑式沥青混凝土心墙坝渗漏处理

6.4.1 工程概况

大库斯台水库位于新疆博尔塔拉蒙古自治州温泉县境内的大库斯台河中游河段上，西距温泉县城约 40 km，南距 S304 约 10 km。

大库斯台水库建于阿拉套山南麓的大库斯台河上，多年平均径流量为 0.366 亿 m³，为该河上的控制性工程，工程建设的主要任务是拦河蓄水，"富民兴牧"，改善牧民生活条件，具有防洪、灌溉等综合用途。

工程由拦河坝、导流兼放水涵洞、溢洪道等建筑物组成。正常蓄水位 1 296.0 m，相应库容 277.14 万 m³，调节库容 232.79 万 m³，死库容 26.0 万 m³，控制灌溉面积 4.46 万亩（1 亩 = 1/15 hm²，下同）。根据《水利水电工程等级划分及洪水标准》（SL 252—2017），大库斯台水库工程级别为Ⅳ等小（1）型工程。

最大坝高 36.0 m，坝顶长 482 m，大坝为浇筑式沥青心墙砂砾石坝（见图 6-1）。坝顶高程 1 298.80 m，上游坝坡 1:2.0，下游坝坡 1:1.8。坝体砂砾石、过渡料填筑的设计指标为相对密度 $D_r \geq 0.85$。沥青心墙位于坝体中部，心墙厚度 0.3 m，沥青心墙与底部厚度 0.8 m、高度 0.8 m 的沥青心墙基座连接，沥青心墙基座与下部混凝土基座连接，混凝土基座呈矩形，基座以下为混凝土盖板（固结灌浆混凝土盖板），混凝土盖板呈倒梯形，坐落在弱风化岩石上，底部宽度 4.0 m，上部宽度 4.8 m。为提高心墙基座处基岩的完整性，避免混凝土基础与基岩间的接触渗漏破坏，在混凝土基座范围内进行固结灌浆，设灌浆孔 2 排，排距 3 m，孔距 2 m，上、下游各 1 排，距心墙中心线各 1.5 m，灌浆深度为 2 m。

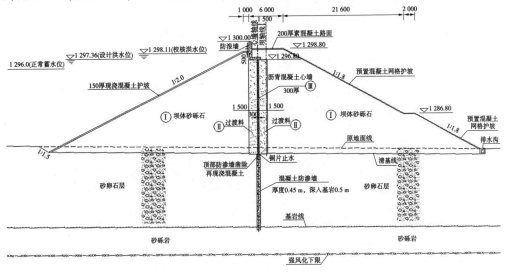

图 6-1 大坝断面图

两岸覆盖层较厚位置坝体直接坐落在砂砾石基础上，坝基设置 0.45 m 厚的混凝土防渗墙进行防渗处理，采用槽孔成墙，混凝土防渗墙伸入基岩 0.5 m，向岸坡方向延伸直至与1 298.2 m高程基岩相接。混凝土防渗墙与沥青混凝土心墙相接部位先凿除质量较差的1 m后,现浇1 m高、1 m厚的混凝土防渗墙再与沥青混凝土心墙相连(混凝土防渗墙的"裹头处理"),同样铺设沥青玛琋脂并设置止水铜片,详见图6-2。

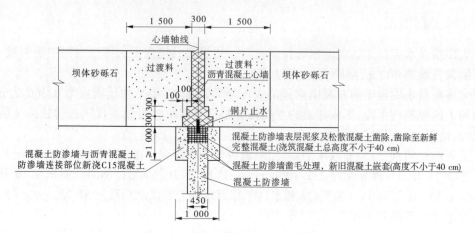

图6-2　防渗墙与沥青心墙连接详图

6.4.2　大坝渗漏情况

大库斯台水库于2012年9月底大坝填筑到1 298.8 m设计高程,此时水库还未开始蓄水,整个坝体、坝后坡脚及两岸坡均处于干燥状态(见图6-3)。

图6-3　水库蓄水前坝后坡左右岸、排水沟处干燥状态

水库于2012年10月上旬做尝试性水库蓄水,开始蓄水6 d后,水库蓄水至1 285.25 m时,发现在坝后坡脚处出现渗漏现象。据调查,河床段坝后坡脚处有多处渗水点,主要分布在坝后河床和靠右侧一带(见图6-4),坝后渗透流量为48.7 L/s。

(a)坝后坡渗水点高程及分布

(b)坡面渗水点及形成冲沟

图 6-4 坝后坡中部渗水高程最高点分布情况(水库蓄水至 1 285.25 m)

　　自 2012 年 11 月 7 日开始蓄水,蓄水至 11 月 10 日清晨,坝后坡脚最低处开始出现渗漏现象,并随着库水位的抬高而渗漏量增大,出水点增多,至 11 月 18 日水库蓄水至 1 285.25 m 高程,可见坝后左右岸坡坡脚、坝后坡脚处水流渗出、坝后排水沟、坝后三角堰测量点处可见坝后渗水在不断排泄,坝后坡上出现几十处渗水点,坝坡上可见明显的渗水湿线,湿线最高高程 1 277.7~1 277.9 m,分布于大坝桩号 0+093~0+108 和 0+145~0+155 两段。坝后坡左右岸均见渗漏水在排泄,右岸坡脚处可见明流自岸坡基岩面上流出,基岩面以上有 0.5 m 高的岩土浸湿,坡脚上局部部被冲塌,坝后坡的渗漏湿水线随着库水位升高而升高,于 11 月 18 日渗漏湿水线达到最高。

　　水库水位 1 285.25 m 高程时,坝后坡的渗水点达几十处,多处已连成片,坡面上可见一些渗水水流冲出的流水沟,渗水点的下方坝体填筑砂砾石已饱和,脚踩立刻形成下滑现象,类似泥流,坡面冲出宽 0.3~0.5 m、深约 0.3 m 的沟槽,见图 6-5。坝后坡脚处渗漏点高程 1 267.0~1 267.4 m(主要集中在坝后坡脚右岸侧),右岸坡已形成明流从右岸基岩顶板流向河床,估算渗漏量约 40 L/s(未在三角堰测流范围),见图 6-6。流量观测点显示,左岸坡脚渗漏量为 12.2 L/s,河床坝后坡脚渗漏量为 51.2 L/s,右岸坡渗漏量为 45.6 L/s(右岸测点流量 5.6 L/s+右岸坡明流 40 L/s),总计水库蓄水位 1 285.25 m 时坝后渗漏量为 109.0 L/s,合计 9 418 m³/d(未含地下渗走的无法计量部分),此时距正常蓄水位尚有 10.75 m,预计正常蓄水时每天渗透流量会远超过 1 万 m³。且坝后坡局部出现了管涌性滑坡现象,危及大坝运行安全,大坝急需进行加固防渗处理。

(a)坝后坡局部坍塌

(b)坝后坡三角堰测流

图 6-5 坝后坡中部渗水造成坝坡局部坍塌及渗透流量观测(水库蓄水至 1 285.25 m)

(a)左岸坡脚　　　　　　　　　　　　　　　(b)右岸坡脚

图 6-6　坝后左右岸坡脚的渗水情况(水库蓄水至 1 285.25 m)

2013 年 3 月 27 日至 4 月 8 日,组织相关技术单位对水库大坝前的渗漏入水点、大坝的 18 个测压管以及放水涵洞进行了渗漏流场的渗透流速和渗流方向的现场测量,历时 12 d,检测报告所反映大坝存在的主要问题和结论如下:

(1)河床段:坝体漏水点主要集中在桩号 0+130 m 为中心的一定范围,初步判定在 0+115~0+160 范围。根据各测量孔在高程上的渗漏流速分布,坝中区高程 1 265~1 275 m 间渗漏水量最大。

(2)左坝肩:左坝肩防渗体系存在渗漏的可能性较小。左坝肩存在地下水补给,或远坝端的渗漏。

(3)右坝肩:桩号 0+200 ~0+260 间的右坝肩存在中等渗漏区。根据测量孔在高程上的渗漏流速分布,主要为基础浅层渗漏。

(4)在测量时的水位条件下,测量得到的坝轴线和左、右坝肩 12 个测压管的渗漏量约 8 205 m³/d,其中左、右坝区各占 15%,河床段占 70%。

(5)通过 S2-1 孔的现场示踪试验,投红后仅 1 h 坝脚见红,孔内水流实际流速达到 40 m/h,说明在库水位较低时,坝内渗透流速也较大,坝体极有可能存在集中渗漏通道。

(6)放水涵洞测量数据显示,涵洞左侧的渗漏水量比右侧壁上的渗漏水量大,涵洞上部的比下部的渗漏量大,但总的占比不大。心墙下游侧的涵管分缝处存在漏水,底板局部露筋。

(7)监测资料分析显示,库水位较低时,大坝渗流量以坝中渗流量为主。当库水位升高时,坝左、坝右渗流量显著增加,大坝整体渗流量明显增加。渗流量以坝中最大,为主要渗漏源。从相关图分析,大坝总渗流量与库水位成二次曲线相关关系,水位上升越高,渗流量增加越快。

6.4.3　坝体渗漏成因初步分析

根据大坝渗漏检测,坝体漏水点主要集中在以桩号 0+130 为中心的一定范围,初步判定在 0+115~0+160 范围;根据各测量孔在高程上的渗漏流速分布,坝中区高程 1 265~1 275 m 间渗漏水量最大,该渗漏范围为沥青混凝土心墙,说明沥青混凝土心墙存在渗漏通道。对于沥青心墙出现渗漏问题,大致存在以下方面的原因。

6.4.3.1　心墙后过渡料填筑不密实

由于沥青混凝土的黏弹塑性质,水库蓄水后在长期水压力作用下会引起相对不透水的心墙产生水平应力,若心墙两侧过渡料特别是下游侧过渡料填筑不密实,很容易使沥青混凝土心墙产生一定的水平位移,若位移过大,超过沥青混凝土允许值,就会在薄弱部位变形破坏,进而形成渗漏通道。从施工及监理单位了解到,大坝填筑质量特别是过渡料填筑质量控制比较严格,有大量的自检和抽检资料,在 2013 年 3 月自治区水利厅组织的渗漏处理方案会议后,要求施工单位提供翔实的检测数据及检测位置示意图,待施工单位提交成果后对比设计填筑要求进行分析。

6.4.3.2　施工过程中沥青混凝土心墙可能存在的质量缺陷

经与施工及监理人员了解,本工程河床段沥青混凝土心墙由于施工方法可能造成以下质量缺陷:

(1)河床段沥青混凝土心墙施工冷缝。坝壳料、过渡料填筑强度以及沥青混凝土心墙自身施工强度的原因,致使沥青心墙存在部分间隔时间较长的施工水平层间冷缝和斜坡式台阶冷缝,尤其是高程 1 272 m 附近,大坝施工进入了由 2011 年跨 2012 年的"冬休期",施工间歇时间长达 3 个多月,冬休过后刚恢复施工时天气依然较冷,且现场并未对已施工沥青混凝土面进行加热处理,当基层沥青混凝土温度低于 70 ℃时,上下新老沥青混凝土面很难结合密实,故临近冬季施工的沥青混凝土由于天气寒冷、保温措施差,易造成施工层面胶结不好形成施工薄弱面,进而在库水压力作用下形成水平集中渗漏通道。

(2)沥青混凝土模板高度过高。沥青混凝土浇筑时采用的模板高度为 80 cm,需浇筑 3 层沥青混凝土才拆除模板,造成膜板拔出困难,现场监理多次发现拔出模板过程中损坏沥青混凝土心墙的现象,虽事后进行了局部加厚处理,但该施工方法可能造成现场未能及时发现的沥青混凝土心墙缺陷,从而形成集中渗漏通道。待施工单位提供沥青混凝土心墙缺陷记录及处理情况后予以对照分析。

6.4.4　除险加固处理

6.4.4.1　处理范围

根据实地勘测、大坝渗漏原因分析及大坝渗漏检测结果,针对大坝存在的渗漏问题进行处理,以控制渗漏量、消除大坝安全隐患。通过方案比较,最终确定在界定的大坝主要渗漏范围基础上适当加大的局部处理方案。河床段防渗处理顺坝轴线方向范围非常明确,结合大坝迎水面检测成果和大坝钻孔声呐检测成果,大坝存在集中渗漏通道的 B0+115~B0+160 段和有渗漏问题的 B0+040~B0+060 段,考虑防渗处理范围较渗漏段适当加长并与邻近的防渗墙接触带处理范围的衔接,确定河床段沥青混凝土心墙防渗处理范围为 B0+105~B0+170 段和 B0+017~B0+070 段。左岸混凝土防渗墙接触带在渗漏原因分析中已对该段进行了分析,本次处理范围确定为桩号 B0−231~B0+017 段。右岸混凝土防渗墙接触带的处理范围为桩号 B0+225~B0+489 段。

6.4.4.2　处理方案

两岸混凝土防渗墙接触带防渗处理方案:左岸桩号 B0−231~B0+017 段及右岸桩号 B0+225~B0+489 段,灌浆孔布置在距离防渗墙中心线上游侧 0.6 m 的位置,钻孔间距 1.5 m,灌浆深度为:基岩面以下 4 m 为帷幕灌浆,基岩面以上 3 m 为双液注浆(若混凝土防渗墙底与基岩面高程有较大出入,则基岩面以下保证灌浆深度仍为 4 m,在基岩面以上须至少保证防渗墙底部以上灌浆深度不少于 3 m);其次,利用灌浆孔,在靠近混凝土防渗墙槽段接缝部位以及混凝土防渗墙与沥青混凝土心墙连接处,进行自基岩至混凝土防渗墙顶的双液注浆(水玻璃+水泥浆)。

河床段沥青混凝土心墙防渗处理方案:根据大坝渗漏检测结果,对存在集中渗漏通道的 B0+105~B0+170 段、混凝土基座底板以上 0.3~0.5 m 至高程 1 288 m 以下采用双液注浆进行处理;对有渗漏问题的 B0+017~B0+070 段、混凝土基座底板以上 0.3~0.5 m 至高程 1 282.5 m 以下采用双液注浆进行处理,双液注浆一排,布置在心墙上游侧 0.6 m,孔距 1.5 m。

6.4.4.3　处理效果

根据灌浆试验确定的施工技术参数,对大库斯台水库大坝防渗体系进行了双液注浆,注浆总进尺约 2 600 m,待注浆凝固后进行了检查孔压水试验,检查孔透水率均小于 10 Lu。随后进行了大坝蓄水试验,蓄水试验时库水位为 1 290.8 m,坝后渗漏总量为 1.8 L/s,小于设计计算的大坝总渗漏量,坝后各测压管水位仅较基岩出露面高程略高。根据蓄水试验成果,各参建单位认为防渗处理达到设计要求,随后业主申请并通过了行政主管部门组织的蓄水安全验收,大坝转入试运行,水库蓄水至正常蓄水位 1 296.0 m 后,坝后排水沟基本为干燥状态,大坝渗漏总量小于 10 L/s,各渗压计观测正常,说明该工程以双液注浆为主的综合防渗处理措施是成功的。

6.5　大竹河水库沥青混凝土心墙坝渗漏处理

6.5.1　工程概况

大竹河水库位于四川省攀枝花市仁和区总发乡板桥村,坝址以上集雨面积 444.56 km²,总库容 1 128.9 万 m³,是一座以灌溉为主,兼顾灌区乡(镇)人畜饮水和攀枝花市城区应急备用水源,以及下游防洪等综合利用的中型水利工程。水库正常蓄水位 1 215.0 m,校核洪水位 1 216.59 m。枢纽工程由大坝、溢洪道、放空洞(导流洞)、放水洞等建筑物组成。

大坝为沥青混凝土心墙石渣坝,最大坝高 61.0 m,坝顶高程 1 217.0 m,坝顶长 206 m,宽 8.0 m。大坝防渗系统由碾压沥青混凝土心墙及其坝基灌浆帷幕组成,碾压沥青混凝土心墙为直墙式,心墙厚 40~70 cm,心墙底部通过混凝土基座与坝基石英闪长岩相接,基座下采用单排帷幕防渗,向下深入相对不透水层($q \leqslant 5$ Lu)5 m。

沥青混凝土心墙上、下游两侧各设 2 m 厚的过渡料,过渡料设计最大粒径不大于 80 mm,小于 5 mm 粒径含量宜为 25%~40%,小于 0.075 mm 粒径含量不宜超过 5%,施工时掺入 25%~30%石英闪长岩风化砂以满足级配要求。上、下游坝壳填筑料主要为风化石英砂,大坝填筑料质量复核成果表明,大坝下游坝壳填筑料小于 5 mm 的含量为 85%~92%,现场实测渗透系数为 $5.5 \times 10^{-5} \sim 8.1 \times 10^{-4}$ cm/s,渗透系数严重偏小,且透水性不均一。下游坝壳料及心墙过渡料实测颗粒级配统计分别见表 6-8、表 6-9。

表 6-8　下游坝壳料实测颗粒级配统计　　　　　　　　　　　　%

<5 mm	颗粒组成(mm)及各粒径组成百分含量								
	40~20	20~10	10~5	5~2	2~1	1~0.5	0.5~0.25	0.25~0.075	<0.075
92.0	1.0	2.6	4.4	31.2	10.7	22.8	8.4	14.6	4.3

表 6-9　过渡料实测颗粒级配统计　　　　　　　　　　　　%

<5 mm	颗粒组成(mm)及各粒径组成百分含量			
	40~60	20~40	10~20	5~10
34.0	13.6	25.0	14.2	13.2

6.5.2　渗漏情况

大竹河水库工程于 2009 年 12 月开工,2011 年 7 月大坝填筑完成,10 月水库试蓄水。蓄水至 1 202 m 水位时观测发现大坝下游坝体浸润线较高,大坝渗流量为 16.9 L/s。2013 年 9 月 19 日水库蓄水至 1 212.19 m,在大坝下游坝坡高程 1 182~1 185 m 表面及右岸坡出现平行坝轴线的散浸带,随后散浸带逐渐扩大,并在局部形成流淌状,坝坡面渗水未汇至坝脚排水沟时,量水堰可观测渗漏量为 23.2 L/s,采取紧急放水降低库水位后至 9 月 23 日,浸湿溢出带范围最终扩大至高程 1 177~1 188 m,浸湿面积达 1 403.6 m^2。

大坝下游填筑料渗透系数严重偏小,实测坝体浸润线偏高。经对坝体稳定计算复核,在出现渗漏后下游坝坡抗滑稳定安全系数不满足规范要求,且在地震工况下,坝体填筑料存在发生液化的可能,坝体存在安全隐患。由于水库工程对当地经济发展作用重要,大坝渗漏问题严重,影响水库功能的正常发挥和安全度汛,危及大坝运行安全,且对下游仁和城区防洪安全构成潜在威胁。因此,对大坝渗漏处理十分必要和紧迫。

6.5.3　大坝渗漏处理方案

6.5.3.1　方案拟订

综合分析大坝安全监测(观测)资料、数值模拟分析及渗漏检测成果,沥青混凝土心墙存在较严重的渗漏,导致坝体渗漏量偏大,浸润线偏高。处理大坝沥青混凝土心墙渗漏可采取以下 4 种方案。

方案一:原防渗体修补方案,即对原沥青混凝土心墙局部渗漏进行修补处理,恢复其防渗性能;

方案二:坝体灌浆方案,即在原沥青混凝土心墙上游坝体内进行灌浆防渗处理;

方案三:混凝土防渗墙方案,即在原沥青混凝土心墙上游坝体内新建混凝土防渗墙进行坝体防渗处理,墙下设灌浆帷幕;

方案四:上游垂直防渗+坝面防渗方案,即在坝体上游坝坡可控水位以下坝体内新建混凝土防渗墙,其上设置坝面防渗。

6.5.3.2　方案比选

方案一:沥青混凝土心墙置于坝体内部,目前没有可靠的检测方法对其缺陷部位进行精确定位。修补沥青混凝土心墙缺陷部位的措施是对其先清理、热融化、再灌注热沥青，目前技术水平对厚40~70 cm的心墙体进行钻孔修补无法实现。

方案二：在坝体过渡料及坝壳料中钻孔灌浆形成连续且具有一定厚度的防渗体，与大坝原防渗系统联合防渗。该方案在风化砂中灌浆难度较大，浆液扩散难以控制，钻灌设备及工艺、浆材配比、性能及可灌性、灌浆工艺及控制参数、防渗效果、工程投资等均需现场灌浆试验研究确定，试验期间各环节不可控因素较多，技术风险较大，试验工期难以控制，不能满足大坝渗漏处理时间紧迫的要求。

方案三：通过在坝体中成槽形成连续均匀的防渗墙体，墙体允许渗透比降达60~80。防渗效果及耐久性好，可靠性高，施工技术工艺成熟，质量和工期可控。但为满足施工作业要求，需拆除坝顶结构，形成一定宽度的施工平台。

方案四：该方案为满足混凝土防渗墙施工作业要求，需在上游坝坡填筑一定宽度、坚固的施工平台，坝面防渗采用浇筑钢筋混凝土面板或土工膜，其底部及周边需浇筑混凝土基座形成可靠封闭连接。采用刚性的钢筋混凝土面板，受坝体填筑体沉降变形影响易开裂渗漏；采用柔性的土工膜防渗，需在坝坡分层填筑碎石层、砂垫层及黏土，再恢复护坡措施。此方案施工项目多、技术要求高、施工干扰大、工期长，存在施工导流及施工安全风险。

经渗漏处理可靠性、施工技术风险、施工工期、工程投资等方面综合分析比选，确定采取方案三对大坝进行渗漏处理。

6.5.4 大坝渗漏处理设计

6.5.4.1 混凝土防渗墙设计

1.防渗墙轴线布置及技术参数

大坝原沥青混凝土心墙上、下游侧分别设有宽2.0 m的过渡料层，坝壳料采用风化石渣料填筑，为便于防渗墙成槽、防止漏浆及塌孔，同时避免对原沥青混凝土心墙造成影响，防渗墙易布置在远离沥青混凝土心墙上游侧的坝壳中。考虑防渗墙施工过程中机械荷载、泥浆推力等导致坝体开裂甚至上游坝坡失稳破坏的可能，防渗墙应尽量靠近原沥青混凝土心墙布置。原沥青混凝土心墙底部采用宽5.0 m、厚1.0 m的混凝土基座与基岩相接，为便于防渗墙顺利入岩，防渗墙应布置在混凝土基座范围以外。综合分析后确定，防渗墙与原沥青混凝土心墙平行布置于上游侧，轴线间距4.5 m。经防渗墙混凝土允许渗透比降要求及使用年限分析计算，确定墙体厚度为80 cm，初拟其他技术参数如下：立方体抗压强度$R_{28} \geq 10.0$ MPa，弹性模量$E \leq 1.5 \times 10^4$ MPa，抗渗等级为W8，渗透系数$K \leq 1.0 \times 10^{-6}$ cm/s。

2.坝基设单排帷幕灌浆设计

帷幕间距1.2 m，采用墙体预埋110 mm钢管、墙下基岩钻孔分Ⅲ序施工。左、右岸坝肩分别在防渗墙上游侧布置一排搭接帷幕，沿防渗墙轴线宽9.0 m。基岩帷幕灌浆透水率不大于5 Lu，帷幕灌浆底线深入基岩相对不透水层5 Lu线以下5 m。

大坝防渗墙处理横剖面见图6-7。

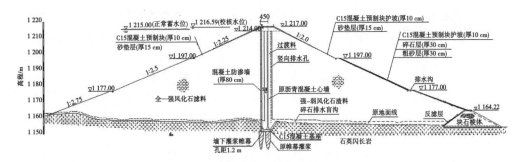

图 6-7　大坝混凝土防渗墙渗漏处理横剖面

6.5.4.2　防渗墙墙体材料选择

防渗墙墙体材料根据其抗压强度和弹性模量,可分为刚性混凝土和柔性混凝土。考虑该工程附近风化砂丰富,可就地取材作为墙体材料,对黏土混凝土及塑性混凝土两种常用类别的墙体进行分析。黏土混凝土为在混凝土中掺加一定量的黏土,节约了水泥,同时降低了混凝土的弹性模量,改善了混凝土的和易性,使之具有更好的变形性能。其 28 d 抗压强度一般在 10 MPa 左右,影响其强度最重要的因素是水灰比,其次是掺土率,掺土对渗透系数影响不大,但对弹性模量和最大允许水力坡降影响明显。当掺土率在 20% 左右时,其抗渗等级可达 W8。塑性混凝土水泥用量较低,掺加较多膨润土、黏土等材料,具有低强度、低弹模和大应变的特点,墙体柔性大,更能适应土体变形,有利于改善墙体的应力状态。表 6-10 列出了两种墙体材料性能和一般适用范围。

表 6-10　黏土混凝土、塑性混凝土防渗墙墙体材料性能及适用范围

种类	坍落度/cm	扩散度/cm	抗压强度/MPa	弹性模量/MPa	抗渗等级	渗透系数/(cm/s)	允许渗透坡降	密度/(t/m³)
黏土混凝土	18~22	34~40	7~12	12 000~20 000	W4~W8	≤8.8×10⁻⁹	80~150	2.3~2.4
塑性混凝土	18~22	34~40	1.5~5	300~2 000	—	10⁻⁸~10⁻⁶	50~80	2.1~2.3

墙体材料选择主要考虑如下要求:

(1)坝体渗流计算分析表明,墙体最大水力梯度达 49,根据《水工混凝土结构设计规范》(DL/T 5057—2009),防渗墙混凝土应满足抗渗等级 W8 的要求,而塑性混凝土抗渗等级难以达到 W8。

(2)防渗墙最大墙深达 64 m,墙体自身抗压强度需满足工程需要。

(3)若利用当地材料风化砂作为塑性混凝土防渗墙原料,施工过程中其配合比难以准确控制,从而影响墙体质量。故从防渗可靠性、抗渗性、耐久性和方便施工等因素考虑,选择黏土混凝土防渗墙。

6.5.4.3　防渗墙应力应变计算分析

为了解黏土混凝土防渗墙防渗处理后墙体的应力应变状态,采用 SEDNA 软件对大坝进行二维有限分析计算。坝体填料和混凝土心墙采用 Duncan-Chang 模型,计算采用

的参数见表 6-11。施工过程采用一个加载级次模拟防渗墙浇筑,3 个加载级模拟蓄水。为分析研究弹性模量对防渗墙墙体应力的影响,取墙体 3 组不同弹性模量分别在正常蓄水位工况下进行分析,其计算成果见表 6-12。

表 6-11　坝体应力应变计算参数

填料名	干密度 ρ/ (g/m^3)	强度指标		$E-\mu$ 模型参数					
		c/MPa	φ/(°)	K	n	R_f	G	F	D
上游坝壳料	1.93	0.02	28	511	0.681	0.94	0.352	-0.049	1.8
下游坝壳料	1.94	0.02	28	584	0.649	0.98	0.308	-0.05	3.3
过渡料	2.23	0.04	34	692	0.688	0.06	0.296	-0.054	3.3
坝基砂砾石	1.93	0.02	28	511	0.681	0.94	0.352	0.049	1.8
沥青混凝土	2.40	0.14	27.1	245	0.250	0.65	0.490	0	0

表 6-12　正常蓄水位工况下黏土混凝土防渗墙墙体应力变形特征值

墙体材料指标		向下游位移/ cm	大主应力/ MPa	小主应力/ MPa	拉应力/ MPa
弹性模量/ MPa	抗压强度/ MPa				
10 000	10.0	23.6	1.62	0.69	0.46
12 000	10.0	23.5	1.67	0.68	0.47
15 000	10.0	23.4	1.74	0.68	0.44

计算结果表明,黏土混凝土防渗墙应力变形符合一般规律,墙体垂直位移较小,最大水平位移发生在墙体上部距墙顶约 10 m 处。墙体大主应力随着混凝土弹性模量的提高略有增大,对材料弹性模量变化不敏感。墙底局部范围出现拉应力区,但均小于混凝土抗拉强度,应力状态良好,尚有较高的安全储备,表明墙体结构安全,技术参数合理。

6.5.4.4　坝体排水设计

大坝清基后为引排山体地下水,在下游坝基设置 2 条垂直坝轴线的碎石排水盲沟,连接沥青混凝土心墙下游侧过渡料与坝脚排水棱体。排水盲沟为梯形断面,底宽 5 m,顶宽 2 m,高 1 m,采用碎石填筑。考虑大坝下游坝壳料存在强、弱透水分层,透水性极不均一,为疏通原沥青混凝土心墙下游过渡料竖向排水,进一步降低下游坝体浸润线高程,在沥青混凝土心墙轴线下游过渡层内设置一排竖向排水孔,孔距 5 m。排水采用套管跟进法施工,钻孔时禁止采用泥浆护壁,开孔孔径 127 mm,孔内设 80PVC 花管,PVC 花管外部包裹土工布。拆除下游坝坡高程 1 164.22 ~ 1 197.00 m 间原混凝土预制块护坡后增设反滤层,其上恢复原预制混凝土块护坡,反滤层为 30 cm 厚粗砂及 30 cm 厚碎石。

6.5.5　防渗墙施工及渗漏处理效果

坝体防渗墙施工采用两钻一抓法造孔,气举法清孔,泥浆下导管直升法浇筑混凝土。墙段连接采用接头管法,墙体共分 37 个槽段,使用 12 台 ZZ-6A 冲击钻配合 2 台重型液压抓斗成槽施工。先钻主孔为抓斗开路,抓斗在副孔施工中遇到坚硬地层时换上冲击钻凿劈。为有效保证孔壁稳定,防止坝体开裂,固壁泥浆制浆材料采用二级膨润土,槽孔泥浆密度不大于 1.15 g/cm³,泥浆黏度(马氏漏斗)32~50 s,泥浆含砂量不大于 4%。槽孔建造过程中,在 17 号槽孔深达 29 m 时抓斗抓取物多为块石料,随即槽孔发生严重漏浆。为此施工方及时中断造孔,迅速向槽孔补送膨润土浆液以保持浆面高度不低于槽孔导墙底部,并向槽孔回填黏土、锯末、生石灰等进行堵漏处理,随后将该槽段调整为两段槽孔并以冲击钻造孔,再未发生漏浆塌孔现象。防渗墙墙下帷幕通过预埋 110 mm 钢管墙下基岩钻孔,孔口封闭、孔内循环、自上而下分段、三序灌浆施工。为保证防渗墙墙下接触段灌浆质量,该段灌浆完成检查合格后在此段位置镶铸长 3~4 m 的钢管,全孔注浆待凝后再进行后续段次灌浆施工。

大竹河水库大坝渗漏处理于 2014 年 3 月开工,同年 6 月底完成防渗墙施工,8 月底完成灌浆帷幕施工。混凝土防渗墙成墙面积 8 750 m²,灌浆帷幕进尺 8 862 m。第三方机构采用钻孔取芯、注水试验、芯样物理力学试验、单孔声波、声波 CT 及钻孔全景数字成像等方法对防渗墙进行质量检测。考虑防渗墙墙深、地质条件、接头处理等现场实际情况,沿防渗墙中心线平均每 15~20 个槽孔布置 3 个代表性取芯孔。芯样室内试验检测表明,抗压强度为 10.9~19.6 MPa,弹性模量为 0.86×10⁴~1.5×10⁴ MPa,抗渗等级不小于 W8,注水验墙体渗透系数为 4.9×10⁻⁸~6.1×10⁻⁷ cm/s,单孔声波波速为 2 960~3 450 m/s,平均波速为 3 090 m/s;试块声波波速为 2 950~3 400 m/s,平均波速为 3 180 m/s。利用防渗墙墙体中预埋帷幕灌浆管和检测管进行声波 CT 检测,共分 5 个区域 18 对剖面。声波 CT 和钻孔全景数字成像检测表明,墙体混凝土胶结密实,仅局部存在掺入黏土搅拌不均或密实稍差情况,不存在较大缺陷,防渗墙质量满足设计要求。墙下灌浆帷幕通过 18 个检测孔 175 段压水试验,透水率不大于 3.42 Lu,单孔压水合格率 100%。

2015 年 1 月水库蓄水至 1 208.2 m 时,测压管监测表明,下游坝壳中浸润线基本位于坝基底部,坝脚渗漏量为 1.5 L/s,渗漏处理效果显著。

6.5.6　结论

沥青混凝土具有防渗性能好、变形协调能力强等优点,国内外已建成较多的沥青混凝土心墙坝。沥青混凝土心墙置于坝体中间,相对结构尺寸单薄,对施工工艺、质量及施工过程协调控制要求高,稍有不慎,将会出现问题。目前的勘察检测技术水平难以对坝体中沥青混凝土心墙缺陷和所有渗漏部位的具体位置、分布和状态准确查明,且难以对其进行全面有效的修补。面对上述技术水平现状,大竹河水库大坝沥青混凝土心墙,经采用增设黏土混凝土防渗墙和墙下帷幕灌浆方案处理,防渗效果良好,可为今后沥青混凝土心墙坝病害治理提供借鉴和参考。

6.6　MAIHY 沥青混凝土心墙坝渗漏分析与处理

6.6.1　工程概况

MAIHY 水库地处新疆某县境内,水库总库容995万 m³,控制下游灌溉面积6.5万亩,正常蓄水位1 215.93 m,设计洪水位1 216.95 m,校核洪水位1 217.36 m,死水位1 190.91 m。工程主要由沥青混凝土心墙坝、导流兼放水涵洞、溢洪道等建筑物组成。沥青混凝土心墙坝坝顶高程1 218.32 m,最大坝高52.65 m,坝顶宽度5 m,坝顶长度120 m,大坝标准断面如图6-8所示。导流放水涵洞进口底板高程1 188.77 m,全长195 m,其中洞身长112 m。溢洪道为开敞式溢洪道,位于大坝右岸,溢洪道全长176.5 m,由进水渠段、宽顶堰段、渐变段、陡槽段组成,堰顶高程1 215.93 m,设计泄量34.11 m³/s,校核泄量56.63 m³/s。

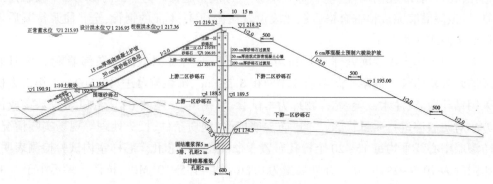

图 6-8　大坝标准剖面

工程等别Ⅲ等,工程规模为中型,永久性主要建筑物级别为三级,永久性次要建筑物级别为四级,临时建筑物为五级。设计洪水标准采用50年一遇,洪峰流量44.4 m³/s,校核洪水标准采用1 000年一遇,洪峰流量79.3 m³/s。永久性泄水建筑物消能防冲设计洪水标准为30年一遇。工程区地震动峰值加速度为0.05g,地震动反应谱特征周期为0.35 s,相应于地震基本烈度为Ⅵ度。

工程于2011年4月开工,2011年7月15日截流,2011年9月22日沥青混凝土心墙浇筑第一层,坝体基本上采用冬季施工,至2012年12月主体工程全部完工。因下游分水闸施工需要,2012年9月6日放水洞临时下闸关闭,水库水位由1 190.66 m至1 201.88 m,库水位上升11.22 m,共运行12 d。发现坝体沉降明显、局部下游护坡板挤压隆起、防浪墙接缝顶部挤碎和拉裂、坝趾处有渗流溢出,出逸点高距河床3 m,并大面积湿润,渗流明显,见图6-9。9月19日××设计院派员赴现场检查,发现下游渗流日益严重。据现场工作人员口述反映:当库水位为1 201 m时,1 188.63 m高程处尚未铺设六棱混凝土护坡块护坡板的裸露砂砾石后坝坡处,有较集中的渗流逸出,当铺设六棱混凝土护坡块后,就形成压力出流,沿孔洞喷射高度约15 cm(见图6-10和图6-11)。2012年9月17日开闸敞泄,降低水位运行至2013年3月16日。在此期间库水位一直维持在略高于死水位以上1 190.91 m附近运行。

图 6-9　大坝渗流情况

(a)坝后坡脚渗流　　　　　　　　　　　　(b)下游量水堰测流

图 6-10　坝后坡脚及量水堰部位渗漏情况

(a)有压出流情况　　　　　　　　　　　　(b)护坡板下渗流

图 6-11　下游护坡板预留排水孔的有压出流

6.6.2　大坝形变检查

因大坝安全监测对沉降、位移尚未正式开展观测工作,无法给出定量的观测结果。现场表观检查发现大坝变形较大,其主要特征表现如下:

(1)坝顶防浪墙有不同程度的沉降,位于河床中部的墙顶沉降较两岸要大一些,墙顶

呈下凹型弧线(见图 6-12);

(a)上游观测

(b)坝顶处观测

图 6-12 坝顶沉降情况

(2)靠近两岸边防浪墙均被拉裂(见图 6-13),中部防浪墙沿伸缩缝顶部有不同程度的挤压破坏(见图 6-14);

(a)左岸防浪墙

(b)右岸防浪墙

图 6-13 坝顶两岸防浪墙墙体出现拉裂

(a)防浪墙伸缩缝挤压破碎

(b)路缘石挤压断裂

图 6-14 坝顶中部防浪墙和路缘石挤压破坏

(3)上游左、右岸靠岸边附近的混凝土护坡板受横向挤压破坏(见图 6-15);

(4)坝体产生较大的沉降,导致表面设置的混凝土结构出现不同程度的破坏,图 6-16

给出了下游坝体上部上坝公路混凝土路缘石破坏情况;

图 6-15　上游混凝土护坡板挤压破坏　　　图 6-16　上坝公路混凝土路缘石断裂

(5)下游混凝土六棱块护坡受横向挤压产生"隆起"(见图 6-17),主要有两个挤压"隆起"带,基本对称分布于坝长的 1/3 左右处,"隆起"高度约 15 cm。

(a)下游护坡混凝土网格梁　　　　　　(b)下游混凝土板护坡

图 6-17　下游护坡横向挤压"隆起"

由上述现象可以看出 MAIHY 沥青混凝土心墙坝变形特征为:

(1)坝体河床中部高坝段沉降大于靠近两岸的坝段,符合一般规律。一些位于坝体上的混凝土结构有不同程度的破坏,反映出坝体竖向沉降较大。

(2)由下游护坡板横向"隆起"、上游混凝土护坡板横向挤压破碎、靠近两岸混凝土防浪墙产生拉裂、中部防浪墙顶挤压破碎,大坝坝体由两岸向河床中部产生较大的水平位移,沥青混凝土心墙与岸坡混凝土基座间将不同程度地承受拉应力作用。

6.6.3　大坝渗漏检查与分析

6.6.3.1　大坝渗漏表观检查

2013 年 4 月 26 日对大坝渗漏现状进行了表观检测,其特征表现如下:

(1)大坝渗漏严重,当日库水位为 1 206.00 m,相应的明流渗透流量达到 30 L/s,见图 6-18;下游坝脚高度 4~5 m 范围内,大面积有渗流逸出;右岸渗流量大于左岸的,最高逸出点在 1 196.50 m,见图 6-19。

图 6-18　量水堰过流情况

图 6-19　下游坝坡脚处渗流情况

　　(2)在靠右侧下游护坡高程 1 188.6 m 处的混凝土六棱块护坡板孔眼和接缝中,有压力流出逸,其喷射高度在 15 cm 左右,表明在该高程以下坝体渗漏严重(见图 6-20)。

图 6-20　护坡板孔眼及接缝压力出流

（3）靠近右岸岸坡处有较大的渗漏汇流下泄,这股渗漏水流出逸点高程约为 1 196.50 m,见图 6-21。

(a)右岸渗漏情况

(b)左坝头绕渗情况

图 6-21　渗漏汇流下泄

（4）涵洞内分布有 3 条裂缝,其中 2 条分布在沥青混凝土心墙上游侧,1 条分布在心墙下游洞段内,各条裂缝均有压力流喷出,对比图 6-22 可以看出各射流压力相当,反映出心墙上、下游附近区域具有相近的水头作用,可能是由于沥青混凝土心墙局部防渗失效。

(a)上游侧涵洞射流情况

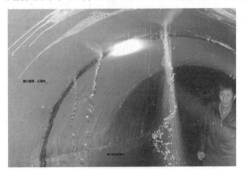
(b)下游侧涵洞射流情况

图 6-22　沥青混凝土心墙涵洞射流情况

6.6.3.2　渗流监测资料分析

根据《MAIHY 水库安全监测成果分析报告》对该坝渗流场进行初步分析,基本以 2013 年 4 月 26 日的渗流资料为依据,判断工程渗漏属性,为评价工程安危和下一步渗漏处理提供参考依据。大坝渗流监测的测压管和渗压计平面布置见图 6-23。

1. 坝头基岩绕渗

坝头两岸岸坡内分别设有顺河向测压管组,以监测坝头绕渗情况。位于右岸的渗流剖面为 UP7—UP8—UP9—UP3,位于左岸的渗流剖面为 UP4—UP5—UP6—P6。2013 年 4 月 25 日监测到的各测压管水位见表 6-13、表 6-14。左、右岸测压管浸润线分布见图 6-24、图 6-25。

由表 6-13、表 6-14、图 6-24、图 6-25 可知,无论是左坝头还是右坝头基岩内前三点的浸润线基本光滑平顺,特别是前三点间两段的渗透比降几乎相同,属均质场渗流。这说明帷幕灌浆未起到阻止渗流的作用,已经失效,防渗效果较差。

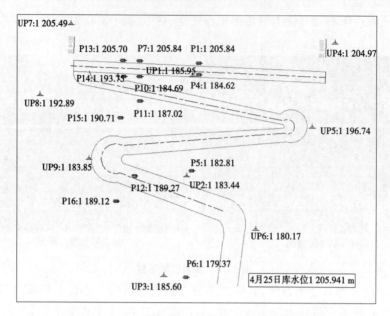

图 6-23　大坝渗流监测的测压管及渗压计平面布置

表 6-13　右岸 UP7—UP8—UP9—UP3 渗流剖面

测压管名称	测点位置/m	测点间距/m	测点水位/m	测压管间渗透比降
UP7	0	—	1 205.49	—
UP8	33.0	33.0	1 192.89	0.38
UP9	54.5	21.5	1 183.85	0.42
UP3	113.0	58.5	1 185.60	−0.03

表 6-14　左岸 UP7—UP8—UP9—UP3 渗流剖面

测压管名称	测点位置/m	测点间距/m	测点水位/m	测压管间渗透比降
UP4	0	—	1 204.97	—
UP5	36.1	36.1	1 196.74	0.23
UP6	81.3	45.2	1 180.17	0.37
P6	108.7	27.4	1 179.37	0.03

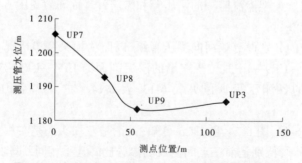

图 6-24　右岸 UP7—UP8—UP9—UP3 渗流剖面浸润线

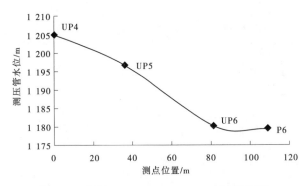

图 6-25 左岸 UP4—UP5—UP6—P6 渗流剖面

（1）左、右岸基岩内的渗透比降均小于 0.5，这反映出基岩透水性较强，两岸基岩绕渗较强。相比之下，右岸的渗透比降略大于左岸基岩，其透水性比左岸基岩略小。

（2）末端两点间的渗透比降很小，甚至出现负值，表明渗流已在填筑坝体内的岸坡中绕渗出逸。

2.填筑坝体内顺河向的渗流

为监测沥青混凝土心墙的防渗效果和填筑坝体内的顺河向渗流性状，共设置了 3 个顺河向渗流监测剖面，从左至右依次为河床最大剖面（桩号：大坝 0+060），简称为顺河向Ⅰ剖面；右岸岸坡部位剖面（桩号：大坝 0+090），简称为顺河向Ⅱ剖面；涵洞轴线剖面（桩号：大坝 0+100），简称为顺河向Ⅲ剖面。

1）顺河向Ⅰ剖面（桩号：大坝 0+060）

表 6-15 和图 6-26 给出了位于河床中部最大剖面的渗流特性和浸润线分布。由此可知，沥青混凝土心墙表现出较好的防渗性能，心墙中 P1、P4 两点间的渗透比降达 2.38，削减水头 21.22 m，约占总水头的 80%，表明沥青混凝土心墙防渗效果正常。结合左岸 UP4—UP5—UP6—P6 渗流剖面分析，大坝最大剖面至左岸填筑坝段渗流可以认为属基本正常。

表 6-15 中 P5—UP2—P6 各段渗透比降相对较小，反映出坝体底部的排水性能较大，有利于填筑坝体内渗水的排出。

表 6-15 河床最大剖面 P1—P4—P5—P2—P6 渗流特性

测压管名称	测点位置/m	测点间距/m	测点水位/m	测压管间渗透比降
P1	0	—	1 205.84	—
P4	8.9	8.9	1 184.62	2.38
P5	52.7	53.8	1 182.81	0.04
UP2	54.2	1.5	1 183.44	-0.44
P6	102.0	47.8	1 179.37	0.09

2）顺河向Ⅱ剖面（桩号：大坝 0+090）

表 6-16 和图 6-27 给出了涵洞轴线 P7—P10—P11—P12—P6 剖面的渗流特性和浸润线的分布规律。

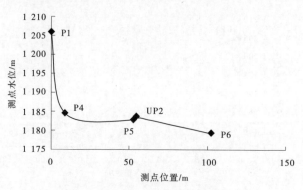

图 6-26　顺河向 I 剖面浸润线分布

表 6-16　顺河向 P7—P10—P11—P12—P6 剖面渗流特性

测压管名称	测点位置/m	测点间距/m	测点水位/m	测压管间渗透比降
P7	0	—	1 205.84	—
P10	6.8	6.8	1 184.69	3.11
P11	20.6	13.8	1 187.02	−0.17
P12	54.3	33.7	1 189.27	−0.07
P6	102.7	48.4	1 179.37	0.20

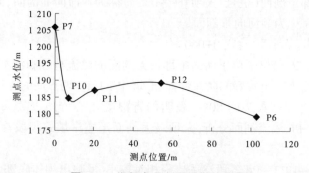

图 6-27　顺河向 II 剖面浸润线分布

可知,沥青混凝土心墙中的渗透比降达 3.11,削减水头近 21.15 m,占总水头的 80%,表明心墙防渗性能基本正常。应当指出:P12 渗压计的渗压值高于位于其上游的 P11 和 P10,形成由下游向上游的反向渗流;也高于下游的 P6,这表明在 P11~P6 中间的区域内一定有一个渗流补给"源",它可能就是右岸 P14 邻区的集中渗漏点。

3)顺河向 III 剖面(桩号:大坝 0+100)

表 6-17 和图 6-28 给出了涵洞轴线 P13—P14—P15—P16 剖面的渗流特性和浸润线分布。

本段沥青混凝土心墙防渗性能较弱,心墙中的渗透比降仅为 1.09,削减水头近 11.95 m,约占总水头的 45%。渗流介质相同,本渗流剖面的渗透比降远低于顺河向 I 剖面的 2.38。上述渗流监测成果表明,仍有 55%的水头压力在下游砂砾石坝体中耗散,形成了 P14、P15 和 P16 各渗压计中具有较高的渗透压力;同时,通过靠右岸沥青混凝土心墙的渗透流量也较大,可能存在着集中渗漏通道。

表 6-17 顺河向 P13—P14—P15—P16 剖面渗流特性

测压管名称	测点位置/m	测点间距/m	测点水位/m	测压管间渗透比降
P13	0	—	1 205.70	—
P14	11.0	11.0	1 193.75	1.09
P15	44.5	33.5	1 190.71	0.09
P16	72.1	27.6	1 189.12	0.06

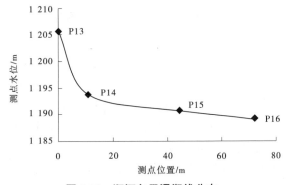

图 6-28 顺河向Ⅲ浸润线分布

由图 6-29 可知,紧靠沥青混凝土心墙下游侧的 P13 渗压计水位与库水位完全同步,反映此处有一稳定的渗漏通道。P13 渗压计测得的水位,是相邻区域中各渗压计的最高者,因此它应是右坝段集中渗漏的主要区域。

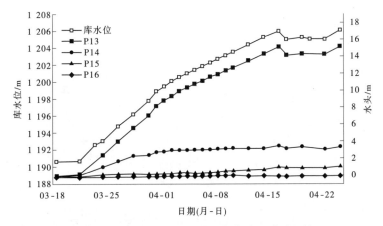

图 6-29 顺河向Ⅲ剖面库水位与各渗压计过程线

6.6.3.3 坝后渗透流量与库水位关系

图 6-30 给出了 2013 年 4 月 17~26 日期间上、下游水头差与渗透流量过程线。可以看出,当库水位在 1 192.95 m 以下时,随库水位增加渗透流量增幅较小。当库水位达到 1 199.41 m 以后,渗透流量随库水位的增加急剧增大,呈明显的线性关系,这表明渗漏过

水面积是恒定的,即在 1 192.95~1 199 m 有一稳定的渗流通道。根据初始渗流发生的高程在 1 190.64 m,判断坝体主要渗漏区域分布高程应在 1 190~1 199 m。

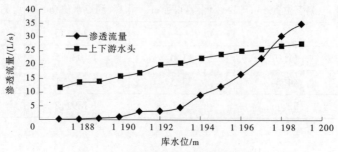

图 6-30　库水位与渗透流量过程线

6.6.4　渗漏分析

通过以上渗漏分析,可以得出以下基本结论:

(1)沥青混凝土心墙中存在过水面积恒定的渗漏通道,主要集中在大坝的右坝段,分布在高程 1 190~1 199 m,在平面上它应在 P14 渗压计附近区域内,因此集中渗漏点应在涵洞与沥青混凝土心墙交会的附近区域。

(2)大坝纵剖面图 6-31 中右岸混凝土基座板坡度,由上至下分为 1.25、0.80、0.32、0.30 四段,均为凸角相接,该处极易产生拉应力而开裂。1:0.3 的混凝土基座边坡较陡,也是促使沥青混凝土心墙在岸坡处开裂的重要因素。表观检查大坝存在由两岸向河床位移明显,岸边沥青混凝土心墙易受拉开裂。因此,判断集中渗漏点应在涵洞与沥青混凝土心墙交会的上部是有客观依据的。

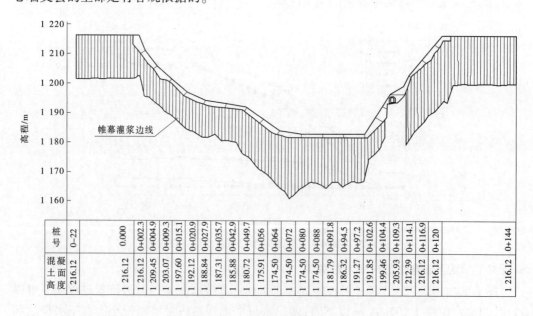

图 6-31　大坝纵剖面示意图

（3）顺河向Ⅲ剖面中沥青混凝土心墙中的渗透比降仅为 1.09，削减水头近 12 m，仅占总水头的 45%，剩余水头将在下游砂砾石坝体内耗散，这将导致渗透压力加大或渗透流速加大，可能引起渗透破坏或坝坡失稳。

（4）水位达到 1 206.5 m 时，测得的表面渗流量已达 30 L/s，如果计算覆盖层中的渗流，渗漏量还会增加，初步估计年损失水量可达近 100 万 m^3，约占总库容的 10%。

6.6.5 初步结论及建议

沥青混凝土心墙坝在施工期及蓄水初期沉降及位移均较大，导致设置在大坝表面的混凝土结构不同程度地产生开裂、挤压破碎和隆起等现象，反映出：

（1）坝体沉降较大，坝顶呈弧线分布，坝顶中部低于两岸。位移监测资料表明，右岸坝段的垂直沉降大于左岸坝段。由两岸边坝顶防浪墙被拉裂及上游护坡被拉裂，中间部位防浪墙顶部挤压破碎的现状，且下游护坡产生垂直于坝轴线的隆起等，说明坝体及沥青混凝土心墙在岸边处产生指向河心的位移，两岸坡上的沥青混凝土心墙处于受拉状态，容易与岸坡脱开而形成渗漏通道。

（2）初步判断坝体填筑质量未达到所要求的相对紧密度。左、右两岸测压管渗流监测得到的浸润线光滑平顺，说明帷幕灌浆效果甚差，未起到阻断岸边绕渗的作用。

（3）沥青混凝土心墙中存在过水面积恒定的渗漏通道，主要集中在大坝的右坝段，分布在高程 1 190~1 199 m，在平面上它应在 P14 渗压计附近区域内，因此集中渗漏点应在涵洞与沥青混凝土心墙交会的区域。

（4）当水位达到 1 206.5 m 时，测得的表面渗流量已达 30 L/s，如果计算覆盖层中的渗流，渗漏量还会增加。初步估计年损失水量可达 100 万 m^3 以上，约占总库容的 10%。

（5）由于渗漏集中在右坝段内，渗透流量较大，坝体内部填筑坝料的质量欠均匀，可能导致一些透水性较小的部位渗透压力较高；透水性较强的部位渗透流速较高，这很容易引起砂砾石坝体产生渗透失稳和坝坡滑动失稳。

鉴于目前坝体已濒于险情，因此建议：①结合灌溉要求，在控制水位下降速度不超过 0.3 m/d 的条件下，尽快降低水位运行；②立即组织大坝安全运行小组，及时整编安全监测资料，并指定专人每日至少两次对大坝进行外观巡检，以便及时发现异常。

6.6.6 补充勘察结论

2013 年 7 月完成了该水库补充勘察与渗流调查工作，最终得出的结论如下：

（1）沥青混凝土心墙下游坝体内水位低于库水位 16.6~22.9 m，坝体内心墙上、下游水位差较大，心墙防渗效果良好。

（2）放水涵洞底部及两侧（大坝桩号 0+095.5~0+103.5）大坝施工阶段未进行灌浆处理，钻孔压水试验证明基岩透水率较大，库水通过该处向下游渗漏。

（3）大坝桩号（0+030~0+088）帷幕灌浆布置两排灌浆孔，效果较好；两坝肩及延伸段均为单排帷幕，钻孔压水试验证明基岩透水率较大，说明两坝肩坝基灌浆存在缺陷。

（4）根据左、右坝肩钻孔压水试验资料，两坝肩帷幕灌浆延伸范围较短，未延伸至 5 Lu 界限与正常蓄水位交点且右坝肩局部段帷幕灌浆深度不够，库水通过左、右坝肩及延伸段向下游产生渗漏。

根据补充地质勘察成果和渗漏原因分析结论,放水洞底部及两侧(大坝桩号 0+095.5~0+103.5)未进行灌浆处理,基岩透水率较大,形成渗漏通道;两岸肩 5 Lu 界限与正常蓄水位交点较初设阶段向两侧有所延伸,且未灌浆,两坝肩已灌的单排帷幕灌浆存在缺陷,形成渗漏通道。考虑到水库工程的重要性,同时根据补充地质勘察成果揭露的 5 Lu 界线,为保证水库防渗效果,发挥正常调蓄功能,应将防渗底线控制在小于 5 Lu 以下 5.0 m,并据此勘察结果完成了水库防渗处理设计。

6.6.7 坝基防渗处理方案及效果

6.6.7.1 坝基防渗处理方案

根据渗漏调查补充地质勘察成果和渗漏分析,除两坝肩基础的 5 Lu 线向两侧延伸外,其余坝段的 5 Lu 线与初步设计阶段基本相同,在已灌浆左坝段 0−022~0+030 和右坝段 0+088~0+142 透水率比较大,最大的达到 63 Lu,因此初步判断左坝段 0−022~0+030 和右坝段 0+088~0+142 为主要渗漏区。根据目前地质勘探孔分析两坝肩 5 Lu 线向两侧延伸,左坝肩水平延伸到 0−035,右坝肩水平延伸到 0+190,因此本次初步确定的处理范围为左坝段 0−035~0+035 和右坝段 0+085~0+190 段,灌浆深度按 5 Lu 以下 5.0 m 防渗线控制。另外,水库坝后设置贴坡排水体,保证坝后排水通畅,坝体干燥。

防渗处理的方式采用灌浆处理,新灌浆轴线布置在心墙上游侧。新灌浆坝体段(左坝段 0−035~0+035 和右坝段 0+085~0+190)布置在心墙上游侧与心墙轴线平行,距离心墙基座上游边线 0.50 m,距离心墙轴线 1.4 m。

钻孔穿过坝体砂砾石需要钢套管跟进,灌浆结束后套管不取出,在套管中填筑小石子捣实防止坝体变形。灌浆时要注意混凝土基座底部与基岩之间接触灌浆,要求最上部一段孔塞设置在混凝土基座内距底部 0.50 m,上部两段段长控制在 3 m 以内,根据试验调整灌浆压力防止混凝土基座抬动。钻孔间距 2.0 m 或 1.0 m,分三序,先灌一序孔、再灌二序孔、最后灌三序孔,一序孔采用五点法或单点法做压水试验,二序孔、三序孔做简易压水试验,终孔值 5 Lu 以下 5.0 m。每 8 个灌浆孔之间设 1 个检查孔,检查孔设在相邻两个灌浆孔之间。

放水洞底部及两侧(大坝桩号 0+095.5~0+103.5)大坝施工阶段未进行灌浆处理,本次对此段加强灌浆处理。帷幕灌浆在放水洞处布置 3 排,每排 3 孔,排距 1 m,中间排的灌浆轴线与坝体新灌轴线在同一直线上,其余两排分别在上游侧和下游侧,每排洞中心线布 1 孔,两侧各布 1 孔,两侧孔距洞轴线 1.6 m,距洞外边墙线 0.35 m,灌浆深度按基岩透水率 5 Lu 以下 5.0 m 防渗线控制。

6.6.7.2 处理效果监测分析

坝基防渗处理后,对渗漏量进行了连续 3 年的观测,过程线如图 6-32 所示。2016 年 1~7 月量水堰渗流量最大值为 14.7 L/s,平均值为 6.0 L/s,变幅为 14.7 L/s;相应库水位变幅为 37.01 m。随着库水位的下降,渗流压力减小,各测压管渗流量平缓下降,渗流量随着库水位的增高而增大,渗流量与库水位呈正向关系。全年渗流量维持在较低数值。2017 年 3~9 月量水堰渗流量最大值为 10.0 L/s,平均值为 3 L/s,变幅为 10.0 L/s;相应库水位变幅为 27.31 m。随着库水位的下降,渗流压力减小,各测压管渗流量平缓下降,渗流量随着库水位的增高而增大,渗流量与库水位呈正向关系。全年渗流量维持在较低数值。2018 年量水堰 2~9 月渗流量最大值为 5.0 L/s,平均值为 1.0 L/s,变幅为 5.0 L/s;相应库水位变幅为 27.92 m。随着库水位的下降,渗流压力减小,各测压管渗流量平缓下降,渗流量随着库水位的增高而增大,渗流量与库水位呈正向关系。全年渗流量维持在较低数值。分析各年渗流量数据,根据水库蓄水运行过程,水库的原设计年总渗流量为 8.01 万 m³,本次监测数据统计分析 2016 年渗流量最大仅为 4 331.16 m³,远小于设计值。综上分析,就渗流量数值和变化趋势而言,各监测点渗流量数值均较小,全年渗流量数值趋于稳定,无异常渗流。

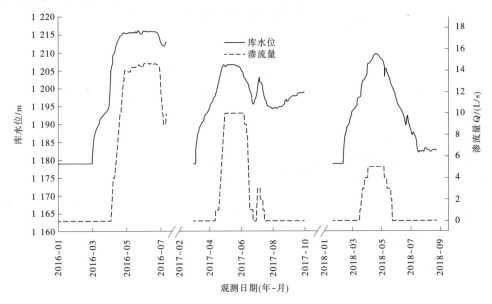

图 6-32　连续 3 年的坝基渗流观测

6.7　KYDBLK 沥青混凝土心墙坝初期渗漏分析

6.7.1　工程概况

新疆 KYDBLK 水库大坝为沥青混凝土心墙砂砾石坝,最大坝高 59.6 m,坝顶长度 608 m,坝顶宽度 8.0 m,坝顶高程 1 496.8 m。大坝心墙上游侧为 2 m 宽过渡Ⅰ区料,最大粒径小于 80 mm,心墙下游过渡料分两层,紧挨心墙的为过渡Ⅰ区料,过渡Ⅰ区料下游设有 3 m 宽的过渡Ⅱ区料,其坝料粒径为 2~400 mm 的砂砾料。大坝上游坡面采用混凝土护坡进行防冲刷,大坝下游坡面采用混凝土网格梁干砌块石护坡,大坝下游坡脚设排水体。

2017 年 6 月 9 日开始进行导流洞封堵,坝前库水位开始上升,6 月 14 日封堵完成,坝前水位持续上涨,到 7 月 17 日坝前水位上升至 1 481.5 的高程后不再上涨,自此水位开始逐渐回落。

2017 年 6 月 11 日开始对坝后坡脚进行渗水点观测,共计发现 11 处渗水点,其中 3#、4#渗水点渗水明显,桩号范围在 0+494~0+498。其他渗水点渗水情况呈现无规律性变化,时大时小甚至消失。

2017 年 7 月 11 日开始通过排水沟量水堰进行水量观测,根据观测情况,在坝前库水位最高 1 481.5 m 时,量水堰过水流量最大为 50 L/s(此时上、下游水位差 32.5 m),随着坝前库水位的下降,量水堰过水流量大体随之下降,截至 9 月 20 日 18 时坝前库水位 1 462 m,量水堰流量为 9.55 L/s(此时上、下游水位差 13 m)。

坝基渗漏情况引起有关方面高度重视,立即着手深入调查研究,依据有限的安全监测资料,对本工程的渗漏情况进行分析,得到初步结论供水库运行参考。

6.7.2　渗流监测设计

坝体坝基渗流监测采用渗压计进行监测,主要设置 3 个断面,分别是坝横 0+094.83、坝横 0+294.83、坝横 0+494.83。每个断面设有 14 支渗压计,分布状况如下:坝基面上 6 支,2 支在防渗心墙前,4 支在防渗心墙之后;心墙之后基岩钻孔内 3 支,在防渗帷幕之后;坝体内渗压计 5 支。

在坝横 0+024.83、坝横 0+194.83、坝横 0+394.83 和坝横 0+594.83 断面分别设置 2 支渗压计,心墙前后各 1 支;另有 4 支渗压计设置在心墙之后的建基面上。

坝后布置了 3 套测压管,分别设在坝横 0+094.83、坝横 0+294.83、坝横 0+494.83,用于监测坝后渗透压力。

坝基覆盖层渗压计布置如图 6-33 所示。

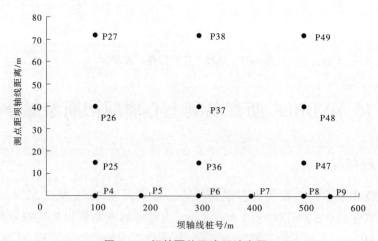

图 6-33　坝基覆盖层渗压计布置

6.7.3　坝基覆盖层渗流场分析

6.7.3.1　坝基覆盖层渗流应遵循的规律

根据本工程渗流监测设计的特点,防渗线(含沥青心墙与帷幕灌浆)下游各渗压计的

水位值应遵循以下规律:

工程下游最高水位应不高于海漫尾坎高程再加上尾坎处水深,估计不会超过 1 451. 14 m(海漫尾坎高程为 1 450. 14 m,再加上 1. 0 m 左右的水深)。海漫位于水库下游河道左岸,如果坝基各渗压计特别是靠近沥青心墙底部下游的各渗压计水位超过 1 451. 00 m,则表明该渗压计接收外来的渗流补给,此时应查明渗流补给源,除渗压计自身原因外,大多数是沥青心墙或帷幕灌浆防渗缺陷或失效所致。

坝基覆盖层各渗压计水位不应低于下游水位,本工程实测下游水位见表 6-18,如果渗压计水位低于下游水位,则应属仪器故障,所测数据将无效。根据统计结果,下游水位变幅仅为 0. 142 m,在目前监测精度条件下,可视为下游水位不变,计算分析时可取下游水位的平均值 1 449. 16 m 为代表水位。各渗压计测值不应低于该渗压计的安装高程,在进行渗流场分析时应按照上述原则进行观测数据的选取。

表 6-18　上、下游水位及量水堰流量

日期 (年-月-日)	上游水位/m	下游水位/m	流量/(L/s)	日期 (年-月-日)	上游水位/m	下游水位/m	流量/(L/s)
2017-07-10	1 480. 33	1 449. 217	51. 470 552	2017-07-28	1 477. 76	1 449. 208	47. 290 803
2017-07-11	1 480. 73	1 449. 217	51. 470 552	2017-07-29	1 477. 33	1 449. 207	46. 839 347
2017-07-12	1 480. 90	1 449. 217	51. 470 552	2017-07-30	1 476. 99	1 449. 206	46. 390 465
2017-07-13	1 481. 08	1 449. 217	51. 470 552	2017-07-31	1 476. 62	1 449. 203	45. 059 223
2017-07-14	1 481. 14	1 449. 217	51. 470 552	2017-08-01	1 476. 24	1 449. 201	44. 184 516
2017-07-15	1 481. 15	1 449. 217	51. 470 552	2017-08-02	1 475. 80	1 449. 200	43. 750 985
2017-07-16	1 481. 15	1 449. 217	51. 470 552	2017-08-03	1 475. 56	1 449. 199	43. 319 995
2017-07-17	1 481. 50	1 449. 217	51. 470 552	2017-08-04	1 475. 18	1 449. 197	42. 465 622
2017-07-18	1 481. 00	1 449. 217	51. 470 552	2017-08-05	1 474. 76	1 449. 196	42. 042 228
2017-07-19	1 480. 74	1 449. 217	51. 470 552	2017-08-06	1 474. 29	1 449. 194	41. 203 004
2017-07-20	1 480. 45	1 449. 217	51. 470 552	2017-08-07	1 473. 94	1 449. 192	40. 373 832
2017-07-21	1 480. 14	1 449. 214	50. 053 876	2017-08-08	1 473. 83	1 449. 192	40. 373 832
2017-07-22	1 479. 90	1 449. 214	50. 053 876	2017-08-09	1 473. 72	1 449. 190	39. 554 671
2017-07-23	1 479. 47	1 449. 214	50. 053 876	2017-08-10	1 473. 74	1 449. 190	39. 554 671
2017-07-24	1 479. 24	1 449. 214	50. 053 876	2017-08-11	1 473. 62	1 449. 189	39. 148 834
2017-07-25	1 478. 94	1 449. 214	50. 053 876	2017-08-12	1 473. 45	1 449. 188	38. 745 485
2017-07-26	1 478. 60	1 449. 212	49. 122 471	2017-08-13	1 473. 24	1 449. 187	38. 344 619
2017-07-27	1 478. 21	1 449. 211	48. 430 739	2017-08-14	1 473. 22	1 449. 184	37. 156 875

6.7.3.2　坝基覆盖层渗流场分析

1. 灌溉时段坝基渗流场分析

2017 年 6~10 月属灌溉用水期,水库运行工况为泄洪放水洞闸门全开,无控制泄水,水流出洞口后经消力池消能,再经海漫段回归下游河道。

为研究坝基渗流流场分布,选择 6 月 23 日、7 月 17 日和 8 月 16 日为代表性的流场进行分析,表 6-19 给出了各渗压计的水位值,依次获得了这 3 d 的流场分布图(见图 6-34)。

表 6-19　2017 年灌溉期各典型渗压计观测值统计

测点号	观测日期 (年-月-日)	渗压计安装 高程/m	渗压计 测值/m	库水位/m	相关系数*	备注
P4	2017-06-23	1 442.00	1 447.866	1 473.547		
	2017-07-17	1 442.00	1 447.684	1 478.183		
	2017-08-16	1 442.00	1 447.569	1 471.685		
P25	2017-06-23	1 447.05	1 448.030	1 473.547		
	2017-07-17	1 442.00	1 448.178	1 481.100	0.957	
	2017-08-16	1 442.00	1 448.013	1 471.685		
P26	2017-06-23	1 450.25	1 449.062	1 473.547		渗压计水位 低于安装高程
	2017-07-17	1 450.25	1 449.340	1 481.100	0.813	
	2017-08-16	1 450.25	1 448.145	1 471.685		
P27	2017-06-23	1 450.25	1 450.967	1 473.547		
	2017-07-17	1 450.25	1 451.230	1 481.100	0.902	
	2017-08-16	1 450.25	1 451.009	1 471.685		
P5	2017-06-23	1 438.06	1 448.107	1 473.547		
	2017-07-17	1 438.06	1 448.357	1 481.100	0.962	
	2017-08-16	1 438.06	1 448.101	1 471.685		
P6	2017-06-23	1 435.83	1 448.906	1 473.547		
	2017-07-17	1 435.83	1 449.196	1 481.100	0.961	
	2017-08-16	1 435.83	1 448.909	1 471.685		
P36	2017-06-23	1 441.67	1 445.957	1 473.547		
	2017-07-17	1 441.67	1 446.153	1 481.100	0.964	
	2017-08-16	1 441.67	1 445.942	1 471.685		
P37	2017-06-23	1 440.60	1 449.586	1 473.547		测压管 2 数据替代
	2017-07-17	1 440.60	1 449.568	1 481.100	0.985	
	2017-08-16	1 440.60	1 449.811	1 471.685		
P38	2017-06-23	1 448.25	1 446.862	1 473.547		渗压计水位 低于安装高程
	2017-07-17	1 448.25	1 446.932	1 481.100	0.301	
	2017-08-16	1 448.25	1 446.889	1 471.685		

续表 6-19

测点号	观测日期 (年-月-日)	渗压计安装 高程/m	渗压计 测值/m	库水位/m	相关系数*	备注
P7	2017-06-23	1 454.683	1 452.455	1 473.547	-0.615	渗压计水位 低于安装高程
	2017-07-17	1 454.683	1 452.452	1 481.100		
	2017-08-16	1 454.683	1 452.452	1 471.685		
P8	2017-06-23	1 437.210	1 450.043	1 473.547	0.251	P50 代替
	2017-07-17	1 437.210	1 450.285	1 481.100		
	2017-08-16	1 437.216	1 449.805	1 471.685		
P9	2017-06-23	1 452.356	1 451.361	1 473.547	0.574	渗压计水位 低于安装高程
	2017-07-17	1 452.356	1 451.796	1 481.100		
	2017-08-16	1 452.356	1 451.129	1 471.685		
P47	2017-06-23	1 442.920	1 446.983	1 473.547	0.987	
	2017-07-17	1 442.920	1 447.255	1 481.100		
	2017-08-16	1 442.920	1 446.863	1 471.685		

注:相关系数*为库水位与渗压计测值的相关性。

为使图形更清晰,将表 6-19 中水位值为(实测值减去 1 400 m)作为绘图数值。为绘制流场等值线图,表 6-19 中各渗压计水位值一律剔除不合理的数据。

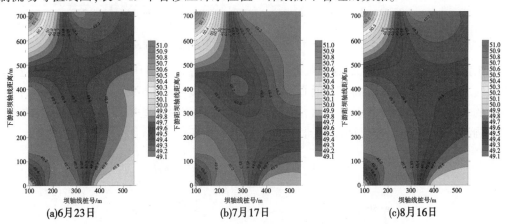

图 6-34　不同时段坝基渗流场分布

由表 6-19 和图 6-34 可知,坝基覆盖层的渗流场的补给有两个"源":第一个"源"位于下游左岸靠近泄洪洞出口的 P27 点的邻域,即图中的左上角区域。在 0+094.83 剖面由下游的消力池尾坎至沥青混凝土心墙各渗压计 P27—P26—P25—P4 中的测压计水位依次降低,表明渗流是由下游向上游流动的,这时泄洪洞泄流时水流经海漫段后的河床渗入覆盖层内,并回流进入坝基覆盖层内,再由左岸向右岸流动,最终经过 P37—P38 沿线流入下游河道,显然这个"源"表现为河水补给下游河道的潜流及明流。

第二个"源"位于沥青混凝土心墙下游的 P8 点与 P9 点间的区域,即图 6-34 中的左下角区域,渗漏水流经此区域流向下游的 P38 点。这个"源"的产生原因,其一可能是本段沥青混凝土心墙或灌浆帷幕存在缺陷或防渗失效,产生集中渗漏;其二是由于渗压计存在自身缺陷所致,限于渗压计监测资料的完备性,无法做出定量的评价,对此应引起足够重视。

P7 点的测值较高,图 6-35 给出了 P7 渗压计的水位过程线、上游水位和下游水位的关系。可以看出,尽管库水位变幅达 13.045 m,下游水位的变幅为 0.053 6 m,相应 P7 水位的变幅也仅有 0.077 m,这表明 P7 水位不受库水位影响,经分析 P7 渗压计的测值与库水位呈负相关,其相关系数为−0.615,这可初步判断沥青混凝土心墙与坝基帷幕防渗并没有失效。P7 测值高于下游水位的原因:一是渗压计自身存在问题;二是防渗线下游右岸岸坡上有承压水补给,造成 P7 渗压计水位高于下游水位,应检查施工记录核对。

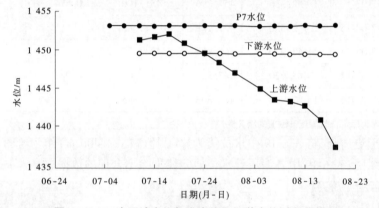

图 6-35　P7 渗压计水位与库水位和下游水位时程曲线

由流场等值线图可知,靠近坝趾处坝基覆盖层中,左岸各渗压计水位高于右岸,左岸顺河向下游各渗压计水位高于靠近心墙各渗压计的水位(见图 6-36);右岸靠近心墙各渗压计的水位高于其下游各渗压计水位(见图 6-37)。这表明坝基覆盖层的渗流是由左岸泄洪洞海漫后补给,沿左岸回流再到右岸流出。

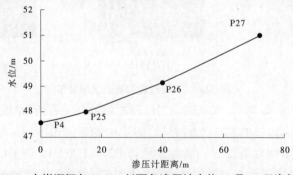

图 6-36　左岸顺河向 0+094 剖面各渗压计水位(8 月 16 日资料)

量水堰所测得的流量一部分来自下游河道倒灌补给,另一部分则可能来自 P6、P7、P8、P9 沿线防渗结构缺陷所引起的渗漏补给。

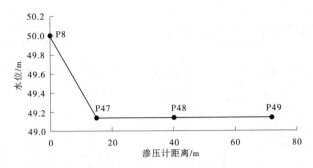

图 6-37　右岸顺河向 0+494 剖面各渗压计水位

2. 非灌溉时段坝基渗流场分析

2017 年 11 月以后属非灌溉用水期,水库运行工况为泄洪放水洞闸门全部关闭,下游河道断流,覆盖层中不可能由下游河道补给渗流量。

为研究坝基渗流流场分布,选择 11 月 4 日、11 月 11 日和 11 月 18 为代表性的流场进行分析,表 6-20 给出了非灌溉期各渗压计位置坐标及相应的渗压计水位测值,依此获得流场分布图(见图 6-38)。

表 6-20　2017 年非灌溉期各典型渗压计观测值统计

测点号	观测日期 (年-月-日)	渗压计安 装高程/m	渗压计 测值/m	库水位/m	备注
P4	2017-11-04	1 442.00	1 447.37	1 463.651	
	2017-11-11	1 442.00	1 447.35	1 463.672	
	2017-11-18	1 442.00	1 447.48	1 463.672	
P25	2017-11-04	1 447.05	1 447.81	1 463.651	
	2017-11-11	1 442.00	1 447.91	1 463.672	
	2017-11-18	1 442.00	1 447.91	1 463.672	
P26	2017-11-04	1 450.25	1 448.75	1 463.651	渗压计测值 低于安装高程
	2017-11-11	1 450.25	1 448.81	1 463.672	
	2017-11-18	1 450.25	1 448.83	1 463.672	
P27	2017-11-04	1 450.25	1 450.23	1 463.651	
	2017-11-11	1 450.25	1 450.31	1 463.672	
	2017-11-18	1 450.25	1 450.30	1 463.672	
P5	2017-11-04	1 438.06	1 447.89	1 463.651	
	2017-11-11	1 438.06	1 447.81	1 463.672	
	2017-11-18	1 438.06	1 448.01	1 463.672	
P6	2017-11-04	1 435.83	1 448.59	1 463.651	
	2017-11-11	1 435.83	1 448.57	1 463.672	
	2017-11-18	1 435.83	1 448.71	1 463.672	
P36	2017-11-04	1 441.67	1 448.23	1 463.651	
	2017-11-11	1 441.67	1 445.85	1 463.672	
	2017-11-18	1 441.67	1 445.87	1 463.672	

续表 6-20

测点号	观测日期 (年-月-日)	渗压计安 装高程/m	渗压计 测值/m	库水位/m	备注
P37	2017-11-04	1 440.60	1 449.20	1 463.651	取测压管 2 值替代
	2017-11-11	1 440.60	1 449.20	1 463.672	
	2017-11-18	1 440.60	1 449.30	1 463.672	
P38	2017-11-04	1 448.25	1 446.94	1 463.651	渗压计测值低 于安装高程
	2017-11-11	1 448.25	1 446.97	1 463.672	
	2017-11-18	1 448.25	1 447.01	1 463.672	
P7	2017-11-04	1 454.683	1 452.52	1 463.651	渗压计测值低 于安装高程
	2017-11-11	1 454.683	1 452.47	1 463.672	
	2017-11-18	1 454.683	1 452.59	1 463.672	
P8	2017-11-04	1 437.21	1 571.45	1 463.651	渗压计测值高 于库水位值
	2017-11-11	1 437.21	1 571.45	1 463.672	
	2017-11-18	1 437.21	1 571.61	1 463.672	
P9	2017-11-04	1 452.356	1 449.30	1 463.651	渗压计测值低 于安装高程
	2017-11-11	1 452.356	1 449.30	1 463.672	
	2017-11-18	1 452.356	1 449.46	1 463.672	
P47	2017-11-04	1 442.92	1 446.38	1 463.651	
	2017-11-11	1 442.92	1 446.47	1 463.672	
	2017-11-18	1 442.92	1 446.53	1 463.672	

注:表中共 13 个测点,其中有 6 支渗压计测值无效。

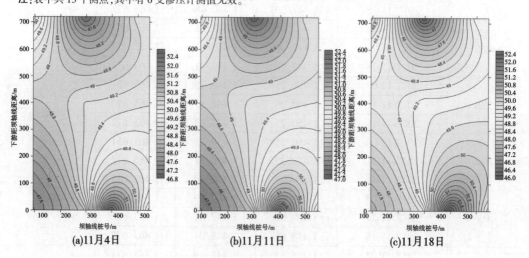

(a)11月4日　　　　　　(b)11月11日　　　　　　(c)11月18日

图 6-38　坝基渗流场分布

由图 6-38 可知,在非灌溉期泄洪洞闸门全部关闭时,近坝区河道断流条件下,坝基覆盖层的渗流流场的补给"源"只有一个,位于沥青混凝土心墙底部的 P6、P7、P8 和 P9 之间的区域内,即图中的右下方区域(桩号 0+400 附近),与灌溉期的坝基流场类同,这也表明该区域内可能有渗漏点存在。

6.7.4　坝基覆盖层各渗压计水位与库水位关系分析

为评价沥青混凝土心墙和坝基帷幕的防渗效果,特选取设置在沥青混凝土心墙下游侧过渡层底部的 P4、P6 和 P50 三支渗压计的水位过程线,与库水位建立关系,分析其受库水位的影响,以判断防渗系统故障的可靠性。

图 6-39 给出了库水位与坝体防渗线下游典型渗压计水位过程线,可知,尽管库水位变幅达 14.33 m,但 P4、P6 和 P50 各渗压计水位几乎不变,这说明下游典型渗压计水位不受库水位直接影响,沥青混凝土心墙和坝基帷幕防渗效果稳定可靠。

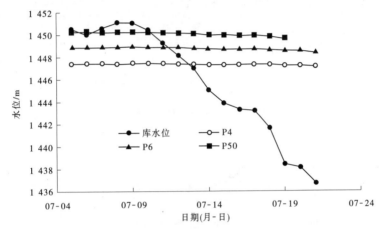

图 6-39　库水位与下游坝基覆盖层典型渗压计时程曲线

6.7.5　水库上、下游水位与渗漏流量关系分析

6.7.5.1　灌溉期库上、下游水位与量水堰流量关系分析

图 6-40 给出了库中作用水头(上游库水位与 0+294.83 剖面基岩顶板高程之差)与量水堰流量的关系曲线,二者间呈线性关系,其相关系数为 1,达到非常紧密的相关程度。现场实测在库水位为 1 480.33 m 时量水堰流量为 51.5 L/s,根据图 6-39 的相关方程可预测当库水位达到正常蓄水位(1 493.00 m)时,预计量水堰流量可达 80 L/s。

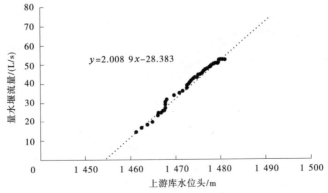

图 6-40　灌溉期水库上游库水位与量水堰流量关系曲线

图 6-41 给出了灌溉期库水位和下游水位过程线,图 6-42 为库水位与渗透流量的过程线。可以看出二者间趋势大体类似,但过程线的首末端并不同步,这主要是泄洪洞等建筑物一直为无闸控制工况,持续放水致使下游水位伴随升高,间接影响到坝基覆盖层的渗透流量。

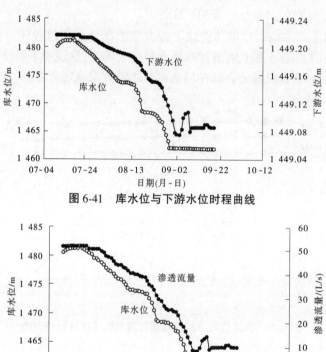

图 6-41　库水位与下游水位时程曲线

图 6-42　库水位与渗透流量时程曲线

图 6-43 为下游水位与量水堰流量的过程线,可以看出,二者间密切相关,渗透流量大小主要由下游水位控制。结合前面坝基覆盖层渗流场等值线分析,下游回流倒灌流量将是坝基覆盖层渗漏的主要补给源之一。

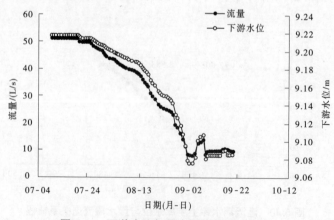

图 6-43　下游水位与量水堰流量关系曲线

6.7.5.2　非灌溉期库上、下游水位与量水堰流量关系分析

由量水堰测得,非灌溉期当库水位达到 1 465.92 m 时(高出死水位约 1 m),坝基渗透流量为 17 L/s。由于观测数据甚少,无法推求库水位与量水堰流量的关系。

6.7.6　结论与建议

6.7.6.1　结论

(1)以 P7 为代表的渗压计水位异常原因不是沥青混凝土心墙和帷幕灌浆的防渗失效,表现为其变幅很小,且与库水位和下游水位变动无关,应属仪器自身存在的问题。

(2)由各流场等值线图可知,在灌溉期量水堰的流量有两个"源",一是 P27 回灌补给;二是 P6、P7、P8 和 P9 一带渗流补给,二者之和构成了灌溉期量水堰所测得的流量;而在非灌溉期量水堰流量只有一个"源",即 P6、P7、P8 和 P9 一带渗流补给。应当引起注意的是,后者灌溉期和非灌溉期均存在,这可能是坝体和坝基防渗系统存在缺陷所致。

(3)沥青混凝土心墙属非冲蚀性材料,一般情况下不会发生突发性渗漏破坏,其险情是随着库水位的升高,渗透流量逐步加大,直至下游坡脚发生渗透破坏,这是一个渐进过程,有明显的破坏迹象,在大坝运行初期应加强管理,以防止事故的发生。

根据以上初步分析,水库可以蓄水运行,但应加强运行管理及安全监测。

6.7.6.2　建议

(1)鉴于原安全监测设计中系统性不足,建议在左、右坝头灌浆帷幕前基岩中增设 1 孔测压管,灌浆帷幕下游增设 2~3 孔测压管,以监测坝头绕渗情况;

(2)鉴于坝体下游河床中未设置渗流监测测压管,为全面分析下游流场渗流状况,判断防渗系统的安危,建议在坝趾下游河床顺河向 100 m 范围设置 2~3 排测压管,每排设 2~3 孔。

(3)目前渗流监测系统中一些重要测点的渗压计缺失或工作不正常,如 P3、P7、P8、P9、P36、P49 等测点,如有条件应予以修复。

今后两年内应加强安全监测,特别是库内高水位各放水建筑物又未开闸泄流的工况的监测尤为重要,安全监测应连续进行,不应中断。

参考文献

[1] 何建新,刘亮,杨伟.碾压式沥青混凝土心墙坝新技术研究与实践[M].郑州:黄河水利出版社,2020.

[2] 柳莹,李江,何建新,等.干热大风环境下沥青心墙坝设计与施工[M].郑州:黄河水利出版社,2022.

[3] 李江,柳莹,房晨,等.深厚覆盖层坝基超深防渗墙关键技术与实践[M].北京:中国水利水电出版社,2021.

[4] 覃新闻,黄小宁,彭立新,等.沥青混凝土心墙设计与施工[M].北京:中国水利水电出版社,2011.

[5] 郑祖国,何建新,宫经伟,等.复杂系统的投影寻踪回归无假定建模技术及应用实例[M].北京:中国水利水电出版社,2020.

[6] 岳跃真,郝巨涛,孙志恒,等.水工沥青混凝土防渗技术[M].北京:化学工业出版社,2006.

[7] 丁朴荣.水工沥青混凝土材料选择与配合比设计[M].北京:中国水利水电出版社,1990.

[8] 张怀生.水工沥青混凝土[M].北京:中国水利水电出版社,2005.

[9] 殷宗泽.土工原理[M].北京:中国水利水电出版社,2007.

[10] 谢定义.土动力学[M].西安:西安交通大学出版社,1988.

[11] 王清友,孙万功,熊欢.塑性混凝土防渗墙[M].北京:中国水利水电出版社,2008.

[12] 张金升,张银燕,夏小裕,等.沥青材料[M].北京:化学工业出版社,2009.

[13] 沈金安.沥青及沥青混合料路用性能[M].北京:人民交通出版社,2006.

[14] 王德库,金正浩.土石坝沥青混凝土防渗心墙施工技术[M].北京:中国水利水电出版社,2006.

[15] 中华人民共和国水利部.土石坝沥青混凝土面板和心墙设计规范:SL 501—2010[S].北京:中国水利水电出版社,2010.

[16] 中华人民共和国水利部.水工沥青混凝土施工规范:SL 514—2013[S].北京:中国水利水电出版社,2013.

[17] 国家能源局.土石坝沥青混凝土面板和心墙设计规范:DL/T 5411—2009[S].北京:中国电力出版社,2009.

[18] 国家能源局.水工碾压式沥青混凝土施工规范:DL/T 5363—2016[S].北京:中国电力出版社,2016.

[19] 国家能源局.水工沥青混凝土试验规程:DL/T 5362—2018[S].北京:中国电力出版社,2018.

[20] 中华人民共和国交通运输部.公路工程沥青及沥青混合料试验规程:JTG E20—2011[S].北京:人民交通出版社,2011.

[21] 韩越.奴尔水库坝后渗漏及处理方案浅析[J].陕西水利,2021(2):138-140.

[22] 张媚青,张波.阳江核电水库沥青混凝土心墙大坝设计[J].中国农村水利水电,2008(4):86-87,91.

[23] 赵元弘.洞塘水库碾压式沥青混凝土心墙土石坝设计与实践[J].水利规划与设计,2007(1):58-66.

[24] 韩群柱,宋戈,张应波,等.温度对水工沥青混凝土弯曲性能影响的试验[J].水力发电学报,2022,41(8):104-112.

[25] 李泽鹏,何建新.土石坝心墙沥青混凝土原材料选用问题的探讨[J].水电能源科学,2022,40(3):91-94.

[26] 罗博华,宋志强,王飞,等.考虑覆盖层地基材料空间变异性的沥青混凝土心墙坝地震响应研究[J].振动与冲击,2022,41(2):53-63.

[27] 李江,柳莹,何建新,等.新疆高沥青混凝土心墙坝建设关键技术与应用[J].水利水电技术(中英文),2021,52(11):85-97.

[28] 何建新,王景,杨海华.尼雅水库坝料动力特性研究及三维地震反应分析[J].水利水电科技进展,2021,41(5):53-61.

[29] 宁致远,刘云贺,孟霄,等.水工沥青混凝土直接拉伸力学性能试验研究[J].水力发电学报,2022,41(1):74-83.

[30] 宋洪林.不同温度下沥青混凝土弯曲性能试验研究[D].西安:西安理工大学,2021.

[31] 魏芸.温度对沥青混凝土静力学性能影响的试验研究[D].西安:西安理工大学,2021.

[32] 王国华.海水侵蚀对水工沥青混凝土力学性能影响的试验研究[D].西安:西安理工大学,2021.

[33] 马军,柳莹,何建新.若羌水库天然砾石在混凝土心墙黏附性试验研究[J].水利技术监督,2021(4):106-110.

[34] 马军,柳莹,何建新.天然砾石沥青混凝土心墙水稳定性技术研究[J].水利规划与设计,2021(2):110-114.

[35] 宁致远,刘云贺,王琦,等.不同温度环境中沥青混凝土动态抗压性能试验研究[J].振动与冲击,2021,40(2):243-250.

[36] 于浩伟,何建新.抗剥落剂掺量对沥青性能影响的研究分析[J].粉煤灰综合利用,2020,34(5):49-52,135.

[37] 郭立博,何建新,杨海华.横风作用下坝体与心墙填筑高差的防风结构研究[J].水利水电科技进展,2020,40(5):89-94.

[38] 李泽鹏,何建新.某心墙沥青混凝土细骨料采用天然砂与人工砂选择分析[J].中国水利水电科学研究院学报,2020,18(5):426-431.

[39] 胡凯.温度和加载速率对水工沥青混凝土性能的影响研究[D].西安:西安理工大学,2020.

[40] 任振华,何建新,杨武.寒冷地区沥青混凝土心墙配合比及施工技术研究[J].粉煤灰综合利用,2020,34(3):54-58.

[41] 宁致远,刘云贺,王为标,等.不同温度条件下水工沥青混凝土抗压特性及防渗性能试验研究[J].水利学报,2020,51(5):527-535.

[42] 张正宇,何建新,开鑫.基于酸碱性评价的砾石骨料与沥青黏附性分析[J].人民黄河,2021,43(2):137-141.

[43] 李炎隆,唐旺,温立峰,等.沥青混凝土心墙堆石坝地震变形评价方法及其可靠度分析[J].水利学报,2020,51(5):580-588.

[44] 薛星,刘云贺,宁致远,等.低温环境中水工沥青混凝土动态抗压性能研究[J].水电能源科学,2020,38(2):122-126.

[45] 党发宁,高俊,任劼,等.200 m级超高沥青混凝土心墙堆石坝的受力可行性研究[J].岩石力学与工程学报,2019,38(S2):3690-3700.

[46] 高俊,党发宁,马宗源.超高沥青混凝土心墙高应力水平的降低措施研究[J].岩土力学,2020,41(5):1730-1739.

[47] 高俊,党发宁,杨超,等.高沥青混凝土心墙受拉特性的简化力学分析方法[J].岩土工程学报,2019,41(7):1279-1287.

[48] 孟霄.低温水工沥青混凝土单轴动态抗压性能及尺寸效应研究[D].西安:西安理工大学,2019.

[49] 刘杰. 土石坝沥青混凝土心墙与过渡料接触变形大型试验研究[D]. 西安:西安理工大学,2019.

[50] 李勇锟. 水工碾压式沥青混凝土水稳定性试验研究[D]. 西安:西安理工大学,2019.

[51] 周春. 基于表面理论碾压式沥青混凝土配合比参数优化试验研究[D]. 西安:西安理工大学,2019.

[52] 刘杰,郭海鹏,李刚. 不同配合比参数对沥青混凝土低温抗裂性能的影响[J]. 水电能源科学,2019, 37(6):118-120.

[53] 李琦琦,何建新,张正宇. 孔隙率对长期浸水沥青混凝土性能的影响[J]. 水电能源科学,2019,37 (2):119-122,182.

[54] 张正宇,王传宝,何建新,等. 填料中水泥用量对天然砾石骨料与沥青胶浆的粘附性影响[J]. 水电能源科学,2019,37(2):123-126.

[55] 杨乐天,何建新,开鑫. 终碾温度对沥青混凝土压实性的影响研究[J]. 粉煤灰综合利用,2019(1): 10-12,27.

[56] 李江,柳莹,何建新. 新疆碾压式沥青混凝土心墙坝筑坝技术进展[J]. 水利水电科技进展,2019,39 (1):82-89.

[57] 开鑫,何建新,杨武,等. 沥青混凝土粘附性与长期水稳定性分析[J]. 粉煤灰综合利用,2018(6): 37-40.

[58] 李琦琦,何建新,张正宇. 孔隙率和填料对沥青混凝土的长期水稳定性分析[J]. 水电能源科学, 2018,36(12):101-104.

[59] 张正宇,白传贞,何建新,等. 水泥对砾石骨料与沥青胶浆粘附性的影响分析[J]. 水电能源科学, 2018,36(10):128-131.

[60] 陈磊,马敬,何建新. 低温环境下心墙沥青混凝土的施工工艺及质量控制[J]. 粉煤灰综合利用, 2018(5):67-69,76.

[61] 党发宁,高俊,杨超,等. 降低高沥青混凝土心墙拉应力的措施研究[J]. 水力发电学报,2019,38 (3):154-164.

[62] 白传贞,何建新. 不同配合比的心墙沥青混凝土物理力学性能分析[J]. 粉煤灰综合利用,2018(4): 14-18.

[63] 李刚. 高土石坝心墙沥青混凝土在不同温度和剪切应变速率条件下的力学性能研究[D]. 西安:西安理工大学,2018.

[64] 王建祥,唐新军,何建新,等. 考虑多因素的浇筑式沥青混凝土动力特性研究[J]. 材料导报,2018, 32(12):2085-2090.

[65] 张正宇,何建新,李琦琦. 不同酸碱性石料界面与沥青胶浆粘附强度的影响因素分析[J]. 新疆农业大学学报,2018,41(2):151-156.

[66] 钟林,童斯达,李刚. 不同标号沥青对心墙沥青混凝土弯曲性能的影响[J]. 长江科学院院报,2018, 35(2):116-118,124.

[67] 李刚,刘杰,郭海鹏. 片状砂卵石料在水工沥青混凝土中的适用性研究[J]. 水电能源科学,2018,36 (1):137-139.

[68] 李琦琦,何建新,张正宇. 填料类型和浸水时间对沥青混凝土力学性能影响分析[J]. 新疆农业大学学报,2018,41(1):72-78.

[69] 蔡骞. 改进施工措施对沥青混凝土心墙层间结合质量的影响研究[J]. 水利水电技术,2017,48 (11):89-93,99.

[70] 何建新,杨武,柴龙胜,等. 沥青心墙与混凝土基座连接材料研究[J]. 水资源与水工程学报,2017, 28(5):219-222,231.

[71] 杨武,宋剑鹏,何建新,等.心墙沥青混凝土静三轴试验的剪胀性研究[J].粉煤灰综合利用,2017(4):6-8.

[72] 伦聚斌,孙卫江,何建新.级配偏差对心墙沥青混凝土性能影响研究[J].粉煤灰综合利用,2017(4):13-17.

[73] 李琦琦,何建新,张正宇,等.大孔隙率下水泥作填料的沥青混凝土水稳定性分析[J].新疆农业大学学报,2017,40(4):308-312.

[74] 何建新,杨武,杨耀辉,等.水泥填料对心墙沥青混凝土长期水稳定性的影响[J].水利水电科技进展,2017,37(4):59-62.

[75] 宋东.低温沥青混凝土静三轴试验研究及沥青心墙堆石坝有限元计算分析[D].西安:西安理工大学,2017.

[76] 钟林.高土石坝沥青混凝土心墙材料动力性能试验研究[D].西安:西安理工大学,2017.

[77] 蔡骞.不同施工因素对沥青混凝土心墙层间结合质量的影响研究[D].西安:西安理工大学,2017.

[78] 杨丰春.百米级高沥青混凝土心墙坝抗震能力与破坏模式研究[D].西安:西安理工大学,2017.

[79] 王欢.百米级沥青混凝土心墙坝渗流特性及坝坡稳定性研究[D].西安:西安理工大学,2017.

[80] 吴翰麟.百米级高沥青混凝土心墙坝受力特性研究[D].西安:西安理工大学,2017.

[81] 王晓奇.水工沥青混凝土配合比的优化及施工质量控制研究[D].西安:西安理工大学,2017.

[82] 伦聚斌.骨料级配对心墙沥青混凝土性能影响研究[D].乌鲁木齐:新疆农业大学,2017.

[83] 杨耀辉,蔡宝柱,何建新.天然砾石与大理岩矿料对沥青混凝土性能的影响[J].新疆农业大学学报,2017,40(3):229-234.

[84] 何建新,仝卫超,王怀义,等.砾石骨料破碎率对沥青混凝土心墙坝应力应变影响分析[J].水力发电,2017,43(3):54-58,64.

[85] 杨武,何建新,杨海华.针片状含量对心墙沥青混凝土性能的影响研究[J].粉煤灰综合利用,2017(1):20-22.

[86] 伦聚斌,何建新,王怀义.粗骨料超径率对心墙沥青混凝土力学性能的影响分析[J].水资源与水工程学报,2017,28(1):169-173.

[87] 宋东,余梁蜀,王晓奇,等.低温沥青混凝土邓肯-张模型参数整理方法[J].水资源与水工程学报,2017,28(1):230-235.

[88] 何建新,伦聚斌,杨武.碾压式沥青混凝土心墙越冬层面结合工艺研究[J].水利水电技术,2016,47(11):48-51.

[89] 杨耀辉,宋剑鹏,何建新,等.沥青混凝土水稳定性影响因素分析[J].新疆农业大学学报,2016,39(6):495-499.

[90] 何建新,杨耀辉,杨海华.花岗岩石料界面与沥青胶浆粘附强度试验研究[J].水电能源科学,2016,34(10):125-127.

[91] 余林,凤炜,何建新.过渡层与沥青混凝土心墙的相互作用研究[J].水利规划与设计,2016(10):75-79,141.

[92] 蔡骞.某大坝心墙沥青混凝土碾压施工结合面试验研究[J].中国水运(下半月),2016,16(10):261-262,224.

[93] 余林,凤炜,何建新.组合式沥青混凝土心墙坝初探[J].水利规划与设计,2016(9):88-93.

[94] 杨武,何建新,王怀义,等.细骨料采用天然砂的心墙沥青混凝土力学性能[J].粉煤灰综合利用,2016(4):7-10.

[95] 杨超,党发宁,薛海斌,等.河谷形状对沥青混凝土心墙坝变形特性的影响[J].水利水运工程学报,
　　　 2016(4):54-62.

[96] 高俊.改善沥青混凝土心墙坝受力特性的措施研究[D].西安:西安理工大学,2016.

[97] 游光明,何建新,杨海华.延长浸水时间对心墙沥青混凝土水稳定性能影响分析[J].粉煤灰综合利
　　　 用,2016(3):11-13.

[98] 王为标,拜振英,姜福基.沥青混凝土的工程性能的研究[J].石油沥青,1997(4):21-25.

[99] 王为标,孙振天,吴利言.沥青混凝土应力-应变特性研究[J].水利学报,1996(5):1-8,28.

[100] 仝卫超.砾石骨料破碎率对心墙沥青混凝土性能影响研究[D].乌鲁木齐:新疆农业大学,2016.

[101] 何建新,杨耀辉,杨海华.基于PPR无假定建模的沥青胶浆拉伸强度变化规律分析[J].水资源与
　　　 水工程学报,2016,27(2):189-192.

[102] 涂幸,李守义,李炎隆,等.沥青混凝土心墙堆石坝应力变形有限元分析[J].应用力学学报,2016,
　　　 33(1):110-115,185.

[103] 仝卫超,何建新,王怀义.砾石骨料破碎对心墙沥青混凝土的性能影响分析[J].水资源与水工程
　　　 学报,2016,27(1):175-179.

[104] 杨耀辉,何建新,王怀义.心墙沥青混凝土配制中砾石骨料酸碱性判定方法的探讨[J].水电能源
　　　 科学,2015,33(9):117-120.

[105] 何建新,朱西超,杨海华,等.采用砾石骨料的心墙沥青混凝土水稳定性能试验研究[J].中国农村
　　　 水利水电,2014(11):109-112.

[106] 邓建伟,凤炜,何建新.沥青混凝土心墙坝水力劈裂发生机理及分析[J].水资源与水工程学报,
　　　 2014,25(5):46-50.

[107] 王文政,唐新军,何建新,等.五一水库天然砾石骨料在沥青混凝土心墙中的适用性研究[J].水利
　　　 与建筑工程学报,2014,12(5):172-175.

[108] 朱西超,何建新,杨海华.心墙结合面温度对碾压式沥青混凝土强度影响[J].中国农村水利水电,
　　　 2014(8):138-141.

[109] 李守义,马成成,李炎隆,等.沥青混凝土心墙堆石坝的地震反应特性分析[J].水力发电学报,
　　　 2013,32(6):198-202,221.

[110] 何建新,杨晓征,马晓兰,等.骨料最大粒径对浇注式沥青混凝土力学性能影响研究[J].水资源与
　　　 水工程学报,2013,24(5):88-91,95.

[111] 余梁蜀,晋晓海,丁治平.心墙沥青混凝土动力特性影响因素的试验研究[J].水力发电学报,
　　　 2013,32(3):194-197,206.

[112] 何建新,郭鹏飞,刘录录,等.阳离子乳化沥青混凝土配合比设计的优选方法研究[J].水利与建筑
　　　 工程学报,2013,11(3):96-98,106.

[113] 李炎隆,李守义,韩艳,等.沥青混凝土心墙堆石坝有限元数值分析[J].水资源与水工程学报,
　　　 2013,24(2):38-42.

[114] 杨晓征,何建新,郭鹏飞.沥青混凝土芯样与室内试件三轴试验差异分析[J].人民黄河,2013,35
　　　 (3):108-109.

[115] 贺传卿,何建新,杨桂权.浇筑式沥青混凝土配合比试验研究[J].新疆农业大学学报,2012,35
　　　 (5):418-421.

[116] 郭鹏飞,何建新,刘亮,等.浇筑式沥青混凝土配合比设计优选方法研究[J].水利与建筑工程学
　　　 报,2012,10(4):42-46.

[117] 郭鹏飞,何建新,刘亮,等.采用天然砾石骨料的浇筑式沥青混凝土配合比设计及性能研究[J].水

资源与水工程学报,2012,23(3):148-150.

[118] 余梁蜀,丁治平,付世传,等.基于正交试验的水工沥青混凝土配合比影响因素研究[J].水资源与水工程学报,2012,23(2):51-53.

[119] 张应波,王为标,兰晓,等.土石坝沥青混凝土心墙酸性砂砾石料的适用性研究[J].水利学报,2012,43(4):460-466.

[120] 余梁蜀,王春燕.浇筑式沥青混凝土施工流动性试验研究[J].水资源与水工程学报,2010,21(3):145-147.

[121] 鲁超.沥青混凝土心墙模型水力劈裂的试验研究[D].西安:西安理工大学,2010.

[122] 韩艳.沥青混凝土力学模型参数研究及沥青心墙堆石坝三维数值分析[D].西安:西安理工大学,2010.

[123] 王为标,Kaare Heg.沥青混凝土心墙土石坝:一种非常有竞争力的坝型[C]//现代堆石坝技术进展:2009—第一届堆石坝国际研讨会论文集.北京:中国水利水电出版社,2009:79-84.

[124] 张芸芸,陈尧隆,吕琦,等.沥青混凝土心墙坝的应力及变形特性[J].水资源与水工程学报,2009,20(3):87-90.

[125] 王海建.水工沥青混凝土配合比影响因素[D].西安:西安理工大学,2009.

[126] 韩林安,王文进,余梁蜀,等.寒冷地区浇筑式沥青混凝土心墙施工关键技术[J].人民长江,2009,40(9):49-51.

[127] 韦伯文.龙头石沥青混凝土心墙试验分析及施工质量控制[D].西安:西安理工大学,2009.

[128] 韦伯文,王文进,余梁蜀.沥青混凝土心墙施工质量控制[J].电网与清洁能源,2008(10):52-55.

[129] 任少辉.沥青混凝土静三轴试验研究及心墙堆石坝应力应变分析[D].西安:西安理工大学,2008.

[130] 韩林安.寒冷地区浇筑式沥青混凝土防渗心墙施工关键技术研究[D].西安:西安理工大学,2008.

[131] 辛景峰,余梁蜀,任少辉.水工沥青混凝土孔隙率影响因素的灰关联分析[J].节水灌溉,2007(8):121-123.

[132] 余梁蜀,王文进,张应波,等.碾压混凝土坝的沥青混凝土防渗结构研究[J].中国水利,2007(21):24-26.

[133] 路文波.深覆盖层心墙坝的应力变形研究[D].西安:西安理工大学,2007.

[134] 张应波,郭永军,马振峰.沥青混凝土心墙冬季现场铺筑试验研究[J].西北水力发电,2005(4):59-61,77.

[135] 张应波,朱悦.沥青混凝土的裂缝自愈试验研究[J].西安理工大学学报,2005(3):324-326.

[136] 王为标.土石坝沥青防渗技术的应用和发展[J].水力发电学报,2004(6):70-74.

[137] 屈漫利,王为标,蔡新合.冶勒水电站沥青混凝土心墙防渗性能的试验研究[J].水力发电学报,2004(6):80-82.

[138] 何仲辉,张应波,王成祥,等.冶勒水电站沥青混凝土心墙施工新工艺研究[J].水力发电,2004(11):27-29.

[139] 张应波,何仲辉.冶勒水电站大坝沥青混凝土心墙质量控制与管理[J].水力发电,2004(11):32-34.

[140] 余梁蜀,吴利言,许庆余.土石坝沥青混凝土心墙底部接头的结构模型试验研究[C]//2004水力发电国际研讨会论文集(中册).宜昌:宜昌出版社,2004:274-278.

[141] 朱悦.沥青混凝土心墙基本性能研究——静三轴试验与应力松弛试验研究[D].西安:西安理工

大学,2004.

[142] 张应波,王成祥. 冶勒水电站沥青混凝土施工设备与技术准备[J]. 四川水力发电,2003(4):
　　　　42-44.

[143] 张应波. 冶勒水电站沥青混凝土心墙与混凝土基座接头试验研究[J]. 四川水力发电,2003(4):
　　　　45-46,53.

[144] 王为标,申继红. 中国土石坝沥青混凝土心墙简述[J]. 石油沥青,2002(4):27-31.

[145] 屈漫利. 水工沥青混凝土抗裂性能和试件成型方法的试验研究[D]. 西安:西安理工大学,2001.

[146] 王为标,姜福基,拜振英. 土石坝沥青混凝土心墙配合比的选择[J]. 石油沥青,1998(1):45-49.